九色鹿

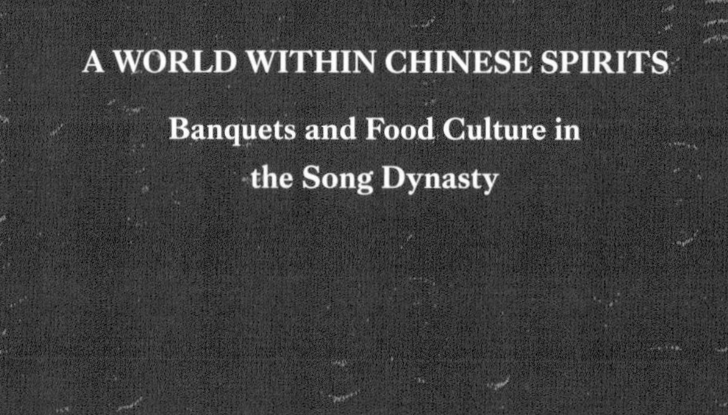

A WORLD WITHIN CHINESE SPIRITS

Banquets and Food Culture in the Song Dynasty

酒里乾坤

宋代宴会与饮食文化

纪昌兰　著

社会科学文献出版社
SOCIAL SCIENCES ACADEMIC PRESS (CHINA)

· 目 录 ·

前　言 / 1

第一章　宋代宫廷宴会 / 4

第一节　气势恢宏的国家大宴 / 4

第二节　君臣之间的日常宴聚 / 20

第三节　宫廷中的其他宴会 / 33

第二章　宋代公务宴请 / 44

第一节　国家外方使者接待宴会 / 44

第二节　国家科举纳贤的盛宴 / 55

第三节　国家赐宴 / 65

第三章　宋代民间宴会活动 / 77

第一节　人生礼仪性质的宴会 / 77

第二节　名目繁多的节日宴会 / 87

第三节　民众日常生活中的宴会活动 / 96

第四章　宋代宴会中蕴藏的饮食文化 / 118

第一节　饮食中的审美风尚 / 119

第二节　宴饮聚会中的礼仪与习俗 / 163
第三节　地方宴会礼俗与饮食风尚 / 191

第五章　宋代宴会中的各种娱乐活动 / 205
第一节　乐舞及杂艺 / 206
第二节　宴会与文化活动 / 228
第三节　劝酒与酒令 / 242
第四节　新意迭出的博戏 / 263

注　释 / 271

插图来源 / 299

参考文献 / 305

前 言

宋代是中国古代社会物质文明和精神文明发展的繁盛阶段。正如法国学者谢和耐先生所说，在蒙古人进攻的前夜，中华文明在许多方面都处于它的辉煌顶峰。在娱乐、艺术、社会生活、技术及制度等诸多领域，都处于当时社会领先水平。后人对于宋代社会物质与文化发展也常常充满了赞誉。明朝名臣王鏊就曾在《震泽长语·杂论》中写道："宋民间器物传至今者，皆极精巧。"[1] 这是对宋代社会以器物为代表的物质文明所取得成就之一大肯定。

在众多可观物象中，能够完美诠释中国古代社会发展到宋朝时期，社会物质文明与精神文明所取得的辉煌成就者并不多，而宴饮可算其一。宴饮即宴会，《辞源》中关于"宴饮"的解释为"设宴聚饮"。宴饮是一种群体性的聚会活动，宴饮过程中所展示的食物、器物、酒饮、乐舞、游戏、礼仪、风俗等，无一不集中呈现了社会阶段性物质发展水平与民众精神文化生活状态，是观察当时社会发展状况颇为便捷的一种途径和方式。

自古至今，宴请从来都不是一件简单的事情。宴请事由、邀约对象、宴请时间、宴设地点、菜品搭配、酒饮选择、座次设置、席间礼俗、进度把握、气氛调节、游娱活动等，都需要事先精心考量与布置。一次成功的宴会活动，不仅仅是表面的吃吃喝喝，关涉因素众多。从私人角度来看，每一次精心安排的宴请活动，往往是对东道主财力物力的一种考验，又是社交的一种重要手段。小型宴请，三五好友聚集一处，恣意抒怀，是叙旧日情谊的一种补充。家庭内部，至亲至爱环绕而坐，其乐融融，杯盏之间延续着血脉亲情。衙署同僚，或因公务，或因私人情谊，宴饮会聚，沟通交流，亦是常事。大型聚会，譬如生子宴请、婚宴、寿宴、丧葬宴等人生诸事宴请，既是郑重其事的仪式，也是社会礼俗之必需，成为各地常见、通用的宴请模式。

宋朝时期，宴饮种类众多。对于宴饮类别的划分并无统一范式。有以宴聚宾主的社会地位及身份等级划分，按照皇家贵族、官僚群体、平民百姓为标准进行分类叙述者；也有以宴请事由为依据，分为公务宴请和私人聚会者。无论何种分类方法，研究者对于宴饮活动的关注角度都各有独到之处。为了行文叙述方便，增强可读性和观赏性，本书以宴请性质为主要分类方式，将宋朝时期常见的宴饮活动分为官方与民间两种主要类型，分别叙述相关内容。国家层面的宴饮活动，一般是以开展各类政务为由而开设，有庄严肃穆的国家大宴，也有地方各级机构设置的公务宴请；有朝拜性质的大朝会宴，也有为帝王生辰而设的圣节大宴，更有以国家为名布德于民的酺宴；还有公私不甚分明的宫廷内宴，包括以皇帝为主导开设的赏花钓鱼宴、观书宴、赏雪宴、观稼宴及无事而设的各类宴请活动。诸如此类，事由不同，议题各异，内容丰富多彩。私人层面的宴饮活动，同样种类繁多，包罗万象。南北风俗不同，宴请过程中所涉及的礼俗风貌各有特色，食物烹饪方法、口味喜好、食材选择、器物陈设、宴请礼仪、席间文娱活动、游戏类型等更是异彩纷呈，无不充满了浓郁的地域文化色彩，展现了奇异的人文风尚与礼俗传统。

为了更加全面地呈现宴饮关涉的宋代社会政治、经济、艺术、礼俗文化发展风貌，笔者尽量选取典型事例进行叙述，尝试将古籍中晦涩难懂的文字记载进行合理转换，行文尽量通俗易懂，在遵循客观史实的同时增强趣味性和可读性，以期为读者了解宋代社会民众生活百态提供一个窗口。

第一章　宋代宫廷宴会

宋代宫廷中经常举行各种类型的宴会。由于宫苑众多，举行宴会的地点、时间存在差别，宴会的名目也各有不同。宋代宫廷宴会包括声势浩大的国家大宴、内容丰富的曲宴、热闹欢快的节日宴会、文化氛围浓厚的曝书宴和观书宴、祈运农事的赏雪宴和观稼宴、风云暗涌的后宫内宴等，不一而足。各种宴会都有着十分浓郁的专属特色，构成了一幅色彩斑斓的宋代宫廷饮食文化生活长卷。

第一节　气势恢宏的国家大宴

宋代国家大宴是以国事为名义而举行的大型宴会活动。与一般宴会相比，国家大宴参与人数众多，场面壮观，规模宏大。据《宋史・礼志》记载，“凡国有大庆皆大宴”，[1]其中的“大庆”就包括春秋大宴，圣节大宴，郊祀、藉田礼毕而举行的饮福大宴等在内的一系列大型宴会。从大宴举行的延续性和频次来看，春秋、圣节、饮福三大宴会在宋代历史上占据着十分醒目的位置，也是宋代国家政治生活和礼仪制度的重要构成部分。所谓“唯春、秋与南郊、明堂礼成、非时喜庆，则六大宴某殿”，[2]还包括由于“非时喜庆”而举行的盛大宴会。因此，宋代国家大宴即是由以上几个部分构成。

一　祈运农事的春秋大宴

宋代朝廷通常会在春、秋两个季节举行盛大的宴会活动，一般统称为春秋大宴，实际上分为春宴和秋宴两种类型。春秋大宴为宋代所仅有，之所以选择在春秋两季举行，主要突出国家对于农业、农事的特别重视。春宴与秋宴一般选择在每年的“春秋之季仲”举行，从实际举行时间来看，以三月和九月最多。但是，具体选择在哪个日期举行，就需要根据特殊情况而定了，即“春秋大宴虽有定月，而卜日不同”，[3]是一种通行惯例。开国之初，由于太祖皇帝生辰在二月，为了避免与皇帝的生辰长春节大宴重复举行，又凸显出对于圣节的特别重视，国家一般只举行秋宴。与此类似的状况也发生在第二任皇帝宋太宗时，宋太宗的生辰在十月，所以太宗朝常见的大宴只有春宴。这种一年之中春、秋大宴不能兼而举行的问题在第三任皇帝宋真宗时终于得到解决。真宗咸平三年（1000）二月、九月，国家在含光殿举行了声势浩大的春、秋大宴。春、秋大宴的“备设”在真宗朝固定了下来。到第四任皇帝宋仁宗时，“春秋大宴，岁为常”，[4]成为国家重要的宴会活动。

宋代春秋大宴的举办与我国古代具有传统特色的农业社会有着千丝万缕的联系。春天恰是万物破土萌发时节，是稼苗生长的关键期。国家选择在春天举行盛大的宴会，具有祈求神灵保佑风调雨顺、庄稼茁壮成长的意义。以举办宴会的形式，寄予“人神之心洽，则天地之气和”的美好愿望。如果说春宴的举行是以帝王为首的子民祈求上苍风调雨顺，对庄稼丰收还处于期盼和祈祷的阶段的话，那么秋宴就是名副其实的庆贺丰收的欢庆宴会了，所谓“何事君臣皆共乐，银台连日奏秋成”，[5]充满了欢快与喜庆的热闹气氛。

春秋大宴既然是国家举办的大型宴会活动，自然是礼仪齐备，场面壮观隆盛且肃然有序。宴会当天，参加宴会的文武百官按时来到预定的宫殿庭堂，东西相向站立。之后，皇帝出场，来到宴会大殿，鸣鞭之后，文武百官在施行升殿、俯伏、拜、赞、引退、复位等一系列名目繁杂的礼仪之后，大宴便正式开始。

春秋大宴上，官僚等级身份尊卑十分明显。比如在百官搢笏受酒环节，通常是先宰相，之后才轮到百官。当然，宴会的主角是皇帝无疑。皇帝三举酒之后，各种美食依次上场。五举酒之后，群臣需要暂时退席，中场休息。在元丰七年（1084）的一次春宴中，宋神宗中场休息，在延春阁小憩，甚至还“得异梦”。[6]由此推测，中场休息时间不会太短。

中场休息结束之后，皇帝进殿入席，百官参拜之后依次就座。通常情况下，“殿上奏乐，庭下作乐”，以皇帝举酒作为重要标志，演奏相应乐舞曲目。皇帝四举酒之后，大宴也接近尾声，文武百官再拜之后，依次有序分班退场，“皇帝降坐，鸣鞭”，[7]盛大的宴会至此才算落下帷幕。按照朝廷惯例，春秋大宴结束之后，还会有相应的赏赐，以犒劳为宴会筹办、顺利举行而提供各种服务的教坊以下等相关人员，赏赐的物品包括绢、彩、钱、锦、银碗等。除此之外，参加宴会的相应官员还要呈上谢宴笏记，相当于诗赋之类的文辞，属于应景之作。官员通常会对宴会盛况、皇帝隆恩、预宴的欢欣与荣幸、百官感激之情等进行描述，文辞无不充满了赞赏与感叹。

春秋大宴的举行寄予上至皇帝、下到百姓对于五谷丰登的虔诚祈盼和庆祝，如果遇到特殊状况则需要罢宴。从实际的罢宴情况来看，主要包括自然灾害与主观人为因素两种基本状况。自然灾害包括旱灾、水灾、蝗灾之类严重影响庄稼收成的恶劣因素。主观人为因素则是指战争、丧葬，甚至是国家科举考试中的殿试等情况，所谓国家大宴“遇大灾、大札则罢”。[8]罢宴之后，朝廷通常还会采取一定的补偿措施，如在阁门朝堂赏赐预宴官员美酒佳肴，对于身份特殊的升殿官，则会派遣中使到其宅第内赐宴，以示恩赏。南宋时期，都城南迁至杭州，本着一切从简的原则勉强恢复北宋旧制，朝野上下无心也无力严格遵循北宋时期的国家宴会规格，春秋大宴的举办更是流于形式。宋孝宗乾道以后，属于国家级别的大型宴会，就只剩下正旦、生辰、郊祀及金使见辞而举行的宴会活动，而且是“视东京时则亦简矣”，春秋大宴逐渐退出了相对“简单”的国家大宴之行列。

二　庆贺帝王生辰之宴：圣节大宴

宋代，皇帝的生辰称为圣节，每逢圣节，国家都会举办盛大的庆祝宴会，即圣节大宴。由于每位皇帝的生辰不同，所以圣节的名号也各不相同。两宋时期，各皇帝的圣节名称分别是长春节、乾明节、承天节、乾元节、寿圣节、同天节、兴龙节、天宁节、乾龙节、天申节、会庆节、重明节、瑞庆节、天基节、乾会节、天瑞节。

值得注意的是，中国古代社会为皇帝生辰设立圣节并不是宋代独有的现象，圣节的产生和命名由来有一段颇为有趣的历史渊源。史载，诞圣节始于唐明皇，号曰千秋节，后又改为天长节。开元十七年（729）八月，正值明皇生辰，为了表示庆贺，宫廷中举办大规模的庆祝活动，置酒合乐，在华萼楼下大摆筵席宴请群臣。时任尚书左丞相源乾曜、右丞相张说，率领百僚上表，希望以八月五日作为千秋节，并且请求朝廷“著之甲令，布于天下，咸使燕乐，休假三日”，玄宗皇帝龙颜大悦，欣然采纳。[9]但是，唐玄宗诞辰设立圣节之后“自是列帝或置或不置”，并未形成固定的节日制度。代、德、顺三宗“皆不置节名”，直到文宗以后，才沿袭玄宗旧例，建节设宴进行庆贺。唐朝为帝王生辰建立圣节的做法被后世依循，“自五季始立为定制”。后周太祖将其生辰定为永寿节，后周世宗将其生辰定为天清节，历代相传，“遂成故事”。[10]

宋初，因循前代惯例，帝、后生辰“皆有圣节名”。这种制度在发展过程中又不断调整，为了凸显帝王至高无上的形象，于是取消皇后生辰建立圣节的做法，唯独皇帝生辰建立圣节。皇帝圣节受贺成为固定礼仪制度，国家通常会举行包括建道场、行斋会、献祝寿诗文、上寿称贺、圣节大宴等在内的一系列贺寿活动，声势浩大，隆盛异常，圣节大宴将整个庆贺活动推向高潮，同时也是圣节贺寿活动接近尾声的标志。建隆元年（960）二月，为庆贺宋太祖诞辰长春节，朝廷设宴于广德殿，至此拉开了宋代举办圣节大宴的序幕。

在朝廷举行的系列贺寿活动中，祝寿道场大体维持一个月，直至圣节来临，道场布置期满后作满散为止。作满散标志着道场布置期满、大规模的圣节庆贺活动即将拉开帷幕。道场布置期满，作满散，设斋会、进斋食等。圣节期间举设斋会且行香、斋戒等活动成为一种惯例。另外，上寿称贺也是必不可少的重要礼仪环节。圣节当天举行隆重的上寿称贺仪式，由于上寿礼仪十分烦琐，加之人员众多，北宋时期百官分两日进行上寿称贺，而南宋时期则归并为一日。群臣上寿行礼仪式结束之后，按照惯例，皇帝一般会赐御宴。上寿称贺之外，群臣还需要向皇帝进献祝寿诗文，以表达忠心与贺寿之诚意。百官“尝逢诞节，咸献诗颂”，而皇帝则“置酒高宴”，受到劝酌的一众臣僚更是需要各出文书一通，表达感激之情，致谢再三。如果遇到典礼及祥瑞，帅、守、监司“皆上四六句贺表”，[11]形成一系列的礼仪规范。此类诗文内容大同小异，并无特别之处，大体上以祝祷皇帝“万寿无疆”为主旨，字里行间无一不充满褒扬溢美之词。在上寿仪式结束之后，朝廷则会挑选时日举行圣节大宴，此时，百官贺寿活动才算进入高潮。

圣节大宴的筹办是朝廷例行的重要典礼仪制。圣节大宴属于国家大宴，参与人数众多，举办之前各方需要提前做好各项准备。凡是国家大宴，有司须预先在殿庭搭建山楼排场，通常布置成群仙队仗、六番进贡、九龙五凤之类的造型，为了应景，在一旁设有司天鸡唱楼。大殿上也是装饰一新，陈设锦绣帷帟、垂香球，前槛内设有银香兽，在大殿东北楹间摆设御茶床、酒器，大殿下幕屋里面陈放群臣赴宴所用的盏斝等器物。

为了保证大宴的顺利进行，凸显朝廷的重视，宴会中乐舞之类的

图 1-1　宋代持棍人杂剧雕砖

娱乐节目还需要提前彩排。北宋时期，大宴前一天皇帝需要“御殿阅百戏”，称为“独看”。[12] 徽宗时期，圣节前一月则由教坊“集诸妓阅乐”。南宋时期，朝廷同样高度重视圣节大宴的筹备事宜。宋度宗生辰之际，为了表示庆贺，仪鸾司提前在殿前绞缚山棚及陈设帷幕等，装饰布置一新。圣节大宴前一天，仪鸾司、翰林司、御厨、宴设库、应奉司属人员等全部就位，在殿前直宿，为第二天的宴会做好一切准备。大宴当天侵晨，仪鸾司排设御座龙床，出香金、狮蛮、火炉子、桌子、衣帷等物件。翰林司则负责在大殿东北角排办御前头笼燎炉，供进茶酒器皿等，待皇帝入座后提供近前贴身服务。宴会上需要的酒水、菜品等饮食也有严格要求。百官所需食味，“秤盘斤两，毋令阙少”。[13] 御酒库排办前后御宴酒水，负责宣劝御封酒。群臣饮酒分量由内侍提前奏定，甚至酒水斟酌的浅深都有定量。每盏用平尺量，分数各有定额，不得留残。筹备事宜的精细周密可见一斑。等到各项工作都准备就绪，大宴便正式拉开序幕。

圣节大宴当天，预宴百官依照礼仪规定，有序“入内上寿，大起居”，拜舞谢坐之后，按官品秩序依次就座，大宴即告开始。徽宗生辰天宁节大宴，百官入内准备就绪，为了烘托祥和欢乐的宴会气氛，需要事先“鸣礼”。宴乐未响，集英殿山楼上教坊乐人效仿百禽鸣叫，大殿内外一片肃然，只听得半空百鸟和鸣，形成鸾凤翔集的壮观景象。“鸣礼”结束之后，百官谢坐，辽、高丽、西夏使臣和诸国中节使人按礼依次就座。食物依次陈列，先排设环饼、油饼、枣塔等看盘，其次是果子，生葱、韭、蒜、醋各一碟，三五人共列浆水一桶，立勺数个。为了表示对辽朝使者的特殊礼遇，朝廷专门增设猪、羊、鸡、鹅、兔连骨熟肉为看盘。到南宋时期，大致按照北宋旧例，御厨制作宴殿食味并御茶床上看食、看菜、匙箸、盐碟、醋樽，及宰臣、亲王看食、看菜，并殿下两朵庑看盘、环饼、油饼、枣塔，“俱遵国初之礼在，累朝不敢易之”。[14] 宴乐除乐器有微小差别外，饮食盏次基本一致。

教坊乐部人员待命列于楼下彩棚内，皇帝每举酒，演出相应的乐舞杂艺等娱乐节目。酒五行之后，中场休息，“驾兴，歇座”，百官依次退出殿门幕次；中场休息结束，“追班，起居再坐”，宴会继续进行。大宴前后酒九行而罢，宴退，参会臣僚皆头戴簪花归家，甚至呵引从人皆“簪花并破官钱”。宴会上演出乐舞节目的女童列队从右掖门退场，吸引大批少年豪俊前来一睹芳容。为了表示殷勤之意，纷纷以宝贝供送，以饮食酒果迎接。女童各乘骏骑而归，或花冠，或作男子装束，自御街驰骤，竞逞华丽，观者如堵，一时盛况空前，宫廷内外洋溢着一派欢乐喜庆的热闹气氛。

皇帝圣节作为国家大庆节日，不仅宫廷举行隆重的圣节大宴，地方通常也会借机大摆宴席，可谓普天同庆。为此，国家甚至专项拨款予以支持。淳化元年（990）九月，朝廷下诏，诸州、军、监、县没有设置公务招待专项用度款的，遇诞降节给茶宴钱，节度州百千，防、团、刺史州五十千，监、三泉县三十千，岭南州、军以幕府州县官权知州十千。地方上举办的圣节寿宴同样气派非凡，耗费也是相当惊人，浮侈相夸，无有艺极。圣节寿宴的排场更是无比热闹壮观，州郡地方每逢圣节赐宴，命令数十歌伎群舞于庭，作“天下太平”字舞。[15]地方上举行的贺寿宴会与宫廷中举办的圣节大宴可谓遥相呼应，而所谓的“天下太平”字舞更是州郡地方借庆贺圣节大礼事宜，传递出忠君事主之意，也是朝廷拨款予以支持的关键所在，也从一个侧面显示出朝廷统治的强大向心力。

当然，如果遇到某些特殊状况，朝廷也会对圣节大宴进行临时调整。如天圣二年（1024）八月，宋仁宗乾元节大宴，百官刚刚入场，不巧恰逢天降大雨，只能临时取消宴会。为了缓和气氛，调节群臣贺寿心情，朝廷也采取了赐食的补偿措施，中书、枢密、两制、节度、观察、防御、团练使、刺史等“各赐酒食”，诸军副指挥使以上“许取便请食”。[16]又如熙宁二年（1069）四月，宋神宗皇帝同天节，由于河决、地震，且夏季大旱，神宗皇帝不御前殿，减常膳，又罢设同天节上寿，圣节大宴也随之取消。南宋宁宗瑞庆节，百官于紫宸殿上寿，礼毕，因“虏方拏兵北边，贺使不至”，[17] 朝廷于是采取了百官皆赐廊食的方式进行补偿性庆贺。

圣节大宴是国家大庆活动的一种类型，其规模、陈设、仪制都属于国家各类宴会中的最高标准。参与宴会人员除了百官之外，还包括外来的各方使者，尤其是北宋时期，参与圣节大宴的各方使者人数众多。圣节大宴不仅是为帝王祝寿的一种庆贺活动，还具有向外方使者展示国家综合实力的重要意义，因而时机和场合就显得非比寻常。例如，按照常例，为了烘托圣节大宴的热闹欢庆气氛，宴会过程中会有杂戏一类节目表演。此类杂戏一般极具幽默性，以博人欢笑为主。朝廷考虑到有外方使臣在场观看，因而节目演绎“不敢深作谐谑”，[18] 传递出了圣节大宴场面热闹而不失庄严的特性。圣节大宴是关涉国家对外事务的一个颇为重要的活动。

三　祭祀与祝祷：饮福大宴

宋代国家祭祀大礼后举行的盛大宴会称为饮福大宴，是完整祭祀活动的重要组成部分。中国古代社会，国家祭祀大礼之后举办饮福宴，并且将其礼仪规格列入国家大宴行列的，为宋朝所仅有。

宋代国家郊祀、藉田礼毕，通常会设宴。在赵宋政权建立之初，太祖皇帝就举行了声势浩大的南郊祭天大礼。乾德元年（963）十一月，南郊礼成，朝廷大宴于广德殿，号曰饮福宴，从此拉开了宋朝饮福大宴的序幕。值得一提的是，在宋代，凡大礼毕，皆设宴会，命名为“饮福宴”，其中的“大礼”不仅包括南郊大礼和明堂大礼，还包含藉田礼、祫享（飨）礼以及恭谢天地等。宋代国家礼仪制度明确规定皇帝“三岁一亲郊”，而这里所谓的“郊”也只包括南郊大礼、明堂大礼以及祈谷大礼，到仁宗皇帝嘉祐七年（1062）之后成为一种固定制度并逐步得以完善。整个宋朝时期，南郊大礼及明堂大礼的举行次数最多，而藉田之礼则处于“岁不常讲”的状态。郊祀、明堂大礼结束之后皆“进胙饮福”，因而，郊祀、明堂大礼之后举办的盛大宴会活动即是宋代饮福大宴的主要组成部分。

乾德元年（963）十一月太祖皇帝在南郊礼之后举行饮福大宴开始，宋朝历任帝王大多谨守祖制，按照礼仪制度举行国家层面的祭祀大礼。南北两宋，一共有 18 位皇帝，举行祭天大礼共 105 次，包括南郊大礼 57 次，其中北宋 38 次，南宋 19 次；明堂大礼 48 次，其中北宋 17 次，南宋 31 次。从仁宗末期到英宗朝，祭天制度基本处于成熟阶段。[19]

乾德元年十一月，宋代国家的首次饮福大宴选择在广德殿举行，场面十分隆重。太宗皇帝淳化四年（993）正月，南郊礼成之后，朝廷在含光殿举行了饮福大宴。仁宗皇帝天圣年以后，大宴基本上在集英殿举行。朝廷制定的“集英殿饮福大宴仪”中比较详细地规定了饮福大宴涉及的一系列仪礼程序，祭祀大礼结束之后，按照规定“择日开宴”。饮福大宴礼仪规范基本上与春秋大宴一致，不同的是在酒三行之后，额外增加了“泛赐预坐臣僚饮福酒各一盏”的象征性仪礼环节，饮福大宴也实行“酒九行”的高规格宴礼。[20]

饮福大宴中的一个重要环节即酒三行后皇帝泛赐预宴群臣饮福酒。宋人认为，皇帝与群臣共享祭祀福酒，用意在于祈求上天庇佑皇命国祚的同时余恩布洒臣子，实际上是皇帝借机拉拢人心的一种政治手段。北宋前期饮福大宴中皇帝与群臣共享福酒的惯例到元丰年间发生改变。元丰元年（1078）九月，礼文所向宋神宗建议，皇帝与群臣共享福酒不妥，皇帝独享更能突出“专受祉于神”的皇命神权，借此树立皇帝至高无上的威仪。对于这一建议，神宗皇帝并未明确表态，只是提出“再参详”的斟酌意见。但是自此以后，宋代历史上与饮福大宴相关的叙述，皇帝是否与群臣共享福酒再无明确的记载。

在宋朝历史上，饮福大宴虽然与春秋大宴、圣节大宴等一起列入国家的“大庆”行列，属于朝廷规定的国家大宴，但是饮福大宴举行的次数却远远不及春秋大宴、圣节大宴。即使是在朝廷举行了祭祀大礼“饮福受胙”之后，也并未完全按照礼仪制度规定将开办饮福大宴固定下来。究其原因，则是朝廷基于礼仪烦琐、财物赏赐众多、国家财政负担日益加重等一系列主、客观因素的综合考量。随着时代的发展，朝廷并不能保证每次祭祀大礼之后都能如期举行饮福大宴，但毋庸置疑的是，饮福大宴在宋代国家诸事中所占据的地位依然相当重要。饮福大宴是宋代国家层面的盛大宴会活动，作为朝廷祭祀大礼中的完整组成部分，又与各种恩赏、礼仪等一起对国家财政造成了巨大压力，不可避免地由最初的华丽出场转向之后的黯然落幕，最终退出了宋代的历史舞台。

四　国家大宴中的礼仪和行为规范

在宋代，国家凡有大庆都会举行盛大的宴会活动，但是对于“大庆”并无十分明确的规定。依照国家礼制规定的宴会活动规格，包括盏制、宴设食物摆设、乐次以及赴宴人数等，诸如此类可见的仪程和设置规律，在宋代国家层面可以称为大宴的类目还有很多。从宴会设置所见具体的程序和礼仪内容上来看，各种国家大宴并无根本上的区别，只是设置事由不尽相同。因而，以上仅挑选出具有代表性的几种类型进行陈述。宋代国家大宴设置规范，正式且隆重，场面壮观，是最能够集中展示各个阶段国家礼乐制度与时代文化发展特色的重要集体性活动之一。

宋代国家大宴的举办地点相对固定。北宋时期，从大宴实际举行状况来看，除了因特殊状况需要临时调整外，一般在集英殿举行居多。南宋时期，国家本着一切从简的基本原则试图重立北宋祖宗旧制。就宫殿的设置而言，虽然能够勉强按照北宋的大体模式进行建造，但是，无论从规模上还是数量上都相形见绌，无法完全复制，整个建筑面积普遍较小。为了适应朝廷不同的政务需要，往往会出现同殿不同名，甚至是一殿多用的现象。如南宋绍兴十三年（1143）二月，正值宋高宗生辰天申节，百官上寿结束之后，朝廷选择在集英殿大摆筵席，举行圣节大宴。宋度宗时期，为了给寿和圣福皇太后庆贺寿辰，朝廷在紫宸殿举办贺寿大宴。诸如此类大型宴会活动大多是“临期设牌”，实际上是同殿不同名，临时更换殿名牌匾而已。

那么在宋代，国家大宴的规模到底有多大？从赴宴百官的人数中就可以窥见一斑。宋神宗熙宁二年（1069），朝廷制定了一份集英殿大宴的入宴人数表单，统计数据显示，能够参与宴会的人员达到 1300 余人，而且这是经过详细“裁定”的结果。可以想象宴会场面的壮观、声势的浩大，所谓国家大宴名副其实。值得一提的是，1300 余人并不全部都是赴宴的文武百官。其中，筹备宴会的御厨人员就达到 600 人，负责装饰和布置宴会场所的仪鸾司 150 人，清洁卫生的洒扫亲从官 100 人，以上相关服务人员就达到了 850 人，正式参加宴会的文武百官仅仅占据了一部分而已。[21]

不以规矩，不能成方圆。早在景德二年（1005）九月，宋真宗就下诏，明确了朝廷制定系列礼仪规范的根本目的在于“训上下、彰文物”。[22] 宋代国家大宴礼仪众多，朝廷制定的各项礼仪涵盖范围广泛，十分周详，包括预宴资质、座次规范、言行举止、器具规格、食物陈设、酒饮分量、乐舞、盏次等。百官按照官阶品秩依次有序入场就座于殿上、朵殿、两廊，在参加大宴的过程中，如果出现了诸如醉酒失态、拉扯闲谈、大声喧哗、逾越座次等违背礼仪规范的言行举止，则会受到相应的惩罚。具体到宋代国家大宴的礼仪规范，大致有如下几点。

第一，宴会前请假制度。具有赴宴资格的文武百官必须严格遵守请假制度，朝廷严令禁止无故不赴宴。而涉及具体的请假事由，规定也是十分详细和明确。天禧三年（1019）十一月，礼仪院将不赴宴会的请假时间限制在丁父母忧期间。另外，百官托病请假等情况，朝廷也考虑在内，制定出了一套应对举措。比如，天禧四年九月，侍御史知杂刘烨就上疏向朝廷建议，今后每遇宴会，臣子称病不赴者，朝廷派遣中使、医官看验真假，一旦发现虚伪造假，严格按照朝廷规定施行惩戒。[23]虽然朝廷三令五申，但是“稍历岁时，渐成懈慢”，[24]文武百官无故托词请假而不赴宴会的现象依然十分普遍，禁而不止。

按照常理，百官能有资格参与国家大宴，是一件十分荣耀和值得自豪之事，那么，究竟是何缘故导致众人畏而不前呢？个中缘由值得探讨。实际上，宋代国家各类大宴举行频率较高，宴会过程中拜、兴等仪式烦琐复杂，礼仪约束相对严格，持续时间一般会比较长，加上自然环境欠佳，天气阴晴不定，文武大臣因畏避暑热、严寒等请假告假者有增无减，年迈体弱者更是不堪忍受宴会带来的长时间体能消耗，借故请假已然在所难免。

第二，宴会秩序。宴会举行之际，参与进场的文武百官必须严格遵循相应的仪礼和规范。受邀参加宋代国家大宴的文武百官首先需要遵循规定，依次井然有序入席，宴会过程中不能出现“拜舞方毕，趋驰就席”的现象，更不得逾越座次以及大声喧哗。对于逾越班次、拜起失节、喧哗过甚等行为，会有专人进行纠举。

对于供奉禁庭的一应服务人员则要求“定员数，籍姓名以谨其出入”，[25]以此谨防闲杂人等混入场内，扰乱进餐秩序。为了体现国家大宴的庄严整肃气氛，对于预宴人员言行举止甚至着装都有着相当严格的规范和要求。为此朝廷规定，凡有宴会，令入内内侍省差中使六人分朵殿两廊上，约束和监督百官、军员，使其不得言笑喧哗、提前退场。另外，又差遣阁门祗候四人，往来巡视提举，凡是违反礼仪规定的与会人员均要登记在册、记录在案。《梦粱录·宰执亲王南班百官入内上寿赐宴》中颇为生动地描述了宴会的具体场景：“殿侍高高捧盏行，天厨分脔极恩荣。傍筵拜起尝君赐，不请微闻匙箸声。”[26]从某个角度反映出了宴会场面的井然有序，并且不失华贵典雅。然而事实上，宴会在进行过程中，参加的文武百官不可避免地会出现喧杂现象，诸如“不请微闻匙箸声”之类描述也难免具有夸张的成分。如宋仁宗景祐年间，中书门下就曾有披露，指出宴会中御座左右、殿庭侍立臣僚等人员出现了往来语话，甚至是喧哗的现象，而负责纠察的有司并未予以弹奏，或许这些才是宴会中真实场景的某种写照。

国家大宴中一般有中场休息时间，文武百官可以乘此间隙进行放松，或整理衣冠，或往来交谈，或短暂休息等。对于与会百官在宴会中歇之后再次入席的相关举止，朝廷同样制定了一套相应的制度规范和行为要求。如仁宗庆历二年（1042）四月，朝廷就明确制定了“中宴更不先退”的与会要求。宋代国家举行的宴会活动秉持“宴以示恩”的宗旨，再加上宴饮属于集体性休闲活动，本身就蕴含着浓郁的休闲色彩，因此，在实际的执行过程中朝廷一般会从宽对待违规行为。真宗大中祥符元年（1008）十二月，朝廷下令，参与宴会的军员，如果出现有因酒言辞失次以及醉仆的现象，则采取“即先扶出”的举措，或者也可由殿前司根据实际状况派遣一名或数名巡检军士护送归营。大体的要求是“阁门放去，更不弹奏”，[27]处理方式充满了人文关怀，这在一定程度上纵容了与会文武百官出现各类失仪行为，且屡禁不止。

第三，服务规范。朝廷对于参与宴会的服务人员、歌舞杂艺等演艺人员也有一套相应的礼仪行为规范。真宗景德二年（1005）十一月，针对宴会进行中服务人员出现的嬉笑、喧闹之类失礼行为，真宗皇帝下诏，翰林、仪鸾司、御厨，遇到宫廷内宴，需要事先差托食天武官排食，依照常例差遣院子、兵士、工匠等之外，又选派指挥使或者员僚一名，专门禁止语声喧哗，“无令闻及殿庭”，一旦出现违规行为，即刻“付所属科罪”，同时还命令廊下管勾使臣检校。诏令中对于服务人员的检查勘验称得上相当严密了。另外，对于宴会中一应娱乐节目的表演人员，朝廷也有相关要求。仁宗皇帝至和元年（1054）六月，西上阁门使李惟贤上奏，国家大宴当天，负责乐舞演出的教坊人员在殿庭东西排立候场，供奉官班内整装排立，“使臣牵拽入戏”，“伶人杂之以为戏玩”，如此举动“恐失朝仪”，建议予以禁止，给违反者以相应的惩处，交由“阁门弹奏”，朝廷采纳了这一建议。[28]

第四，散会与退场。盛大的宴会在接近尾声、众人退场之际，同样需要十分注意。受邀参与宴会的文武百官和宴设相关人员也必须遵循一系列退场礼仪规范和要求。为了体现出尊卑有序、长少有别的礼仪规范，朝廷要求众人退场时要恭敬礼让。如仁宗皇帝天圣三年（1025），监察御史朱谏向朝廷建议，今后宫廷举行宴饮活动，受邀赴宴的官员中如果有父子、兄弟、叔侄等家族成员，“再坐时卑者先退”。另外，国家大宴礼仪繁多，仪式繁杂，再加上参与宴会的人员数目众多，导致宴会持续时间通常较长，甚至有持续一整天者。基于这种实际情况，朝廷也有相对合理的安排。如大中祥符三年（1010），真宗皇帝就颁布诏令，特意交代下去，如果有军校赴宴，要持续到终宴退场。如果遇到军营在城外并且宴会持续到晚上的特殊状况，朝廷则会派遣内侍拿着钥匙前往各个城门，等待军校全部出城门之后才“阖扉入钥”。[29]

宴会结束，众人退场之后，现场的整理事宜同样十分繁杂。为了高效快速地完成收场任务，诸司必须及时行动，各司其职，如此一来就难免造成整理乱象。对此，朝廷下令必须等到皇帝起身离御座入殿门之后，负责整理的诸司人员才能收拾器物。如果出现器物遗漏、缺失、损毁等严重失职现象，诸司人员也会受到相应的纠察。仁宗天圣八年（1030）十月，提举诸司库务司上报朝廷，法酒库近供秋宴用酒一千七百瓶，散场之后，仅收到了四百二十个空酒瓶，因而建议朝廷“自后从本司举察祗应”，[30] 受到了仁宗皇帝的首肯。

宋代国家大宴各种礼仪规范的制定，是五代以来朝堂礼崩乐坏之后，赵宋政权在建立之际，为了树立起重建大一统国家礼制的坚定决心而做出的政治姿态；另外，考虑到宴饮活动本身的特殊属性，凸显宋代国家“宴以示恩惠”的基本理念。如此，宴会过程中出现违反礼仪规范的各种行为，而有司只是警示却不加惩处的现象就相当普遍了，帝王出于笼络人心、亲近臣子的考量也常常对宴会中的一般违规行为网开一面。

宋代国家大宴中所提供的美食种类丰富多样，并且有常例可遵循。神宗元丰年间，规定的集英殿春秋大宴食物排设，包括炙子骨头、索粉、白肉胡饼、群仙炙、天花饼、太平毕罗、干饭、缕肉羹、糖油饼等；在宴会中场休息结束之后，文武百官入席再坐，陈设的食物则有假鼋鱼、蜜浮酥捺花、肉鲊、排炊羊、炙金肠、炙子馒头、肚羹、水饭、下饭等。以上诸道美食设置属于春秋大宴的常例。[31] 为了庆贺皇帝生辰而举行的圣节大宴中的各种食物之排设也很有讲究。如徽宗天宁节大宴，酒三行之后，开始布设各类美食。排列秩序按照盏制，分别为：第三盏肉咸豉、爆肉、双下驼峰角子；第四盏炙子骨头、索粉、白肉胡饼；第五盏群仙炙、天花饼、太平毕罗、干饭、缕肉羹、莲花肉饼；第六盏假鼋鱼、蜜浮酥捺花；第七盏排炊羊、胡饼、炙金肠；第八盏假沙鱼、独下馒头、肚羹；第九盏水饭、簇饤下饭。[32] 每道食物供应都有一定的礼仪秩序和排设规范，更加彰显了宴会的隆重和典雅。

南宋度宗时期，为了庆祝寿和圣福皇太后生日，朝廷举行了盛大的宴会活动，宴席上陈列环饼、油饼、枣塔为看盘。为了显示出对皇太后寿宴的重视，同样实行高规格的酒九行礼仪。酒行第三盏，开始进肉咸豉、双下驼峰角子；在第四盏排设炙子骨头、索粉、白肉胡饼；第五盏提供群仙炙、天花饼、太平毕罗、干饭、缕肉羹、莲花肉饼；第六盏则有假鼋鱼、蜜浮酥捺花；第七盏是排炊羊、胡饼、炙金肠；第八盏为假沙鱼、独下馒头、肚羹；第九盏供应水饭、簇饤下饭。宋代国家大宴上的食物排设和秩序都有例可循，直到南宋时期，国家大宴所见食物陈设依然“俱遵国初之礼在，累朝不敢易之”。[33] 宴会上提供的美食品类和选择自有其鲜明的品位特色。从食物品类上来看，既有充满民族和地域特色的胡饼、炊羊等食物，也不乏富含南北饮食风味的假沙鱼、假鼋鱼、馒头、水饭等，这也从一个侧面反映出两宋时期疆域内外饮食文化交流融合、往来不断的发展盛况。

第二节　君臣之间的日常宴聚

宋代，除礼仪庄重、场面盛大、参与人数众多的国家大宴之外，宫廷中还有以帝王为主导、君臣之间举行的规模不等的各类中小型宴会，构成君臣饮食生活之日常。宋代君臣之间宴饮活动最常见的主要有曲宴、为了庆祝节日而举行的节日宴、充满竞技色彩的宴射等，也是宋代宫廷宴会形式的重要内容。

一　内容丰富多彩的曲宴

曲宴是一种颇具休闲色彩的宴会形式。所谓的“曲宴”之“曲”，具有小型、局部的含义，曲宴即可以理解为君臣之间小规模的宴会活动。从设宴动机、宴会形式等方面来看，宋代曲宴具有皇帝私宴、游赏之宴、赐惠之宴的综合概念印象。因此，可以说曲宴是一种由皇帝主导、随兴举行、款待近臣的小型宴会，具有相当程度的私宴性质。对此，清人秦蕙田曾经指出，“若无事而宴宰臣及三品、四品、五品以上，不为定期，即宋之曲宴也”，[34] 着重突出了宋代曲宴是帝王即兴举行的一种休闲宴聚活动，君臣私宴的特色十分浓郁。

宋代的曲宴种类多样，常见的主要类型包括赏花钓鱼宴、喜雨宴、喜雪宴、观稼宴、观书宴、修书宴、经筵宴等，间或有帝王即兴设宴的情况。众多名目不一的曲宴活动各具特色，内容更是丰富多样。除了常规宴会中所能见到的美酒佳肴以及歌舞表演之外，还包含赋诗填词、写字作画之类文艺色彩浓郁的佐欢助兴活动。曲宴的整个活动气氛颇为融洽，充满了欢娱轻松的宴聚氛围，是宋代宫廷中十分引人关注的宴会类型。

宋代宫廷名目繁多的曲宴中，尤以赏花钓鱼宴最具典型意义。相对于其他各种形式的曲宴，赏花钓鱼宴更显轻松活泼。包括宴会在内的系列活动由赏花、钓鱼、游玩、赋诗填词等具有浓郁悠闲色彩的文娱形式构成，更能凸显参会人员的日常生活“本色”。在中国古代，将赏花、钓鱼与宴会相组合而形成一种聚会活动并非宋代所独创。《南唐书·李家明传》中记载，元宗赏花于宫廷后苑，率领一众近臣临池垂钓。臣下皆钓得鱼，唯独元宗毫无收获。臣子李家明见状即刻献诗，诗中有“凡鳞不敢吞香饵，知是君王合钓龙”一句，元宗读后龙颜大悦，继而赐宴，君臣极欢。[35]

宋代赏花钓鱼宴，除了赏花、钓鱼两种主要活动之外，前期还包含射箭、赋诗等丰富多彩的内容。射箭、赋诗也有一定的历史渊源。相传在汉武帝时期，在长安城内修建柏梁台，武帝在台上摆酒设宴，命令群臣中作文能赋七字者，赐上座。到了北魏时期，孝文帝也曾下过诏书，开设曲宴活动，要求参与宴会的一众臣子，能者可以赋诗申意。如若臣子确实不能赋诗，也可以射箭以显其能。宴会过程中文臣武将各尽其才，正所谓“武士弯弓，文人下笔”，[36]有机地把赋诗、射箭与宴会活动结合起来，较为合理地为宴会系列活动赋予了全新形式的德艺展示效用。唐朝敬宗皇帝时期，又有了“别置东头学士，以备曲宴赋诗”的说法，宣宗皇帝时期则演变成了“每山池曲宴，学士诗什属和”的状态。[37]发展到宋代，赏花钓鱼宴无论是在内容上还是形式上都更加成熟与丰富。雍熙二年（985）四月，正是春暖花开时节，宋太宗择日在宫廷后苑举行了一场曲宴活动。宴会过程中太宗皇帝“赏花钓鱼，张乐赐饮”，游赏意犹未尽之余，又令臣子们赋诗、习射，如此一来“自是每岁皆然”。[38]

宋代的赏花钓鱼宴一般会选择在二月至四月之间举办，此时正值春暖花开。以宋仁宗皇祐五年（1053）为时间节点，“春夏赏花、钓鱼则岁为之”。[39]宴会的形式也是颇为灵活多变，赏花、钓鱼、设宴、赋诗、射箭等主题内容开展顺序并不十分固定。例如，宋太宗雍熙年间，在后苑举行赏花钓鱼宴活动，赏花、宴会结束之后，太宗皇帝与众臣子临池垂钓，又令侍臣赋赏花钓鱼诗，晚御水心殿习射。宋仁宗嘉祐六年

（1061）三月，仁宗皇帝与众臣子在后苑聚会，赏花于华景亭，钓鱼于涵曦亭，之后在太清楼设宴。

除了赏花、钓鱼、饮酒赋诗等常见活动之外，有时还会临时增设其他内容。宋仁宗天圣年间，君臣在后苑赏花、钓鱼之余，又在清辉殿观赏唐明皇山水字石，仁宗皇帝命从官赋歌，设宴太清楼。在一系列文娱活动中，射箭也颇为引人注目。但是，在“以儒立国”的基本理念影响之下，到了宋仁宗朝，随着国家“右文”政策之推行，并且不断地深入发展，加之帝王主观意愿的引导，宋朝前期兴起的赏花钓鱼宴中，相对固定的包括赏花、钓鱼、射箭、赋诗等在内的一系列文娱活动内容发生了些许变化。以射箭为代表的武力竞技活动逐渐淡出了君臣的视线，整个活动则演变成了以赏花、钓鱼及赋诗等为主要内容，尤其是赋诗构成了以上一系列活动的重要内容，兼具调动气氛、展示才华、考察臣子德行等多重功能。后世留存的北宋时期文人别集中，涉及赏花钓鱼宴的诗文作品作者涵盖王禹偁、杨亿、寇准、姚铉、夏竦、范仲淹、胡宿、田锡、宋庠、宋祁、徐铉、郑獬、欧阳修、司马光、苏颂、王安石、韩琦、刘敞、沈遘、彭汝砺、祖无择、徐积等颇为著名者。当然，并不是每位参与赋诗的臣子都具有赋诗作词的文学才能，除临场发挥之外，为了应付皇帝的考察，还出现了所谓的“宿构”，即提前预备的诗文作品，如北宋文人彭汝砺的《拟赏花钓鱼诗》十首，就极有可能是这方面的预留作品。

宫廷后苑属于内廷，作为天子的“闲燕之所”，臣子若非获得特别召见，一般很难进入，因而这就赋予了赏花钓鱼宴十分鲜明的皇帝私宴特色。到了宋神宗时期，宫廷中颇为兴盛的赏花钓鱼宴出现了明显的衰微趋势。宋神宗在位近二十年，却“未尝御赏花钓鱼之会”，[40] 这种衰微趋势一直延续到了哲宗、徽宗时期，总体上再未重现往日那般兴盛景象。所谓“赏花钓鱼赋太平”，赏花钓鱼宴不仅是君臣之间的宴会游赏活动，还是渲染和烘托朝野上下太平安乐的重要点缀，在国家内外局势日趋紧迫的状况下，宴会的举行无疑成为奢望。

南宋朝廷南迁，赏花钓鱼宴则随着北宋王朝的覆灭难觅其踪。乾道七年（1171）二月，宋孝宗抚今追昔，感慨旧日祖宗曾经多次召集近臣举办赏花钓鱼宴，而此时赏花钓鱼宴却已经逐渐沦为存在于君臣记忆里的一桩盛事美谈，追思意味颇为浓厚。随着南宋王朝内忧外患的日益加剧，赏花钓鱼宴最终消失在了茫茫历史长河当中。

宋时宫廷中举行的喜雪宴、喜雨宴、观稼宴等宴集活动，是以帝王为引领对国家农业生产高度重视的一种体现，而经筵宴、修书宴等宴会活动则蕴含着十分浓郁的文学色彩，同时又是宋朝推行“右文”政策的某种产物，一定程度上对宋代社会文化的兴盛起到了重要推动作用。

两宋帝王大多都相当重视历史对于王朝治乱兴衰所产生的重要借鉴作用和影响，而整理和修撰典籍史书恰好为帝王提供了一定的参考价值和便利，如此一来就在无形中有力地推动了国家典籍整理和修撰活动的长盛不衰。两宋时期，历任帝王对于典籍整理和修撰事务的重视，不仅体现在对相关书籍整理、修撰工作的大力支持和推动，还在于经常召集相关臣子举行修书宴会。一般情况下，修书伊始会设款待宴，结束之后还会设宴进行犒劳，通常会将修书成果进行总结，相当于一场别开生面的“庆功宴”。早在景德三年（1006）十月，真宗皇帝就举行了一场修书宴会，召集监修国史、宰臣王旦等一众大臣在修史院举行宴会，“以始事也”，正式举行修书宴会开始成为惯例。仁宗天圣六年（1028）十二月，考虑到崇文院收藏的白本书年久失修，仁宗皇帝下令予以重新整理、编修。书籍修成之后，朝廷设宴款待一应臣子，赐宴庆祝之余，还特意刻石记于崇文院之西壁，朝野上下对书籍整理、编修工作表现出了相当的重视。宋神宗时期皇帝更是极为关注修书事务，修书宴会的举行也颇为常见。因而，时人有宋神宗朝“史院赐燕唱和，国朝故事也”[41]的说法。南宋时期，国史编修大多采用几朝同修的方式，而且修撰的时间往往比较长，参与修撰的人员众多，设宴款待修撰官就成为一种常例。如淳熙四年（1177）三月，实录修撰完成，为了表示庆贺，进献成书的前一天，朝廷便召集一众臣子观书于道山堂会，并召集前修史官、馆职，“置酒于著作之庭”，[42]设宴进行款待。与北宋时期相比，南宋朝廷对修书事务的重视程度丝毫不逊色。

与修书宴类似者还有经筵宴。经筵是为了便于帝王研读经史典籍、接受传统经典教育而特设的一种御前讲席，由专门挑选出的经筵官讲经读史，对帝王进行引导教化。所谓“天下治乱系宰相，君德成就责经筵”，[43]经筵教育在涵养君德、扶正君心方面起着不可替代的重要辅助作用。南宋理宗时期朝臣吕中曾经强调，人君起居动息之地，曰内朝、曰外朝、曰经筵三者而已，经筵作为君主日常接受教育的场所，其重要性不言而喻。因此，从本质上来讲，经筵制度就是一种特别针对帝王的教育制度。早在汉宣帝时期，宣帝就曾命令儒臣在石渠阁讲五经。到了唐朝玄宗时期，朝廷设置集贤院专门用于日讲经史。到了宋代仁宗朝，才开始有“经筵”这一正式说法，设置讲读官为皇帝讲读经史，并且成为一种制度固定下来。[44]

经筵官，又称讲官、讲读官、读官，大致包括翰林侍读学士、翰林侍讲学士、侍读、侍讲、崇政殿说书、天章阁侍讲、迩英殿说书等七种类型。[45]按照学问精疏和官品资质分别承担不同的讲读经史任务。北宋仁宗朝，经筵讲读的时间及地点逐渐固定下来。为了避开暑热、寒冷等恶劣天气，通常选择在每年的二月中旬到端午节、八月中旬到冬至节进行。先期一般是在崇政殿西庑，之后，朝廷特设迩英阁、延义阁，专门作经筵讲读之用。

经筵官讲读结束之后，皇帝通常会举行宴会活动用以犒劳褒赏，一般还伴有茶、香、器帛等物品赏赐。例如，咸平五年（1002）正月，经筵官邢昺御前讲读《左氏传》结束，真宗皇帝特意在崇政殿设宴进行款待，并且邀请宗室、侍读、侍讲学士、王府官等一众王公大臣共同赴宴。宴会之后，又赏赐邢昺及侍讲夏侯峤等器帛，还额外赏赐邢昺袭衣、金带等物品。宋哲宗元祐二年（1087）九月，经筵讲《论语》结束，哲宗皇帝特意在东宫设宴，邀请宰臣、执政、经筵官等参加，并且

“亲书唐人诗赐之”，[46] 礼遇可谓相当优渥。

宋代仁宗时期，经筵制度正式确立，此后北宋基本上能执行。南宋时期延续了北宋的经筵官讲读制度，同时，宴会赏赐的惯例也得到了实施。如宋高宗绍兴二十三年（1153）十月，经筵官讲读《尚书》终篇，第二天，高宗皇帝就在秘书省设宴款待宰执、侍读、侍讲、修注官等一众臣子。孝宗时期，在周必大等经筵讲读官员进读《三朝宝训》终篇结束后，孝宗皇帝专门赏赐御筵之外还赏赐牙简、砚匣、香茶、金带、鞍马等一应物品。宋代的经筵制度对后世影响深远，明清时期，在经筵仪式之后还常见皇帝赐宴，所以民间有“吃经筵”“经了筵”等说法。

二 欢歌笑语庆节日：节日宴会

宋代节日繁多，大体上可以分为官定节日、宗教性节日、民间传统佳节等三大类型。除了春节、端午节、七夕节、中秋节、重阳节等常见民间传统佳节之外，还有不少新定的节日。新定的节日大都是在朝廷规定下创立，具有十分浓郁的政治色彩。北宋朝廷关于节日及其休假制度还有一套相当明确且详细的规定，大体上，祠部休假，一年总共有七十六天。其中，元日、寒食、冬至各休假七天；天庆节、上元节、同天圣节、夏至、先天节、中元节、下元节、降圣节、腊日，各休假三天；立春、人日、中和节、春分、社日、清明节、上巳节、天祺节、立夏、端午节、天贶节、初伏、中伏、立秋、七夕、末伏、社日、秋分、授衣、重阳、立冬，各休假一天；上中下旬各一天，大忌十五天，小忌四天。如果恰逢后殿视事，则该日不坐值。立春、春分、立夏、夏至、立秋、七夕、秋分、授衣、立冬、大忌前一日，亦后殿坐值，其余假日“皆不坐，百司休务焉”。[47] 规定得十分具体，也很明晰。

为了庆贺各个佳节，宫廷中通常会举行包括宴会在内的一系列热闹隆重的节庆活动。节庆期间歌吹袅袅，饮食杂陈，欢歌笑语，一派喜庆

图 1-2 《点石斋画报》中宋代天庆节宴饮图

热闹气氛。宋代节日名目不一，种类繁多，以下选取其中具有代表意义的节日宴会活动进行论述。

大朝会宴 大朝会是中国古代社会十分重要的国家典礼，有“夫朝会，礼之本也”的说法。[48]大朝会在每年的正旦、冬至、五月朔日举行，主要内容是朝贺和赐宴，是国家宣扬国威、强化统治秩序的重要典礼仪式。大朝会在汉朝就已经存在，当时规定“每岁首正月，为大朝受贺”，百官齐聚拜贺正月。皇帝要接受百官朝拜，“举觞御坐前”，司空奉羹，大司农奉饭，奏食举之乐，“百官受赐宴飨，大作乐”，[49] 宴会的隆重壮观景象可以想见。除了正旦大朝会之外，冬至也有朝会之礼。冬至当天，需要进酒尊老及谒贺君师、耆老，一切遵循正旦之礼。汉朝以后，大朝会之设愈加正式，成为国家一项重要的礼仪制度。汉魏有元正朝会，晋有冬至小会，唐以后乃有圣节朝会，“皆于称贺之后备设筵宴，谓之大宴”。[50] 随着时代的变迁，大朝会宴也不断发展和变化，无论是礼仪制度还是宴会时间、内容设置都日趋丰富。

唐朝时期，国家呈现出大一统的盛世局面，大朝会制度愈加规范和成熟，皇帝元正、冬至接受群臣朝贺而会。与前代相比，这一时期所见大朝会尤为突出的是诸州与诸蕃“进贡物”环节，凸显了唐朝的大国威仪形象。大朝会当天，朝集使与蕃客行拜礼结束之后，即分别由户部和礼部尚书跪奏诸州、诸蕃所贡物品请付所司，获得认可之后，则由太府带领属下接受来自诸州及诸蕃的贡物出归仁门、纳义门，执物者则紧随其后。一眼望去队伍浩浩荡荡，场面十分壮观。冬至大朝会与正旦大朝会相比稍有区别，“不奏祥瑞，无诸方表”，[51] 如此一来，从礼仪及其设置的隆重程度上来看就逊色不少。五月朔日大朝会则不常举行。贞元六年（790），即德宗皇帝在位期间曾经举行五月朔日大朝会，之后则出现“每岁率多权停”的现象。[52] 到了唐宪宗元和三年（808），五月朔日大朝会遭到废罢。

宋代沿袭了前朝举行大朝会的做法。按照礼仪惯例，在每年的元旦、冬至、五月朔举行大朝会。元旦、冬至大朝会主要包括朝见和设宴两项基本内容，而五月朔日的大朝会则仅有朝见，并不举行宴饮活动。因此，大朝会宴就包括元旦大朝会宴和冬至大朝会宴两种主要类型。在宋代，正月朔日，谓之元旦，俗呼为新年，“一岁节序，此为之首”。[53] 元旦即标志着新一年的开始，因此，元旦大朝会最为隆重。北宋时期，朝贺礼毕，一般会举行盛大的宴会。宋人赵升指出，宋朝元日大朝会，“如古之诸侯述职也”。[54] 监司、帅、守等都必须赶赴正旦朝会大宴。而诸道所在地方的进奏官、乡贡进士也需参加，百官来朝，酒行乐作，场面相当壮观。

按照惯例，元旦当天，天子接受各方朝贺，俗称“排正仗”。朝贺之时“百官皆衣朝服”，朝拜礼毕之后，皇帝则会就殿御赐宰执等一众臣子宴饮。而对于外国使者，则会选择次日在各自居住的驿馆赐宴，使副及三节人都在受邀出席之列。宴会上，百官按照官品秩序依次就座，酒五行，“太常以乐侑觞”。[55] 如果遇到某些特殊情况，天子则不接受朝贺，百官也会根据要求仅于东上阁门拜表。当然，历朝在实际执行过程中也会根据具体状况进行局部的灵活调整。值得注意的是，大朝会作为宋代国家盛典，并非每年都会如期举行。在北宋王朝统治的 167 年里，正旦、冬至、五月朔的大朝会就分别举行了 30 次、15 次和 5 次。[56] 不仅每位皇帝在位期间举办次数不固定，而且呈现日渐减少的趋势。

南宋时期，国家统治机制在危难中艰难建立。由于大朝会具有“朝廷之尊、百官之富，所以夸示夷狄”的巨大宣扬效果，[57] 加之“自南巡后，庶事草创”，[58] 朝野上下对于大朝会的举行力不从心。直到高宗绍兴十五年（1145），正旦大朝会“乃克行”。此次大朝会本着一切从简的原则举行，“用黄麾仗三千三百五十八人，视东都旧仪损三之一”。[59] 由于当时朝廷没有建立大庆殿，权且选择在崇政殿举行。又考虑到殿堂狭小，轿辇出房，选择了不行鸣鞭礼，其他仪式如故。大朝会当天，设宫架乐，高宗皇帝御临宫殿，文武百官穿朝服，上寿如仪，自是“一行而止”，[60] 也算是勉强举办了一场大朝会。整个南宋时期，除了高宗绍兴十五年举行了这次“声势浩大”的大朝会之外，其他时期基本上未能按照祖制予以举行，“贺而不朝”成为这一时期的一种常态。

但是，元旦作为一个盛大的节日，朝廷还是会按照民间的传统习俗举行一系列庆贺活动。元旦当天文武百官按照礼制追班称贺，大起居十六拜，致辞上寿。百官行礼之后，朝廷则会排办御筵，举行盛大的宴会活动。此外，还会放烟花、赏灯，烘托出一派节日里的热闹欢乐景象。北宋时期声势浩大的大朝会，逐渐演变成一种百官“追班称贺”的朝贺仪礼。即如宋人周密所谓“此礼不能常行，每岁禁中止是”。[61]

此外，元旦期间，朝廷通常还会举办规模较小的宴会活动以贺岁。如淳化五年（994）正月，时逢岁节，太宗皇帝在中书省赏赐近臣饮宴欢乐。再如咸平六年（1003）正月，真宗皇帝同样因为岁旦，在含芳园里宴请宗室成员。以上都属于君王与臣子共贺年节的欢庆活动。

元宵节宴会　宋代元宵节常常与上元节混同。而事实上，二者属性存在一定的差异，元宵节是民间的传统佳节，而上元节在本质上属于宗教性质的节日。由于上元节和元宵节都在正月十五日，又都以张灯宴赏为主要的庆贺形式，难免混淆。

宋代，每逢元宵佳节，宫廷中通常会举行一系列丰富多彩的节庆活动，宴饮赏灯就是其中的重要内容，也是宋代宫廷中庆贺元宵节的主要方式。宋太宗在位前期，就有上元、中元、下元“三元燃灯不禁夜”的特别节庆习俗。太宗淳化元年（990）六月，朝廷取消中元节、下元节张灯的惯例，仅保留了上元节赏灯的习俗。自此以后，上元节节庆习俗得以不断发展，即有所谓的上元节“游观之盛，冠于前代”之说法。[62]

每逢元宵佳节，朝廷通常会选择在宫城门楼之上搭建彩棚、挂上灯笼，歌舞喧腾，场面热闹非凡，君臣更是宴赏以共贺。为了方便君臣共赏元宵佳节灯会，有司会事先在宫城门楼搭建灯山、灵台和观看百戏的活动场地。此外，还会搭建露台，到时教坊即可尽呈百戏“闹元宵”。皇帝通常会选择在宫城正门楼或者是东西角楼上与一众臣子宴饮庆贺、共赏灯会。当然，偶尔也会出现不在门楼举行赏灯宴会的情况。如嘉祐八年（1063）的上元夜，仁宗皇帝就选择在相国寺的罗汉院中赏灯御筵，庆祝元宵。

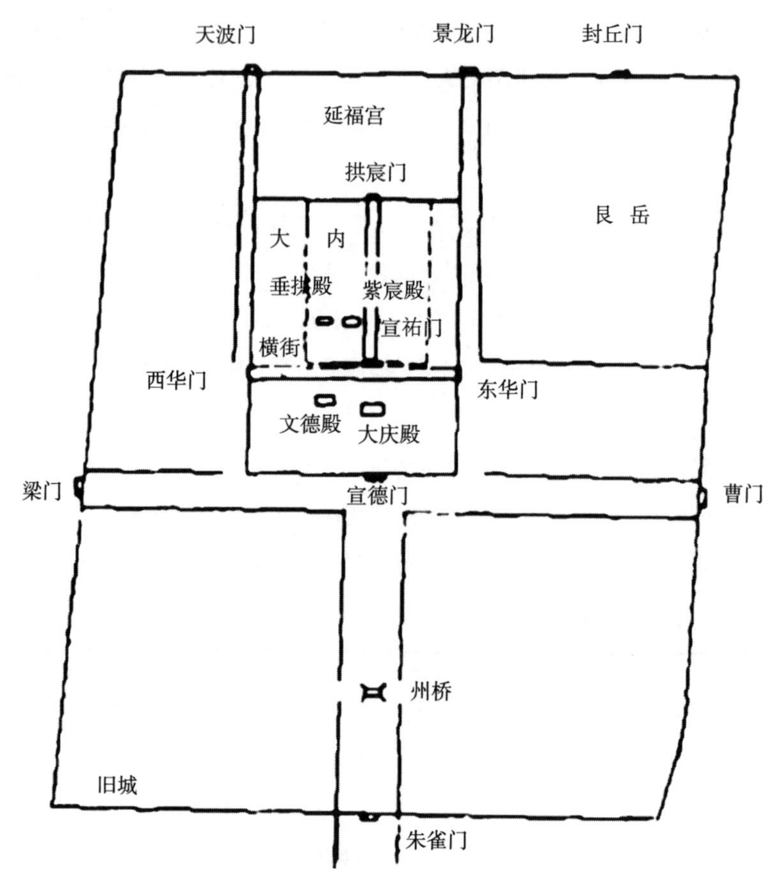

图 1-3　北宋开封城布局示意

不同于国家正式的宴会活动，元宵节赏灯宴会规模并不大，参加宴会的人员大多是皇帝的贵近臣僚，间或也有外方使者参加宴会的情况。北宋初期，上元节观灯宴赏活动“唯近臣预焉”。太祖建隆二年（961）的上元节，太祖皇帝在明德门楼举行宴赏观灯活动，参加此次宴赏活动的文武官员包括宰相、枢密、三司使、宣徽、端明、翰林学士、枢密直学士，以及两省五品以上官员，另外还有现任和前任节度观察使，甚至江南、吴越的朝贡使者也赫然在列。这次宴会庆赏活动一直持续到夜分方才结束，君臣可谓尽兴而归。[63] 真宗景德元年（1004）的元宵节，朝廷还特意邀请了来自大食、三佛齐以及蒲端等国家的进奉使者一起参与观灯宴饮活动。

参与元宵节宴会的人员除了官僚和外方使节之外，间或有后宫的嫔妃、皇太后等人出席的情况。如北宋仁宗时期，一次上元节举行端门夜宴活动，张贵妃就受邀侍宴在侧。又如宋神宗元丰元年（1078）元宵节之际，朝廷张灯并举行夜宴活动，太皇太后由于“齿疾不能食”，[64] 并没有出席此次宴赏活动。宣和六年（1124）正月的上元节赏灯夜宴活动中，徽宗御临门楼观灯，并且携从“六宫于其上”。当此之际，“帘幕深密，下无由知”，如此一来就显得异常热闹而不失隐秘。[65]

为了呈现出与民同乐的盛世欢乐景象，宫廷内还会模仿民间节日场景，排设市井常见节物，尤其是节日里的特色美食，“诸般市合，团团密摆，准备御前索唤”。[66] 诸如此类宴赏活动十分丰富，除了传统常见的赏灯活动外，通常内廷还会增设一些新鲜悦目的娱乐节目。如徽宗宣和年间，京师大兴园圃事宜，有蜀人刘幻擅长花木嫁接技艺。徽宗皇帝听闻之后，特意将其召至宫廷御苑中，命其接花献艺以供宫中贵人赏玩取乐。为此，当年的元宵节，徽宗皇帝“诏用上元节张灯花下，召戚里宗王连夕宴赏”，[67] 兴致颇高。

南宋时期，沿袭北宋元宵节赏灯习俗，只是皇帝罕少再登城门楼设宴。元宵节期间，宫廷内外都会按照风俗举行大规模的赏灯盛会。为了庆贺元宵佳节，宫廷中除了举行大规模的灯展、灯会之外，还有丰富多彩的“闹元宵”活动，“百艺群工，竞呈奇伎”。[68]

宫廷中庆赏元宵，还会举行类似于民间社火游艺之类的杂戏活动以助兴佐欢，“每须有数火，或有千余人者，全场傀儡、阴山七骑、小儿竹马、蛮牌狮豹、胡女番婆、踏跷竹马、交衮鲍老、快活三郎、神鬼听刀”等，[69] 活动集聚，歌吹杂陈，往来如织，场面热闹非凡。南宋理宗执政初年，为了庆贺上元节，朝廷在清燕殿举行宴会庆赏活动，理宗皇帝邀请恭圣太后入席观赏。为了庆贺元宵佳节，烘托节日里的欢闹气氛，宴饮过程中还特别在殿廷庭院中燃放烟花。烟花中有俗称“地老鼠”者，在燃放过程中径直蹿向太后座下，太后大惊失色，继而恼怒不已，拂衣起身离席，宴会气氛一时尴尬起来，最终不得不停罢。[70]

宫廷中的元宵宴会既有民间传统所见的华灯璀璨，又有乐舞百戏、燃放烟花等活动，一派节日里的欢乐景象，与民间赏灯习俗并无大的区别。当然，宫廷中为了庆贺元宵节而举行的宴赏活动不仅包括饮酒听乐、观灯赏月等内容，更有赋诗、填词之类文艺活动以助兴。

宋代，宫廷中为了庆贺各类节日而举办的宴会活动不胜枚举。宴会上除了传统所见乐舞歌吹之类娱乐活动之外，总体风格也随着节日习俗及庆祝特色而存在些许差异。

图 1-4　宋 李嵩《观灯图》

从饮食特色上来看，宫廷中清明节宴会上百官所用皆为冷食，而七夕节则“多尚果食、茜鸡”。从节庆的内容上来看，既凸显特定的节日氛围，又充满了浓厚的节庆专属特色。南宋孝宗淳熙年间，德寿宫内特意置备了四十名龙笛使臣，每逢中秋或者月夜，根据内廷的需要独奏龙笛，笛声传于宫廷外，曲子幽婉绵长，韵味清雅，是宫廷内众人赏月清欢之际侑觞不可多得的佳品。中秋佳节期间，为了更好地庆赏，宫廷中宴会环境的布置同样应时应景。中秋节当天，入夜后宫中会举行一系列赏月延桂“排当”，临时选择倚桂阁、碧岑、秋晖堂等处，“夜深天乐直彻人间”，意趣颇为独特。[71] 而此处所谓的“排当”就是对宫廷中宴会的一种特殊称呼。

按照朝廷的惯例，每逢特定节日通常会伴随着赐宴活动。例如，冬至、二社、重阳、寒食等节日，朝廷都会选择在枢密近臣、禁军大校等贵近臣子的府第或府署中赐宴，且“率以为常”。[72] 重阳节赐宴在宋代相对普遍。以重阳节赐宴为例，南宋时期，禁中一般会提前一天即在八日设置重九“排当”。为了更好地烘托节日里的热闹欢快气氛，宫禁中会在庆瑞殿各处摆列各色菊花，万朵千朵秋菊成团成簇，灿然炫目。除此之外，还会点菊花灯，一时之间灯火辉煌，壮观场面堪比元夕夜赏。如此，万菊并列，灯光闪耀，点缀之下，重阳的节日气氛尽显无遗。重阳节之际，皇帝有时还会选择在清燕殿、缀金亭等宫苑宴赏橙橘，如果遇到郊祀之年，则会依礼罢宴。当然，各种节日宴会都会根据皇帝个人喜好及礼俗需要举办，只有在特殊情况下才会罢宴。

第三节　宫廷中的其他宴会

一　观赏国家馆藏图籍之余的宴聚：曝书宴

曝书宴也称曝书会、暴书会、晒书会，是宋代宫廷在曝晒书籍、翰墨字画之际举行的宴饮集会，一般以朝廷赐宴的形式组织开设。曝书宴具有浓郁的文化色彩，在历史上颇负盛名，为宋代史家所传唱。

曝书宴起源于曝书活动。曝书就是晾晒书籍，即是对国家馆藏的书籍进行曝晒、防霉变、杀虫的一种保护性举措。按照往年的惯例，一般会挑选在仲夏时节阳光明媚的干燥天气里进行图籍的曝晾、翻晒。古人认为，七月七日曝晒经书及衣裳可避免其蠹败生虫。为了表示虔诚，曝晒书籍时有人甚至还信奉“设酒脯时果，散香粉于筵上，祈请于河鼓织女”的特殊风俗。[73]

宋代，朝廷一般也会选择在每年的七月前后举行相当规模的晒书活动。曝晒书籍之余，三省六部以下各赐缗钱，“开筵谯为晒书会”。由于国家藏书十分丰富，晒书活动会持续相当一段时间。北宋时期，秘书省所藏书画，岁一曝之。书籍晾晒活动自五月一日开始，到八月才结束。南宋时期，秘书省年例入夏即举行书籍曝晒活动，也是自五月一日开始，但是到七月一日就结束。贾思勰在《齐民要术·杂说》中指出曝书最佳时间为五月中旬至七月下旬，即五月十五日以后、七月二十日以前，必须三度舒而展之，翻晒也须及时。晒书时一定要天气晴好，通常选择在大屋下通风阴凉的地方为最佳。如果在烈日下曝晒书籍，反而会适得其反，“令书色暍。热卷，生虫弥速”，对书籍产生破坏性影响。[74]

宋代曝书节期间所晾晒的一应书画翰墨均为国家馆藏，而馆阁就是宋代国家的藏书机构，类似于现在的国家图书馆。北宋初年，国家以昭文馆、史馆、集贤院作为三馆。到了太宗太平兴国初年，朝廷又进一步将三馆合并为一院，称为崇文院。到了端拱年间，“始分三馆，书万余卷，别为秘阁”，三馆再次与秘阁合而为一，故而称为“馆阁”。[75]由此，所谓的馆阁实际上就包括秘阁和三馆，是宋代国家的正式藏书机构，具有国家图书馆的性质。神宗元丰年间改革官制，三馆、秘阁并入秘书省。从元丰改革一直到整个南宋时期，秘书省都是宋朝重要的藏书机构，但是从习惯上依然沿袭旧俗，称为馆阁。[76]

为了便于对馆藏图书进行管理、储存，朝廷采取了一系列的保护措施。除了严格防范火灾之外，保管图籍的常见方法还包括防潮、防虫蠹以及抄写誊录等。为了避免收藏的书籍遭到虫蠹和损毁，使用香药进行驱虫防蠹也是一种颇为普遍的做法。其中，最为常见的香药是芸香。芸香，香草也，宋人又称之为“七里香”。据典籍记载，芸香叶子类似于豌豆叶，小丛生。将芸香草采摘置于书帙中，即可防蠹，所谓“藏书辟蠹用芸”。[77]因此，宋代芸香就被广泛运用到各个公私藏书场所。这一时期，宋代国家藏书机构也使用芸香进行辟蠹。

除此之外，定期对书籍进行曝晒，以防书籍发霉受潮及遭受虫蠹，又是另外一种保护书籍的常规做法。每逢国家晒书期间，臣僚就会借机尽情浏览国家所藏珍贵典籍，朝廷通常还会赐宴予以款待。宋代昭文馆、史馆、集贤院三馆及秘阁，所在“地望清切，非名流不得处”。[78]因此，可以说馆阁实际上就是万众瞩目之地。能够参与曝书宴的臣子一般为地位清望的重臣以及馆阁臣僚，涵盖尚书、两省谏官、学士、侍郎、待制和御史等官员。

曝书宴是宋代历史上独具特色的宴会活动。早在太宗皇帝时期就初具其形。太宗皇帝时后苑有图书库，“皆藏贮图书之府”，秘阁每年都会在暑伏天气里开展书籍曝晒活动。在曝晒之余“近侍暨馆阁诸公张筵纵观”，众人借此品评书画、把酒畅谈，别具一番风味。[79]此后，宋代历朝基本上沿袭太宗时期曝书设宴的做法。宋神宗元丰三年（1080），国家改革官制和机构，三馆、秘阁并入秘书省，依然按照惯例“岁于仲夏曝书，则给酒食费”，[80]谏官、御史以及待制以上官员都具有参加宴会的资格。宋哲宗时期，这种常规的曝书宴会活动一度遭到罢废。直到元祐四年（1089）五月，朝廷才在秘书省的强烈建议下重新恢复曝书赐宴的旧制，曝书宴得以重新回到人们的视野之中。北宋徽宗皇帝在位时期，由于徽宗皇帝对于书画艺术的特别喜好，曝书宴也变得更加隆盛，场面相当热闹壮观。曝书宴上可供与会官员浏览的图籍翰墨不仅包括图书、字画等，还有古玩、器皿等各种物件。在宴会活动结束之后，臣子更是能够“题名于榜而去”。因而此时宋代国家的曝书宴“最为盛集，前此未有”，[81] 堪称一时之盛事。

南宋初年，由于靖康战乱，加之都城迁驻临安（今浙江杭州），馆阁所藏图书在战火和政权迁移过程中损失殆尽，曝书宴的举行更是无从谈起。之后，随着政局建设的日渐稳定，南宋朝廷着手重新搜集和整理馆阁图书事宜，重设曝书宴也因此被提上议程。高宗绍兴十三年（1143），在临安府知府王唤的强烈建议之下，当年七月中断多年的曝书宴终于得以重新举行。朝廷特意下令临安府组织排办，包括侍从、台谏和正言以上，前馆职、贴职等在内的一众官员都有赴宴的资格。朝廷对曝书宴也是相当重视，自此之后“每岁降钱三百贯付临安府排办”。[82] 高宗绍兴二十九年（1159）闰六月，在高宗皇帝的授意下，曝书宴再次如期举行。此次曝书宴会颇为隆盛。宴会所供早餐有五品，午餐则为茶果，晚餐就相对丰富许多，有餐食七品。

参加曝书宴的一众臣子观赏浏览书画翰墨典籍之余，尚有书本、碑刻拓本、纸籍、香茶等物品赏赐，有时所赐的石刻拓本还是皇帝御笔亲书的。高宗皇帝就曾亲书“玉堂”二字御赐臣下，宰执则以此御书二字刻石为书，并分赐一众馆阁官员，借此曝书宴，“侍从馆阁官咸得观仰”，[83] 相当荣耀。曝书宴会结束之后，为了表示朝廷的重视，通常还会将参加聚会的臣子名衔刊刻在碑石之上，颇有仪式感。

值得一提的是，与其他宫廷宴会类似，曝书宴也不免存在罢设的特殊情况。对此，《朝野类要》中就有着十分明确的记载，每年如期举行的曝书宴“惟大礼年分及有事则免”。[84] 按照宋代朝廷的罢宴之常例来看，大体上包括灾害、国丧、瘟疫、战争等各种不确定的主客观因素。如宋孝宗淳熙十年（1183）七月六日，秘书省上奏请求罢设曝书宴，缘由是“久旱祈祷，非臣子燕会时”，即遭遇了大旱这一自然灾害。淳熙十四年（1187），又由于“阙雨”，曝书宴再次遭到停罢。除了罢设宴会的特殊状况之外，曝书宴的举办时间也会出现灵活变动，并不是固定在七月七日举行，而是会因事进行临时性的调整。如淳熙十一年（1184）六月，孝宗皇帝就下诏，将曝书宴会的举行日期改在七月九日。[85]

二 皇帝主导的观书宴

观书宴和曝书宴有着极为相似的特性，都是以朝廷的名义举行的官方文化盛宴。但是与曝书宴一年一度相对固定的开设惯例稍有不同的是，观书宴是皇帝抑或臣子观书、浏览文墨之际朝廷临时安排的宴会活动，举办的时间并不是很固定，通常情况下是即兴为之。

早在北宋前期，太宗皇帝就着意留心儒墨，旌赏文翰，还曾称"朕性喜读书"。在执政期间更是崇尚儒术，"听政之暇，以观书为乐"。[86]因此，在政务闲暇之余，召集一众臣子观书、品评文墨就成了这一时期颇为常见的现象。在太平兴国年间，太宗皇帝曾经下诏，命天下郡县尽力搜访墨迹图画。如此，经过数年的筹备，到了端拱初年，朝廷挑选三馆中收藏的正本书万卷另设书库，名之曰"秘阁"，将其陈设在崇文院中堂。淳化年间，在秘阁设置完成之日，太宗皇帝欣喜万分，临幸观书，并且赐宴随行大臣以及直馆官员，宴饮欢乐之余还"命近习侍卫之臣纵观群书"，[87]算是开启了举办观书宴会的一个先例。

北宋太宗皇帝时期，自秘阁建成之后就频繁地举行观书活动，观书宴也因此进入了宋代历史上的第一个兴盛时期。宋太宗淳化元年（990）八月，太宗皇帝和李昉、徐铉、宋琪等近臣到秘阁浏览御书、图籍，并设宴畅谈，君臣更是尽醉而归。第二天，太宗皇帝意犹未尽，又诏令三馆学士等臣子纵观御书、图籍，同样是欢宴散罢。太宗皇帝"待遇三馆特厚"，观书设宴活动的兴致同样颇为浓厚。淳化三年（992），太宗皇帝就以新印的《儒行篇》赏赐中书、三馆等人各一轴，又将御制的《大海求明珠》《独飞天鹅》等出示三馆学士。从此以后，太宗皇帝"奎文宸翰必以宣示，新异之物必以燕赏，制作必令歌颂"，[88]更是将矜赏文墨和宴会活动进行结合，形成了这个时期的一种惯例。

太宗皇帝创设的这一文化盛事对其后宋代诸帝的影响可谓深远，自太宗以后宋朝历任帝王基本遵循不变。真宗皇帝同样是"听政之暇，唯务观书”。他曾经与近臣宴饮畅谈，在谈及《庄子》一篇时，忽然命令身边侍从通传“秋水”，近前一看，秋水却是一个翠鬟绿衣的女童，她当着臣子的面侃侃诵读《秋水》之篇。面对如此情形，臣子惊讶之余更多地表现出了对真宗皇帝的叹服。宋真宗对于国家文治事业的浓厚兴趣与太宗皇帝相比毫不逊色。在其执政期间，浏览品鉴书画之余也会依照先前旧例，举行观书宴会活动。如咸平四年（1001）十一月，真宗皇帝就在龙图阁举办宴会，召集一众近臣浏览太宗皇帝留存的草、行、飞白、篆、籀、八分书以及古今名画等翰墨图籍。观赏之后，一行人即移步崇和殿参加宴饮活动，浏览张去华的《元元论》和《国田图》。浏览之余，真宗皇帝更是亲作雪诗一章，“侍臣即席皆赋”。

真宗朝此类观书宴会多见诸史册。如大中祥符三年（1010）正月，真宗皇帝与一众近臣浏览龙图阁所藏太宗御书、四部书籍，之后又到阁西观画，并赐酒设宴于阁下，作《观书》《开宴》五言诗，参与宴会的一众臣子依例“即席皆赋”。同年八月，真宗皇帝再次在龙图阁召见一众近臣，并前往崇和殿参观瑞物，之后更是移步资政殿举行宴会活动，宴席上“帝作七言诗”，从臣同样“即席皆赋”。

到了宋仁宗时期，观书宴更是经常举行。嘉祐七年（1062）十二月，仁宗皇帝举行了一场别开生面的观书宴会。君臣共同浏览了前三朝皇帝的御书，仁宗皇帝兴起，作飞白御书，群臣赋诗予以唱和。此次包括观书、宴饮在内的系列聚会活动过程中，君臣除了浏览常规所见的翰墨之外，还即兴观看了包括瑞石、瑞木、金山、丹砂山、七星珠、马蹄金、软石、瑞竹、白石乳花、龙卵、凤卵等在内的十三种“瑞物”。在这次宴会上，仁宗皇帝兴致颇高，令一众臣子“无惜尽醉”。除此之外，他还在宴会中场休息间隙，赏赐一众臣子包括斑竹管笔、李廷珪墨、陈远握墨、陈朗麝围墨在内的珍贵物品。如此赏赐结束之后，宴会才继续进行。

宋神宗时期，由于与西夏的摩擦不断，边事纷争频起，朝野上下疲于应付，再加上变法改革等诸事繁杂，君臣更是少有像前朝那般举行观书、赏画、宴饮的闲暇时光。因此，观书宴的举办无论从次数上还是规模上都逊色不少。

到宋徽宗执政期间，观书宴进入了宋代历史上的第二个高峰时期。徽宗皇帝频繁到秘书省进行观书巡视，对秘书省官员更是礼遇有加。政和年间，徽宗皇帝曾亲临秘书省，并诏令“在省官皆进秩一等，人吏转资、卒徒支赐有差”。到宣和四年（1122）三月，徽宗皇帝再次巡察秘书省，“迁转支赐如故事”。为了进一步规范和管理秘书省的观书事宜，朝廷还特别制定了一套相应的观书礼仪。按照礼仪规范，皇帝在巡幸秘书省之前，相应的秘书省官员必须“择日以闻”。巡幸前一天，宰相需要到秘书省进行阅视，提举秘书省、三馆、秘阁等一应官员都要到秘书省阅视供张，包括文籍、书画、古器等物件的排布储藏状况，而在秘书省的职事官皆需要“省宿”，即留宿值夜。等到次日天明，皇帝临御祥曦殿，宰执、侍从以下“导驾如常仪”。[89] 为了凸显出观书宴活动的浓郁文化特色，徽宗皇帝还特意举办了一次与众不同的观书盛宴。从宴会活动设置的具体状况来看，其实际上是一场别开生面的观书茶宴。参与观书宴会的一众臣子在茶香氤氲里品评翰墨，其间蕴含的浓郁文艺气息自是不言而喻。宴赏过程中臣子采取“聚观”和“持以示之”两种主要方式详细观看赏析。饮宴观赏之余，还有文墨、书画等翰墨物品的赏赐，可谓尽兴满载而归了。

南宋时期，观书宴赏活动虽然不及北宋时期隆盛与频繁，但是各个帝王对于国家文治事业的重视程度并不见减弱。宋高宗就曾向众人表明态度，“朕于宫中无嗜好，惟好观书”。[90] 宋孝宗淳熙四年（1177）三月，孝宗皇帝命令龚茂良以实录进呈。在此前一日，群臣观书于道山堂会，前修史官并馆职等人更是置酒宴会于著作之庭。一众臣子谈古论今，意兴颇浓，大有往日观书盛宴的风采。只是这一时期，总体上看来，与北宋相比，由皇帝主导并参与的观书宴会盛势早已不再，并且随着南宋王朝日薄西山，观书宴也不可避免地渐呈颓势，逐渐退出了宋代的历史舞台。

三 后宫妃嫔及皇亲国戚的宫廷内宴

宋代宫廷中妃嫔、太后等人经常举办各种宴会活动，即所谓的后宫内宴。此类宴会活动一般规模不太大，与国家大宴之类较为正式的宴饮活动所见的礼仪烦琐、持续时间长、气氛庄严肃穆等相比，后宫内宴的活动氛围则要显得轻松活跃许多，类似于家庭宴会。

北宋初年，昭宪皇太后的兄长杜审琦，也就是宋太祖、宋太宗两位皇帝的舅舅，由于外戚的这一特殊身份得以受邀参加宫廷内宴。一次，一众皇亲国戚在福宁宫参加内宴，皇太后和杜审琦等人皆在座。作为一场家宴，太祖、太宗更是"终宴侍焉"。在这种特殊的宴会场合，不遵循朝堂之上常见的君臣之礼，而是遵循家族内部的尊长之礼，且与传统宫廷宴会活动中谨守君臣尊卑礼仪有所不同。此后，又逢国舅杜审琦的寿辰大宴，太祖、太宗同样谨遵家族伦常之礼，"皆捧觞列拜"，寿宴上极尽晚辈的尊长之礼，彰显了谦逊本色。为了称颂两位帝王的德行之美，乐人史金著特别在致辞中一再赞美道："前殿展君臣之礼，虎节朝天；后宫伸骨肉之情，龙衣拂地。"褒美之意浓厚，将不同的宴会场合中君臣之间循行的尊卑之礼与戚里之间谨守的伦常之礼兼而称之，盛赞两位帝王及臣子礼节分明，皇族家庭融洽和睦。该致辞颇得太祖、太宗的欢心，太祖、太宗"特爱之"。[91]

宋朝时期，还有近臣、贵戚的内室进入宫廷侍宴的礼仪和惯例。如宋哲宗元祐年间，在上元节之际，内廷中举行了一场节庆宴会。丞相吕公著的夫人等一应近臣妻室受到诏命，获得了入内侍宴的特别资格。其中，吕夫人"独以上相之夫人，得奉觞进于二圣"，而其余的命妇则依照礼仪"并立副阶上，北向罗拜"。由于进入宫廷侍宴的机会颇为难得，加之礼仪规范颇多，诸位侍宴命妇宴罢辞谢之后，登上露台举行望拜礼，"奉觞以进，颇战栗"，一时之间将内心的紧张和拘束展露无遗。当然，这次后宫内廷举行的宴会活动也有其特殊性。参加宴会的除了哲宗皇帝之外，其他只有皇后、太妃等一行四人，宴会过程中皇后本人奉行“妇礼甚谨”，宴席上更是“坐不敢安”，以至于“虽广乐在廷，未尝一视也”。[92]彰显了皇家内部礼仪尊卑明显以及身份等级森严的特色，同时或多或少蕴含着向侍宴命妇宣扬妇德以及示范礼仪规矩的特殊意义，因而整个宴会活动肃然有序。

宫廷深处于国家的政治中心，从这个角度来看，宫廷内宴并非表面所见简单的宴饮聚会活动，往往充满了种种不确定因素。如有一则关于秦桧的故事。南宋初年，高宗皇帝的吴皇后宣召秦桧的夫人进入禁中，随后还有赐宴的特殊恩赏。宴席之上特别呈上了一道淮青鱼。对于此道美食，吴皇后一时之间颇为得意，炫耀之余随即询问在座的秦桧夫人是否品尝过此鱼。岂料，秦桧夫人面上竟无半点艳羡之色，答道:“食此已久。”又说不仅吃过此道美味，而且自家餐桌上的淮青鱼比宫廷宴席上所见到的这个“更大且多”。为了表明自己所说属实，秦桧夫人更是得意地宣称“容臣妾翌日供进”。秦桧夫人归家后将此事说与秦桧，秦桧大惊失色，夜来更是辗转难眠，最终急中生智，想出了一个绝妙的破解办法。按照事先约定好的时日，专门挑选了十多尾糟鲤鱼以假乱真，进献给吴皇后，假借夫人“不识货”，得以免去一场风波。[93]

南宋历史上，与宋孝宗皇帝的“孝”相比，宋光宗皇帝的“不孝”之名更甚，无论是在当时还是后世都饱受世人非议。个中缘由更是众说纷纭，而光宗皇帝的李皇后在其中起到的“离间”作用，也是世人在茶余饭后津津乐道的话题。据传，李皇后生性妒悍，在一次宫廷内宴上，李皇后当场提出立嘉王（即后来的宋宁宗皇帝）为皇太子的要求。当时在场的太上皇孝宗并未应允。李皇后对孝宗此举相当不满，当即辩驳道:“妾六礼所聘，嘉王，妾亲生也，何为不可？”太上皇孝宗听了如此傲慢无礼的辩驳之后更是“大怒”。宴会气氛相当尴尬，一时间陷入了僵局。在这次宴会结束之后，李皇后带着嘉王到光宗皇帝面前哭诉不止，还宣称太上皇心怀废立之意。光宗皇帝受到蛊惑，自此以后“遂不朝太上”，[94]连基本的问安拜访之礼都不予遵循。光宗皇帝如此不孝之举，以此次宴会上的事端为直接导火线。此次宴会引发了两宫之间的不睦，也为光宗皇帝的“不孝”之名画上了重重的一笔。

宫廷内宴的规模普遍较小，参与宴会的人员除了后宫嫔妃、帝后等诸人外，便是皇亲国戚和近臣妻室等贵族成员了。因此，借宴会活动亲近之机来调解宗室成员之间的某些矛盾也是较为常见的现象。如南宋宁宗朝，济王的夫人吴氏是当朝杨皇后的侄孙，而吴氏本人“性极妒忌”，济王内帷中有宠姬数人，一直不为夫人吴氏所容忍。吴氏每次进宫，都会事无巨细地向杨皇后告状，“具言王之短，无所不至”，借此发泄心中的不满和醋意。面对如此状况，杨皇后也是颇为无奈，为了调解济王夫妻之间的矛盾，便趁着内宴之机，特意拿出一枝做工精巧的水晶双莲花，寓意连理并蒂，当席命令济王为夫人吴氏簪戴，并且一再告诫二人要“夫妇和睦”，[95]意图以此缓和济王夫妇之间的不睦和紧张关系。

当然，后宫中也常常举办一些比较轻松愉悦的宴会活动。宋代，民俗二月一日为“中和节”。宫中为了表示庆贺，一般会举行所谓的“挑菜御宴”，以金篦挑朱绿花斛来嬉笑耍玩。关于“挑菜御宴”的具体情形，宋人周密在《武林旧事》中进行了十分详细的讲述。节庆宴会举行当天，宫廷内苑中预备有朱、绿双色花斛，下面以罗帛卷作小卷，将各种品目书写上去，再系以红丝。红丝上置生菜、荠花之类。等到宴会开场，乐声响起，“挑菜”活动就算是正式开始。自中宫以下，众人按照身份等级秩序，各自以金篦挑菜。后妃、皇子、贵主、婕妤及都知等人，个个都是有赏无罚。按照规则，每斛十号，五红字为赏，五黑字为罚。上等赏赐包括成号珍珠、玉杯、金器、北珠、篦环、珠翠、领抹等物品；次等赏赐包括铤银、酒器、冠镯、翠花、缎帛、龙涎香、御扇、笔墨、官窑、定器之类物件，都是不俗之物。如果受罚，则有跳舞、唱歌、吟诗、念佛、饮冷水、吃生姜之类，小施惩戒，不过以此取笑逗乐罢了，图取一份节庆里的欢闹气氛。

此外，帝王还会借宫廷中的宴饮活动之机来考察或是教育皇亲国戚，其中不乏皇子、亲王之类皇室成员。太宗皇帝之子周王元俨“生而颖悟”，因而深得太宗皇帝的喜爱，每次朝会宴集活动太宗都会令周王元俨侍立左右，其中或许饱含了太宗皇帝向皇子垂范或者训示帝王之术的一番良苦用心。宋真宗天禧三年（1019）九月举行的一次东宫赐宴活动中，当时身为太子宾客的李迪特意上奏，指出皇太子“举动由礼，言不轻发，视伶官杂戏，未尝妄笑”。借此向真宗皇帝夸赞皇太子之举动受到“左右瞻仰，无不恭肃”，[96] 传递出臣子的赞赏之意。

帝王有时也会通过宴饮活动中各人的细微举动或是对话内容体察宗室成员的德行修为情况。宋英宗治平年间，赵宋宗室有成员四千余，而“男女相半，存亡亦相半”。为了使这些宗室成员获得良好的教育，“亲王置翊善、侍讲、记室，余则逐宫院置都讲教授”。除此之外，每逢“岁时有喜庆，则燕崇政殿或太清楼”。在这种特殊的宴会上，皇帝通常会考察这些受到教育的宗室成员之综合素养。宴饮之余“命之射，课其书札，或试以歌诗，择其能者而推赐器币，以旌劝之”。[97] 对参加宴饮活动的一众宗室成员进行考察，射箭、作诗等文武事项都是常规的考察方式，个人德行也因此显露无遗。借此对贤能者进行褒奖赏赐，对落后者进行劝勉诫励，是这一时期皇室内部教育鞭策皇家宗室的一种重要手段。

第二章　宋代公务宴请

宋代国家以支持和开展公务为名义而举行的各类宴会活动统称为公务宴。由于国家各级机构政务繁杂，所涉公务宴会的种类也十分丰富，大体上涵盖了宋代国家的内外事务。根据宴会举办的不同事由，又可以将其细分为不同的类型。

第一节　国家外方使者接待宴会

宋朝与周边其他国家及政权之间交往频繁，除了往来较多的辽、西夏、金之外，相互交流和互动的国家及政权还有不少。如周边的高丽、渤海、回鹘、天竺、于阗、大食、龟兹、拂菻、高昌等，交趾、占城、蒲耳、真腊、大理滨海诸蕃等大多是“接踵修贡”，呈现出对外往来的繁忙景象。对于以上诸多来自不同国家与政权的来往使团，朝廷以礼相待，并且奉行“不黩以武”的策略，以和平友好的态度予以接待。北宋时期，“诸蕃夷奉朝贡四十三国”。到了南宋时期，由于朝廷偏安于江南一隅，交往的国家及政权数量有所减少。但是从总体上来看，有宋一朝，国家的对外往来接连不断，与宋朝进行贸易往来的国家和政权达到五十余个，其涵盖的范围从西太平洋延伸到印度洋，最远到达波斯湾。[1] 按照宋代礼仪制度，外方使团到达境内，朝廷就会派遣相应的陪同人员进行接待，而举行宴饮活动进行款待是其中必不可少的重要内容，也是常见的通用礼仪规范。因此，招待来使的宴饮活动也就构成了宋代对外事务的重要组成部分。

宋朝时期，除去政权更迭、战争等特殊因素影响之外，一般情况下都会有数量不等的使团往来于途，或是入境，或是出境，络绎不绝，这就需要国家出面进行招待。各方使团一旦进入宋朝境内，朝廷即会按照相应的礼仪制度和接待规格派遣一应陪同人员，沿途一路陪伴护送赴阙。使团所行路线、行程、日期等都需按照朝廷事先拟定的方案进行，沿途所经地方的政府官员则负责相关接待事宜。

两宋时期，朝廷与辽、金之间互派使团比较频繁。宋与辽、金之间互相派遣的使团，根据派遣事由的不同可划分为不同的类型。大体上来看，即位、上尊号、正旦、生辰则会遣使庆贺；而遇到国恤，又需要遣使告哀、吊慰、祭奠以及进遗留礼物；此外还有告庆、谕成、报谢、报聘、报谕、祈请、详问、申请等各种名目不一的派遣事由。北宋时期，西夏向宋称臣，宋廷则以陪臣待之，其使节的派遣大致上可以分为生辰使、官告使、贺正旦使、吊慰使、进奉贡使、祭奠使、谢恩使等。

除了辽、西夏、金与宋朝来往密切之外，周边区域与宋朝往来交流的国家和政权还有很多。对于各个国家和政权的使团往来入境、出境相关事宜，朝廷事先制定了一整套相对成熟的制度。如西蕃唃氏、西南诸蕃、占城、于阗、回鹘、大食、三佛齐、邛部川蛮及溪峒之属，“间数岁入贡”；而层檀、日本、蒲甘、大理、注辇、龟兹、拂菻、佛泥、真腊、罗殿、浡泥、阇婆、邈黎、甘眉流等国入贡，“或一再，或三四，不常至”。宋神宗元丰年间国家改制，明确规定西南五姓蕃，“每五年许一贡”。宋哲宗元祐二年（1087），朝廷又规定，于阗国“间岁听一入贡”。到了南宋时期，朝廷对于朝贡事宜采取消极应付的态度。宋高宗绍兴七年（1137），三佛齐国请求赴阙朝见，朝廷回复“许之”，但是规定只允许四十人的使团到阙觐见。宋孝宗时期，皇帝还曾下诏指出“自今诸国有欲朝贡者，令所在州军以理谕遣，毋得以闻”，[2] 更加明确了朝廷对于朝贡事宜所秉持的鲜明态度。

宋朝国家制定的外方使者接待制度和礼仪规格有一定的标准。一般根据与对方所在地区和国家关系的亲疏及其在宋朝地位的高低制定不同级别的接待礼仪，在各方使者赴阙之后依据事先制定的制度以相应规格予以接待。北宋时期，朝廷接待各方使者所使用的仪物有着明显的等级，其中，高丽次于契丹，其余蕃国则“按其等差以式给之”。朝见环节，契丹使者捧书函入殿庭，北向，“鞠躬”，皇帝亲自在内殿设宴款待使者。至于他国使者只在长春殿觐见，于殿庭北向，“跪奉表函”。在澶渊之盟签订以后，宋廷与契丹之间的关系相对稳定，使者到来之后“舍于都亭驿”，宴赐档次有所提升，而“余蕃使分馆诸驿”。[3] 各方来使赴阙之后，朝廷的接待宴会活动大致上可以分为宫廷宴会和驿馆宴会两种主要类型。

一　宫廷中举办的盛大外方使者接待宴会

来自各个国家和政权的使者在赴阙朝见之后，朝廷通常会按照相应的接待礼仪设宴进行款待。来使由于地位不同，受到的待遇也有所区别，具体到诸如宴会款待规格、礼仪规范等细节上也不尽相同。

为了款待各方来使，朝廷会安排一系列的宴会接待活动。按照国家礼制规定，凡是外方使者赴阙及其君长来朝，“皆宴于内殿”。而对于契丹，宋初并没有一套较为规范的接待仪制，直到宋太宗太平兴国三年（978），契丹遣使者入宋贺正旦，朝廷才选择在正月十六日于崇德殿举行宴会活动进行款待。当时，李煜、契丹使、诸国蕃客等都在列。自此以后，“凡契丹使贺正，锡宴，著为例”。[4]宋真宗景德年间以后，朝廷设宴款待的时间则固定在正月五日。在澶渊会盟之后，基于双方保持了较长时间的和平，往来关系也相对稳定，朝廷始定仪注。规定接待契丹来使，引对于崇德殿，接待宴则设于长春殿。宋徽宗政和年间，朝廷制定了五礼新仪，又重新调整了接待来使的礼仪。其中，朝见、赐宴以及朝辞皆于紫宸殿，假日皆于崇政殿。

到了南宋时期基本奉行北宋旧例，规定凡是外方使者来朝、见辞，皆赐宴内殿或者都亭驿，或赐茶酒。对于金朝的使者，则规定每年的正月五日，在紫宸殿举行宴会活动以款待贺正旦人使，与北宋时期接待契丹使者的礼仪规格基本对等。当然，在常规制度化的规范之外，朝廷也会根据实际状况进行临时性的调整。

在比较正式的接待场合中，各方所据的宴饮座次最能够体现来使所在国家及政权在东道主国家的尊卑地位、亲疏关系和礼遇状况，因此座次的排列就受到了特别的关注。如宋真宗大中祥符年间，朝廷对于崇德殿宴请各方使者的座次进行了安排。明确规定，西夏使者于西廊南赴坐，交趾使者以次歇空，进奉、押衙次于交州，而来自契丹的舍利、从人则于东廊南赴坐。大中祥符四年（1011），甘州、交州使者座次提升，坐于朵殿，而夏州押衙则于东廊南头歇空落座。大中祥符七年（1014），朝廷规定龟兹进奉人使择取歇空之处坐于契丹舍利之后，又命令龟兹使副在西廊南边赴坐，而进奉、押衙则重行于后，瓜州、沙州使副也在西廊南边赴坐，“其余大略以是为准”。[5]

按照接待惯例，在实际举行的招待宴会中，从座位所在的具体位置上来说，殿上为尊贵席位，朵殿次之，而殿廊又次之。在同一个方向上，越是靠近主位，其身份地位就越尊贵。一般情况下，多数国家和政权与宋朝的关系、地位都相对稳定，因而使者的宴坐秩序就相对较为固定。宋真宗大中祥符八年（1015）九月，在宫廷举行的盛大宴会上，注辇来使的宴坐序位与龟兹来使等同。宋仁宗庆历年间，朝廷做出了明确规定，西夏贺乾元节使者赴宴之时，宴坐于朵殿。总体上宴坐秩序在整个仁宗朝并无较大调整，以至于民间流传有西夏使者到达京师“就驿贸卖，宴坐朵殿”[6]的有趣说法。

值得一提的是，朝廷对各方来使的宴坐秩序做出调整属于常见现象，尤其是在双方的关系发生了一定变化之时，这种接待礼仪的变化体现得更加明显。如宋神宗熙宁三年（1070），高丽和宋朝重新结好，朝臣也认为“可结之以谋契丹”，其往来使者在宋朝的地位获得了提升。招待规格调整之后，朝廷更是“待之如夏国使”。次年八月，朝廷规定，高丽使者入见，礼仪规格“依夏国例，立班紫宸殿，燕坐东朵殿”，[7]进行了部分调整。

宋徽宗政和年间，朝廷在制定的《五礼新仪》中，对各方外来使者在紫宸殿大宴上的宴坐秩序进行了较为详细的规定。辽方使副坐于御坐之西；西夏使副则在东朵殿，并西向北上；高丽和交趾使副落座于西朵殿，并东向北上，辽使舍利、从人则落座于其南面；西夏使从人坐于东廊舍利之南；诸蕃使副首领、高丽及交趾从人、溪峒衙内指挥使坐于西廊舍利之南。在各方来使当中，身份、地位、等级不同的正使、副使和三节人，也有着不同的招待规格。[8]《梦粱录·宰执亲王南班百官入内上寿赐宴》一节中，详细记录了宋高宗圣节大宴之际，各方贺生辰使副朝贺之后参加宴会的情形，使副坐于殿上，而其余三节人等则在殿庑落座。[9]

当然，如果遇到某些特殊状况，也存在罢宴现象。如庆历四年（1044）四月，契丹遣使团前来庆贺仁宗皇帝乾元圣节，朝廷则“以翼日燕王葬故”，[10]依礼取消了此次垂拱殿宴饮活动。宋高宗绍兴二十九年（1159）十二月，金方遣使团恭贺正旦，使人见辞之际，仅仅赐茶了事。按照朝廷常规接待礼仪和惯例，使人见辞需要赐宴，而“时以显仁皇后丧制”，因此才会罢宴。熙宁九年（1076）四月，辽朝遣使来贺神宗皇帝同天圣节，由于“闻辽国母服药”，[11] 为了表示对对方的尊重，朝廷最终选择罢去垂拱殿的接待宴会。按照常例，如果遇到大雨、大雪、大雾等极为恶劣的天气，又或者是日食、彗星等不吉利的天象，也会选择罢宴。如宋仁宗天圣三年（1025）四月，宫廷中举行盛大的乾元节大宴，“百官方入，将就班，值大雨”，无奈选择了罢宴。为了抚慰人心，又不失国家礼遇传统和风范，临时予以调整，最终改在都亭驿宴请辽方使者。[12]

二　款待各方使团的驿馆宴会

宋时，为了招待和安顿各方来使，驿馆的设置必不可少。各方来使赴阙之后“若馆其家，休息燕赐，怀礼铭恩”，[13] 驿馆具有安顿各方来使的重要功用。宋朝设立的驿馆名目繁多，其建制沿革、兴废变化不一。

北宋时期，朝廷为了更加妥善地安置各方来使，设置了不同的驿馆。契丹使者安置在都亭驿，西夏使者在都亭西驿，而高丽使者安排在梁门外安州巷同文馆，另有回鹘、于阗等使者则安顿在礼宾院，其余诸番使者一般安顿在瞻云馆和怀远驿。

南宋时期，尽量仿照北宋时期建制，朝廷同样设立驿馆以接待各方来使。宋高宗绍兴十四年（1144），在临安设立班荆馆，专门用来招待金朝的使者。来自高丽的使者则被安置在同文馆。为了安置南蕃来访诸使，同年，朝廷又在秘书省旧址改建怀远驿。从总体建置上来看，南宋基本上沿袭了北宋时期对外接待的仪制和惯例。

宋代国家规定，凡是外方使者来朝、见辞都在内殿或者驿馆设宴，宴饮活动的一切程序“并如仪”，南宋“仍旧制”。[14] 四夷君长或者使节入宋朝见，有司需要提前筹备一应接待事宜，最主要的依据是与其所在国家和地区关系的亲疏及其在宋朝地位的高低，“辨其等位”，按照宾礼待之。与此同时，还需要授以馆舍，继而颁其见辞、赐予物品以及宴设

图 2-1　北宋《契丹使朝聘图》

之式，不同国家和地区来使所受待遇及其规格具有一定的差异。

北宋时期，朝廷曾经明确规定“辽人不可礼同诸番”，契丹来使的接待规格和礼仪等级居于各方来使之首位。契丹使者赴阙入住都亭驿之后，朝廷依礼设宴款待并且各赐金花、锦衾褥和银灌器。使者朝见皇帝之后，则就馆安顿，朝廷再次赐大使及使副包括粟、麦、糯米酒、法酒等在内的“生饩”。如果在驿馆暂住期间遇到节序，朝廷则会派遣近臣赐设。使者辞行之日，皇帝会在长春殿赐酒五行，另外赏赐银器、彩帛等一应物品，并令近臣宴饯于班荆馆，最后由开封府推官宴饯于郊外，辞别之礼才算完毕。

契丹来使对于宋朝方面的接待礼仪和相关事宜也十分清楚和熟悉。宋英宗治平四年（1067）正月，契丹遣使团入宋朝恭贺正旦，按照以往的接待惯例，朝见之后朝廷会在紫宸殿设宴进行款待。此次恰逢群臣上尊号，册于大庆殿，加之又遇上大风、霾等特殊恶劣天气，英宗皇帝身体不适，因而临时进行了调整，改由宰臣出面在驿馆设宴招待契丹使者。契丹使者"以非故事，不即席"，即对于原本该由皇帝亲自设宴款待的礼仪调整为由宰臣在驿馆设宴的做法相当不满，并以此为由拒绝就座入席。面对这种状况，时任中书侍郎兼户部尚书曾公亮动之以情，晓之以理，以"赐宴不赴，是不虔君命也。人主不便，必待亲临，非体国也"为说辞，对契丹使者进行劝谕和警示，最终"使者乃即席"，[15]算是平息了这场因接待规格临时调整而产生的争议风波。契丹使者对于宋廷接待礼仪更改的敏感反应，也从侧面折射出当时对外关系的复杂性和处置的灵活性。

类似这种遇到特殊状况，朝廷根据需要对宴会招待细节做出调整属于正常情况。比如宴会举行的地点，为了接待来自各方的使者，朝廷大多会选择在宫廷内殿隆重举行宴会活动，但是如果遇到国丧、皇帝身体不适之类比较特殊的情况时，朝廷会及时予以调整，一般会改在使者入住的驿馆举行。治平四年六月，英宗皇帝驾崩，辽朝派遣萧禧一行人作为祭奠吊慰使入见，朝廷诏令参知政事吴奎在都亭驿设宴款待。依照以往接待惯例，契丹使者入见，朝廷会在紫宸殿置酒招待。而此次"以谅暗故，就驿赐宴，见辞亦如之"。自此以后"终谅暗，贺登宝位，正旦人使见辞，皆如之"，对接待礼仪进行了一次实质性的调整。因而，宋神宗熙宁元年（1068）正月，在英宗皇帝丧期小祥期间，朝廷特下诏，由枢密副使邵亢负责主持都亭驿宴请辽朝信使的相关事宜，对正月五日在紫宸殿宴请契丹信使的接待惯例进行了调整，此后在英宗皇帝大祥之际"亦如之"。[16]

到了南宋时期，朝廷沿袭了北宋的这种做法，在国丧期间对常规宴设地点进行调整，将设宴款待来使的地点从内殿改换到驿馆。宋高宗绍兴三十年（1160）正月，金朝派遣使者来贺正旦，按照以往接待礼仪和惯例，会选择于正月五日在紫宸殿举行宴会招待金朝贺正旦人使，而此次“以显仁皇后未祔庙，止就驿赐之”。[17]又如，次年五月，金朝贺生辰使高景山等一行人辞行北归，遇到钦宗皇帝驾崩，朝廷“赐北使御燕于都亭驿”，将金朝使者入辞“置酒垂拱殿”的饯别惯例进行了更改。[18]

如果遇到皇帝身体欠佳的特别状况，也会对包括设宴地点在内的诸多细节进行调整。如嘉祐元年（1056）正月，契丹使者入见辞行，依照惯例，皇帝需要在紫宸殿置酒饯别，但是此次接见来使，仁宗皇帝“疾作”，并且“语言无次”，不得不由左右“遽扶入禁中”。面对如此情形，朝廷只得降旨晓谕契丹使者，借口仁宗皇帝饮酒稍多，以致不能到达宴会现场，最终改由大臣就驿赐宴了事。元符三年（1100）正月，哲宗皇帝“服药不视事”，因而下诏，暂罢在紫宸殿设宴款待辽朝使者之事，改在驿馆赐宴。绍兴三十一年（1161），在接见完金朝使者之后，高宗皇帝“脏腑不调”，于是将垂拱殿设宴款待的常规接待礼仪调整为“移驿中排办”，这也属于临时更改接待礼仪的常见做法。[19]

除此之外，朝廷还规定，在紫宸殿举行的使团招待宴会，如果遇到了大雨天气，则按照北宋时期的旧例，“使人就驿赐宴”。因此，总体上看来，两宋时期，在国家常规招待使团的宴会中，如果遇到诸如此类的特殊状况时，由宫廷内殿设宴更换为驿馆设宴，不仅是一种常规做法，也逐渐被各方来使接受。驿馆宴饮也就显得十分特殊且重要了。

三　宫廷御苑中开设的宴饮活动

北宋时期，各大皇家园林分布于都城内外，其中，比较著名的皇家园林有新宋门的宜春苑、顺天门外的琼林苑与金明池、景阳门外的瑞圣园、固子门里的芳林园、景龙门北所在的撷芳园与景化苑、陈州门内的奉灵园等，另有徽宗时期兴建的艮岳及延福宫等。这一时期，包括琼林苑、宜春苑、金明池、玉津园在内的皇家园林号称“四园”，是当时十分著名的四大皇家园林。南宋时期，都城迁驻杭州，杭州城内外更是遍布皇家园林，园林的兴建依旧兴盛。诸如杭州城南的玉津园、城西的五柳园、城东的富景园等都是当时颇具特色的园林。环绕西湖，沿湖两岸建造的聚景园、屏山园、集芳园、真珠园以及延祥园等，景致优美，各具特色。

宋朝皇家园林数量众多，功能多样，除了常规所见休闲游玩之类娱乐功能外，有些园林还具有其他特殊的功能，宴设就是其中之一。宋时皇帝经常会选择在皇家园林中举行规模不等的各类宴饮活动。各方使者入朝，国家就有“赐射于园苑”的招待礼仪和惯例。从实际状况来看，在玉津园内举行宴射活动是一项相对固定的接待程序，以接待辽、金使者为突出代表。北宋时期，玉津园设立于都城开封南熏门外，因而又称南御苑。作为一座皇家园林，玉津园景色优美，规模宏大，因具有招待外方来使举行宴射活动的特殊功能和特色而闻名。按照宋廷制定的使者接待程序，辽朝使者在朝见之后，翌日需赶赴大相国寺烧香，次日到南御苑（也即玉津园）射箭。为了体现宴射活动的仪式感和国家对该事务的重视程度，朝廷会精心挑选出擅长射箭的武臣伴射。等到设宴环节，辽朝使团中除了正副使臣之外，三节人都具有预宴资格，“岁以为例”。到了宋真宗景德二年（1005）十二月，针对辽朝使臣的这种接待流程得以固定下来，“自是凡契丹使至，皆赐宴射”。[20] 玉津园宴射成为北宋时期国家对外接待事务中的必经程序之一。

南宋时期朝廷接待金朝来使，大体上沿袭了北宋时接待契丹使团的旧例，“凡金国使至，皆赐宴射”。[21] 宋高宗绍兴十七年（1147），朝廷仿照北宋旧例建造玉津园，重建之后的玉津园坐落于杭州城南、龙山之北，基本上就是嘉会门外南面大约四里地的位置。绍兴十八年（1148），金朝派遣使团来贺高宗皇帝生辰天申节，朝廷赐金使在玉津园宴射，此后“遂为故事”。而在此之前，接待金朝使者的宴射活动大多在教场内举行。到了宋孝宗乾道、淳熙年间，原本就独具特色的玉津园更加兴盛，“初复燕射，饮饯亲王，皆以为讲礼之所”，[22] 在国家较为正式的场合中承载着礼仪教化功能，充满了政治色彩。

玉津园招待金朝使者的宴射活动自有一套相当规范的流程。以招待金朝贺正旦使为例，大体上来看，金朝使者赴阙之后，朝廷首先派遣官员出任伴使，在金朝使者入住的班荆馆举行招待宴会；到正月朔旦，朝贺大礼结束之后，朝廷派遣大臣在馆驿赐御筵，中使传旨宣劝，行九巡酒礼；四日，邀请金使赴玉津园举行宴射活动，朝廷还会挑选一些擅长射箭的将校，并假借管军观察使的身份全程伴射。宴射开始，宋廷提供弓矢，酒行乐作之后，伴射官与金方大使一并射箭，馆伴副使则与国信副使一起射箭，酒九行之后，双方退场。玉津园招待金朝使者的宴射活动，其礼仪烦琐但不失细致周到，显示出南宋朝廷处理金朝事务的谨慎态度，也是这一时期金朝在宋代具有举足轻重地位的一种反映。

两宋时期，使臣接待事务中举行的宴射活动不单单是双方互相切磋武艺，还是各自代表的综合实力之较量，不可避免地带有浓郁的政治色彩。正因如此，朝廷对于参与宴射活动的伴射人员之选拔和任用也就十分重视。

在北宋的历史上就曾有不少因伴射表现出色而名留于后世者。例如曹评就特别擅长射箭，“左右手如一，夜或灭烛能中”，在与契丹使者一同射箭时，“尝双破的，客惊悚”，名震一时。[23] 又如，宋初名将王审琦之曾孙王师约，其人善射，曾经陪同辽朝使者参与玉津园宴射活动，“一发中鹄，发必破的”，表现相当出色，因此屡次受到朝廷金带及鞍勒马的赏赐。[24] 宋初名将王超之子王德用，俗号“黑王相公”，同样以擅长射箭闻名于世，射箭技艺“虽老不衰”。[25] 不仅如此，王德用还撰写了《神射式》一书，其在玉津园伴射辽朝使者的活动中表现亦是相当突出。以上都是这一时期宋代不可多得的伴射能手。

南宋时期，玉津园不仅是招待金朝使者专用的宴射活动场所，也会针对其他国家和政权的使者举行相应的宴饮活动。如宋高宗绍兴二十五年（1155）八月，朝廷下诏，安南进奉人使到达杭州，除了举行常规的宴饮招待活动之外，还将于玉津园特赐一宴。绍兴二十六年（1156）九月，朝廷又于玉津园举行宴饮活动，招待交趾来使，展示宋代国家的特别礼遇。除了玉津园举行的宴射活动之外，宋代其他皇家园林也不乏招待来使的宴会活动，只是与玉津园宴射活动的常规化和程式化比较起来，无论是在规模上还是正式程度上都显得逊色不少。从这个层面上来说，玉津园宴射已经逐渐演变成宋代国家对外事务中具有某种象征化意义和属性的仪式。

第二节　国家科举纳贤的盛宴

宋代以文治国，国家十分重视文治事业的发展。宋代国家官员的选拔途径主要包括科举取士、纳粟摄官、恩荫补官、从军补授、流外出职等五个方面。北宋名臣蔡襄曾经对国家官员之选拔方式进行对比之后指出，居官治事，纳粟、胥吏不如补荫，补荫不如进士、武举。[26]蔡襄所言并非虚妄，科举考试作为宋代国家选拔人才的重要方式，受到朝野上下的普遍重视。国家以科举考试为名举行的系列庆祝活动丰富多样、名目繁多。其中，尤以鹿鸣宴和闻喜宴最为著名。

一　呦呦鹿鸣，食野之苹：地方上举办的鹿鸣宴

宋朝大体施行全国性、基本统一的三级考试制度，包括发解试、省试和殿试三种。参加考试者必须通过逐级考察，合格后方能成为天子门生，最终走上仕途。发解试是各地方举行的考试，也是参考者进行的科举首试，一旦合格便取得进入下一级考试的资格，这就意味着离入仕更近一步。因此，发解试合格之后，为了表示庆贺，地方政府会在士子参加下一级考试出发之前举行盛大的宴饮活动以为其饯行。

唐代，发解试结束之后，为了宣扬乡里教化，地方长官会为科考

士子举行宴会，召集同僚，设宾主，陈俎豆，备管弦，杀羊，歌《诗经·小雅·鹿鸣》一篇，整个仪式相当盛大，称为鹿鸣宴。宋代有所沿袭，发解试合格者赴省试之前，所在地方长官一般会举行鹿鸣宴为其壮行。受宋朝国家“右文”政策的影响，地方上鹿鸣宴的举行更加正式，也更具广泛的影响力。

宋代，受邀参与鹿鸣宴的首先是地方官僚，尤以长官为代表。除了地方官、初试合格者之外，通常还包括考官以及学政等组织参与的人员，甚至包括道士、僧侣等方外人士。地方社会为了宣传尊老尚贤的道德教化思想，一般按照长幼顺序来排列预宴人员座次。如南宋高宗绍兴十七年（1147），福州地区地方官为得解士子举行的鹿鸣宴上，众人就是按照旧例，“以年齿最高者为首”排列座次，践行以年长为尊的伦常理念。又如南宋宁宗庆元年间，临江地方举行的鹿鸣宴上，同样也是“叙坐以齿”。[27]

举办鹿鸣宴主要在于宣传地方的教化，同时也是为得解的士子饯行，因而一般情况下，宴会的活动议程都有例可循，大体上包含饮酒、作乐、跳舞、赋诗等在内的一系列程式，场面更是热闹非凡。其中，赋诗不仅具有宣传地方文教之盛的政治功效，还具有展示参会者才华和德行的特别作用，也因此最负盛名。

鹿鸣宴上的诗文作品在文体上比较灵活多变，通常不拘一格。诗作的唱和，不必次韵，或是五言，或是七言，或是一首，或是两首，各从其便，没有十分明确的要求，“庶几得以观志也”，即以赋诗来考察诸多预宴者的才学品行，具有“以文才探人才”的功能。苏东坡流传下来的就有《徐州鹿鸣燕诗序》，诗文通篇采用四六文体，文辞流畅，受到南宋人费衮的推崇和赞赏。

借诗作对士子的才学予以考察是鹿鸣宴的重要内容，也是常见的手段之一。李焘（字仁甫），十八岁时勇夺眉州解魁；第二人史尧弼（字唐英），更年少，方十四岁，才学见识颇受人质疑。受邀参加当地的鹿鸣宴，太守命令在座诸客分韵赋诗，唐英得“建”字，即席援笔立成，文思相当敏捷。诗中“四岁尚少房玄龄，七步未饶曹子建”一句，[28]饱含着过人的才气、自负的豪气。以诗才呈人才，令席间众人刮目相看。同样因年少得解，参加鹿鸣宴而受到众人考验的还有福建人翁迈。翁迈少年才俊，十二岁即为郡举，郡守看其年少，稍有怠慢。鹿鸣宴上，郡守伺机暗中指派歌伎向翁迈索诗，翁迈即席赋诗一首。郡守看后，大加称赏，叹服不已。

除了为初试通过的士子饯行之外，鹿鸣宴还是地方官府大力宣扬国家对地方科举文教事业相当重视的一大场合。因此，鹿鸣宴之后，通常还会伴随着数量不等的馈赠，以表示地方助学的用意。

南宋时期，宁波地方政府为得解的一众士子饯行时，在常例之外，又在制司酒息钱内，各特送五百券，“以助观光之行”，用以表达地方“敬贤书而尊国体也”之意。[29]此类地方馈赠在当时社会非常普遍。《景定建康志》中就详细地列举了建康府的馈赠物品清单：

> 本府正请士人，每员送十七界会子三十贯文，折绿襕、过省见钱一十贯文七十八陌；酒四瓶；兔毫笔一十枝；试卷札纸四十幅；点心折十七界会子一十贯，酒一瓶，特送十七界会子一千贯文。[30]

为了表示劝学勉励，馈赠物品包括酒、点心等吃食，纸张、笔等文具，数额不等的津贴，按照士子科考成绩的级别分配馈赠数额。鹿鸣宴结束之后，通常还会刻印一份预宴人员名单，称为“小录”，类似于“通讯簿”，为参与宴会活动人员相互结识提供了不可多得的途径和机会。

二　庆贺科举及第的仕林盛事：闻喜宴

闻喜宴又称琼林宴，是为了庆贺新科进士及第举办的一种宴会活动。闻喜宴肇始于唐代的曲江宴，最开始是为下第举人举办的宴聚活动，“其筵席简率，比之幕天席地”，[31]之后才日渐演变成及第士子的欢宴。

唐代，进士及第之后的宴聚活动种类繁多，内容丰富，“燕集之名凡九”，包括大相识、次相识、小相识、闻喜、樱桃、月灯、牡丹、看佛牙、关宴等。其中，尤以曲江亭闻喜宴最为盛集。唐代，士子科举及第之后，朝廷会在礼部南院的东墙上贴榜予以公布。因是没有官方出面举行的庆祝活动，闻喜宴也就相当于及第进士的私人宴聚。

发展到宋朝，国家大力推行以文治国政策，科举及第士人也更加受到优待。为了表示庆贺，朝廷通常会举行唱名、期集、编登科录、赐宴、立题名碑等一系列庆祝活动，闻喜宴也就逐渐完成了由私人聚会到官方宴会的转变。

琼林宴，得名于宋代。唐代，礼部放榜之后，“醵饮于曲江，号曰闻喜宴”，五代时期一般选择在名园佛寺举行，后周显德中后期，官方出资举办成为一种常例。[32]宋代，太宗皇帝太平兴国二年（977）、五年（980），国家大开科考，分别在开宝寺、迎春苑设宴款待新科进士。到了太平兴国八年（983），又选择在琼林苑赐宴新及第进士，“自是遂为定制”。之后，除了徽宗政和年间短暂在太学辟雍举办，宣和年间又得以恢复之外，闻喜宴的举办地点就固定在了琼林苑，因而，闻喜宴又称“琼林宴”。宋室南渡，建炎二年（1128）重设科考，诸事草创，在状元李易等人的建议之下，罢赐闻喜宴，“自后五举皆免宴”。[33]绍兴十七年（1147），恢复赐宴常例，礼部贡院成为南宋时期琼林宴的常规举办场所。

琼林苑是北宋时期的皇家园林，太祖皇帝乾德中期建造而成，为皇家四园之一。宋太宗太平兴国中期，朝廷在苑北开凿修建金明池，导引金水河水注之，以训导神卫虎翼水军练习舟楫。水军练习之余，金明池又成为一个水嬉之地。后来宜春苑和玉津园日渐衰败，朝廷“岁赐二府从官燕，及进士闻喜燕”，都在琼林苑举行。因此四园中琼林、金明二园最盛。[34]

北宋时期，琼林苑坐落于新郑门外，民间称之为西青城，恰与金明池南北相对而立。琼林苑中古松怪柏森列，素馨、茉莉、山丹、瑞香、含笑等百花芬郁，亭台楼榭林立，流水潺潺，景致美不胜收。朝廷为庆贺新科进士及第，于此处赐宴，众人观赏园内美景的同时尽享来自皇家天恩之美意，实属一朝之盛事。

值得一提的是，琼林苑与唐代同样闻名于世的曲江盛景各具特色。唐代，曲江池南边有紫云楼、芙蓉苑，西边则有杏园和慈恩寺。可谓花卉环周，烟水明媚，是都人游赏聚会的胜地，平日热闹程度甚至超过中和节、上巳节。常时游人如织，鲜车健马，比肩击毂，往来不绝，热闹景象可见一斑，曲江景色与琼林苑相比并不逊色。不过琼林苑既然属于皇家名园，与曲江相比自然少了游人穿梭如织的热闹景象，多了些许皇家御苑的庄严和神秘色彩，也与琼林宴所蕴含的浓郁政治文化色彩相契合。

闻喜宴的举行可谓万众瞩目。唐代礼部放榜之后，由进士自筹自设宴饮聚会，即“敕下之日，醵钱于曲江，为闻喜宴”。[35]由于有丰厚的利润可图，长安城里的游手之民，便自发组织形成专业的宴会筹备团体，名为“进士团”。其中，尤以何士参为代表的筹办团体最负盛名，“凡今年才过关宴，士参已备来年游宴之费”，[36]必须将预定金额提前纳足，筹办团体才肯着手筹备宴会系列事宜。

“进士团”内部组织严密，分工细致。团司由百余人组成，并且各有所主，自进士朝谢之后便往期集院内供帐宴馔。等到状元与同年相见之后，请一人为录事，另外挑选主宴、主酒、主乐、探花、主茶之类职事人员。团内专门设有大、小科头主事。常宴一般由小科头主办，大宴则由大科头负责。宴席菜肴十分丰盛，所谓“四海之内，水陆之珍，靡不毕备”，[37]因而又有“长安三绝”之美誉。开筵当天，长安城内行市罗列，车马、人流聚集围观，可谓盛况空前。直到唐朝末年黄巢之乱，盛大热闹的曲江大宴才日渐零落而“不复旧态”。但是，新科进士曲江宴作为中国古代历史上的一大文化盛宴，对后代产生了巨大而深远的影响。

宋代延续唐朝旧制，为庆贺进士及第而举办声势浩大的闻喜宴。由于得到了朝廷的大力支持，类似于唐代的民间私人筹办组织“进士团”不复存在，改由“有司”来负责。包括闻喜宴在内的系列期集活动所需要之费用“悉出于官及诸阃馈遗”，[38] 既有朝廷赐钱，也有私人捐资。进士登第赴宴琼林，结婚之家为之支费，谓之铺地钱；至于庶民百姓为了攀附华胄捐资，则谓之买门钱，后来统称为“系捉钱”。民众趁机慷慨解囊，进行捐助，实则为攀附权贵，以图日后谋求好时运。闻喜宴既为国家支持举办，无论从规模上还是陈设上都颇为引人注目。

北宋时期，闻喜宴活动分两天举行。一天宴请进士，包括尚书左右丞、六部侍郎、左右散骑常侍、给事中、中书舍人、左右谏议大夫之类侍从官预宴。另一天则宴请诸科，尚书省六部二十四司郎官、起居郎、起居舍人等官员在列。南宋时期，由于科举考试罢去诸科，闻喜宴也从原先的两日缩减为一日。具有闻喜宴参与资格者，除新科进士之外，还包括翰林、龙图阁直学士、直馆以上等诸人。宴会上通常还会有朝廷特派掌管宴会进程和礼仪等相关事宜的官员，即押宴官。作为朝廷的形象代表出席宴会，担任押宴官之人一般是近上内臣，身份尊贵。

闻喜宴有很多细节为后人所熟知。例如，探花便是其中较为出名者。闻喜宴开宴当天，按照惯例通常会在新科及第进士中推选出最年少者两人，事先到琼林苑内折花迎状元吟诗，俗称“探花郎”。宋人赵升则认为，探花之举是“唐制，久废”。[39] 但是，闻喜宴上有探花郎的风俗一直延续到宋代还有余迹。宋神宗熙宁中期，余中为新科状元，请求朝廷罢去进士期集活动，同时建议罢废宴席探花之举，以厚风俗。宋神宗熙宁年间以后，就少见探花郎的相关记载。

闻喜宴是宋朝国家的科举盛宴，场面隆重。宋仁宗天圣八年（1030），宋庠身为六年前的新科状元，受邀参加闻喜宴。预宴兴奋之余，特作《庚午春观新进士锡宴琼林苑因书所见》诗文以记。诗中十分详细地描写了其在此次闻喜宴上的所见所闻，宴会上美酒佳肴应有尽有，音乐歌舞俱备。预宴众人举杯欢庆，开怀畅饮，欢喜热闹不可胜举。宴会进行中更有朝廷特使持皇帝所赏赐的御诗、文章等翰墨赐予群贤，不难想象整个宴会的排场之盛大、场面之壮观、气氛之热闹。

宋徽宗政和年间，在朝廷制定的一整套闻喜宴活动仪式中，一众预宴者在行拜谢、搢笏舞蹈等诸多礼仪之后，宴会活动正式宣告开始。预宴的臣僚按照官品等级择地就座，及第的一众士子则“序坐以齿”，即按照年龄长幼秩序来排列座次。继而酒行乐作，依礼，先后演奏的曲目包括宾兴贤能、乐辟雍、乐育人才、乐且有仪、正安等，严格按照朝廷制定的礼仪秩序进行。闻喜宴上演奏的各种乐曲“取六经之词，以作篇目”，都有各自相应的歌词。从歌词的内容上来看，大多都是颂扬天子喜获贤才之乐，或者是表达士子的一腔感恩报国之心等，蕴含歌功颂德的政治意涵。

南宋时期，朝廷放榜当天，状元一出，都人簇拥，争看如麻，第二、第三名亦称为状元。按照以往惯例，期集期间在行朝谢、叙同年、拜黄甲、谒先师先圣等礼仪化程序结束之后，就到了闻喜宴的环节。

这一时期，朝廷一般选择在贡院举行闻喜宴。闻喜宴开宴之前，依礼要面阙（即京师开封之所在）摆设香案，在四节舞蹈的有序引领之下，众人要拜谢皇恩，以表达忠君之意；行拜礼之后，严格按照所获得的科名秩序分列于东西两廊就座；酒五行之后，是中场休息时间，簪戴罗帛宫花；酒九行之后，再行谢恩礼。至此，整个宴会才算宣告结束。与宋徽宗政和年间相比，宴会的程序基本上没有较大变动，都包括拜谢、开宴、簪戴宫花、酒九行等礼仪。无论是从开宴前设香案、面阙拜恩，还是宴中簪花拜谢到结束时行谢恩礼，自始至终都围绕“感皇恩”有序进行，两宋都是如此。

但是从整个宴会活动的具体设置细节上来看，闻喜宴也有一些微小的调整。南北两宋国家举行殿试的时间有所不同，宴会的配备因此也存在一些细微的区别。

北宋时期，国家举行的殿试大体上固定在三四月份。宋廷南渡之后，战乱不断，加之路途偏远，这就导致处于川蜀等相对偏远地方的进士很难在初春赶赴临安参加殿试，而唱名等活动大多于五六月份举行，闻喜宴也推迟到夏天。闻喜宴上有赐冰一项，就与国家体恤众多与会者暑热难耐有一定关联。闻喜宴转变为国家赐宴性质的活动之后，席间照例会有官方代表进行赐宴口宣。如《淳熙五年贡院赐进士闻喜宴口宣》，内容大多属于例行公事的套辞。

当然，闻喜宴也存在罢宴的情况。如宋英宗治平二年（1065）三月，由知贡举冯京引领彭汝砺等一众新赐及第进士在垂拱殿面圣并谢恩。由于当时宋朝与西夏的战事未平，边境不安宁，朝廷因此下令罢赐闻喜宴。又如，宋宁宗嘉定元年（1208）五月的殿试结束之后，由于成肃皇后几筵未除，闻喜宴也未能举行。

宋代闻喜宴的举办仪程相对固定。闻喜宴上除了美酒佳肴、歌吹奏乐之外，还有各种必备仪程伴随着宴会的进行而展开，为宋历代所遵循，基本沿袭不变，仪程大体包括簪戴宫花、赐诗文、答谢御筵等。

闻喜宴上的簪花之礼颇为有趣。科举考试当中，最难者当数进士科，民间流传有“三十老明经，五十少进士”的说法。一旦考中便赐进士，时人誉之为“白衣公卿”，十分荣耀，也很受重视。进士赐花之举始于唐朝，唐懿宗时期进士曲江宴聚之时，懿宗特下令折花一金盒，令中官驰至宴所，宣口敕曰“便令戴花饮酒”。[40] 当时社会以之为殊荣。唐懿宗为登科进士赐花的做法对后世影响深远，并有所延伸和发展。

宋代沿袭唐制，程式更多，也更加完备。宋时考中进士同样无比荣耀，赴闻喜宴也就成为普通读书人的一大追求和目标。当时社会流传有赴省登科五荣须知：两觐天颜，一荣也；胪传天陛，二荣也；御宴赐花，都人叹美，三荣也；布衣而入，绿袍而出，四荣也；亲老有喜，足慰倚门之望，五荣也。其中一荣就是御宴赐花和都人叹美，这无疑是荣耀和恩宠的象征。[41]

关于簪花之礼，国家有着十分明确的制度化规定。其中，大罗花以红、黄、银红三色，栾枝则以杂色罗，而大绢花以红、银红二色。材质不同，簪戴品级也有所差别。罗花赐戴百官，栾枝赐卿监以上，绢花则赐将校以下。闻喜宴上簪花之礼属于宋代国家礼制的范畴，基本上遵循不变。新科进士赴闻喜宴赐花、簪花仪制也有着较为具体的要求。大体上，“五行而中歇，人赐宫花四朵，簪花于幞头上（花以罗帛为之），从人、下吏，皆得赐花”。[42] 闻喜宴会结束之后，众人簪花乘马而归，一眼望去，花团锦簇，喜气洋洋，荣耀无限。

赴闻喜宴簪花而归荣宠之极，百姓羡慕之余通常还会将进士头上簪戴之花哄抢一空，以期沾染喜气。

福建人徐遹是颇富才学之人，科场中却屡屡遭遇挫折。宋徽宗崇宁二年（1103），终于获得特奏名之魁首，但已年迈。徐遹赴琼林宴归来，路过声色聚集之地平康坊，同年诸人头上所簪之花多为群倡所求，唯独徐遹例外，直到抵达寓所，簪花依然完好。徐遹感慨万千，因而戏题诗文一首：“白马青衫老得官，琼林宴罢酒肠宽。平康过尽无人问，留得宫花醒后看。”[43] 自嘲里充满了些许无奈与凄然之感，与世人对新科进士簪花而归的艳羡形成了强烈对比。

闻喜宴当天还有御赐诗文。闻喜宴开宴之际皇帝会派遣专人赏赐御制诗文表示庆贺。早在宋初太宗时期就有此先例。每逢进士及第赐闻喜宴，太宗皇帝“必制诗赐之”，其后“累朝遵为故事”。[44] 皇帝赐诗一般为一首到多首不等。太宗皇帝好文，御赐多首诗文为常态。太平兴国二年（977）正月，宴新进士吕蒙正等人于开宝寺，太宗赐御制诗二首；淳化三年（992）三月，琼林宴上太宗赐御制诗文三首。仁宗皇帝在位四十二年“赐诗尤多”，但是并非每首诗都是仁宗皇帝亲笔，即闻喜宴赐诗存在非皇帝本人所作却冠以皇帝之名的情况，具有象征性鼓励意义。宋徽宗政和年间，闻喜宴不再赐诗，改赐箴，短暂改革之后，又改回赐诗。

南宋时期，延续北宋旧制，闻喜宴上依例赐诗以宠士人。这一时期闻喜宴常例皆赐御写经书一轴，或者是赐御制诗一首。宋孝宗淳熙二年（1175）五月，朝廷在礼部贡院举办闻喜宴，宴会进行中依例赐一众新及第进士御制诗一首，“中兴赐进士诗始此”。潜说友在《咸淳临安志》一书中收录了孝宗、光宗、宁宗、理宗、度宗五位皇帝闻喜宴御赐进士诗文二十余篇，从总体意涵和内容上来看大同小异。闻喜宴上除了皇帝的御赐诗文之外，臣子也会唱和附作以助兴，唱和诗作大多充斥着浓郁的歌功颂德意味。到宋宁宗庆元五年（1199）五月，在礼部贡院举行闻喜宴之际，依例有御赐七言四韵诗，“秘书监杨王休以下继和以进，自后每举并如之”。[45] 闻喜宴上所赐的诗文大多都是应景之作，无非是宣传国家文教之盛、勉励与会士子忠心报国，或是借诗文表达皇帝本人收获贤才的喜悦之情。

闻喜宴结束之后，预宴的臣子还需进呈谢宴诗之类文表，以表达对皇帝赐宴的感激之情，如《谢赐闻喜宴表》《谢及第启》等就是如此。苏东坡曾对此类“奉承”之作颇为鄙夷，一度称之为“酸文”。

皇帝所赐除了诗作之外，通常还会有教化之类的文墨篇章。作品大多是先贤圣文，由皇帝亲自抄写或者钦定赐予新科进士，两宋基本相同。宋高宗绍兴六年（1136）十月，闻喜宴尚处于停罢时期，在殿试结束之后，高宗皇帝赐新及第进士汪应辰等人御书石刻《中庸》篇，以示训诫之意，此举开了南宋时期皇帝赐御书之先例。绍兴十八年（1148），南宋恢复举行闻喜宴，高宗皇帝“举故事”，以《周官》《儒行》《大学》《皋陶谟》《学记》《经解》等篇目于闻喜宴举行之日赐予及第进士，“自是每举遣内侍就闻喜宴赐焉”。[46]

孝宗皇帝对闻喜宴赐文同样相当重视。乾道八年（1172）四月，闻喜宴在礼部贡院隆重举行，孝宗皇帝依照惯例赐新及第进士御书《益稷》一篇。总体看来，闻喜宴上御赐的文章大多是儒家经典著作，不外乎四书五经的范畴，主要注重其中所蕴含的修身规范及为臣之道，或挑选，或摘抄，具有深刻的警戒味道。

闻喜宴结束之后，依照惯例会刻石题名。宋时，闻喜宴罢，立题名石刻，“乃罢局焉”，标志着整个活动圆满结束。此举源于唐朝的雁塔题名，宋时延续不衰。刻石题名是对新科进士的一种特殊恩宠，因而广为流传。南宋时期，朝廷于礼部贡院举行闻喜宴，因此立题名碑也择地于此。与列叙名氏、乡贯、三代之类进士自行编刊的同年小录不同，刻石题名是有司将新科进士全名刻录于碑铭之上的纪念活动。题名罢，则标志着期集活动正式结束，状元局也宣告解散。

及第者衣锦还乡，州县长官同样会举行盛宴予以款待，尤以状元最为荣耀，“州县亦皆迎迓，设宴庆贺”。[47] 苏德祥为建隆四年（963）进士第一人，登第初，还乡里，太守置宴以庆之。除状元之外，其余进士及第者在地方也是相当荣耀。淳祐年间，省元徐霖、状元留梦炎皆为三衢（浙江衢县）人，一时士林歆羡，以为希阔之事。

第三节　国家赐宴

宋代，国家赐宴是宣扬国泰民安、教化乡里、彰显帝王特殊恩宠的重要方式。宴会规模不一，举办事由更是多样。

一　海内升平，与民同乐：酺宴活动

酺，具有欢聚饮酒的基本含义。《说文解字》中对“酺”的解释为“王德布，大饮酒也”。[48] 而对于“酺”，颜师古同样认为，“酺之言布也”，“王德布于天下而合聚饮食为酺”。所谓“出钱为醵，出食为酺”。[49] 因此，赐酺，有时也称大酺、酺宴，是中国古代帝王为了宣扬与民同乐而举行的一种宴会活动，参与宴会人员通常包括帝王、臣子和百姓。酺宴的规模宏大，场面壮观，彰显国家太平盛景。

对于赐酺的起源，大体上包括春秋祭祀之礼、赵武灵王灭中山赐酺庆贺、秦朝禁酒法令等三种说法。宋代，赐酺活动通常会选择在改元大

赦、上尊号、封禅祭祀、建造宫观等特殊情况下举办，与此同时，举办状况又深受帝王个人偏好的影响。

唐朝时期，国家曾经举行一系列规模较大的赐酺活动。唐代赐酺活动主要集中在王朝的中前期，举行频率高，持续时间长，不遗余力地宣扬国家太平盛世景象。宋代有所效仿，也举行赐酺活动，但是，时间跨度和集中程度都无法与唐朝相比。赐酺主要集中在太宗和真宗两朝，此后赐酺活动便罕少出现。

宋代，赐酺活动的持续时间较短，一般是三到五天。唐代，唐睿宗先天元年（712）正月，"百司酺宴，经月不息"。[50]唐睿宗之后，唐朝赐酺活动有时连夕达旦，常见的有七天、九天，甚至是一个月之久。对此，宋太宗也是颇有微词，并以此为鉴，指出赐酺娱乐不可过度，"三日为得宜矣"。[51]宋真宗时期，赐酺一般持续三到五天。

宋初太宗皇帝在位前期，国家局势初定，为了稳定民心，并向周边地区宣扬国泰民安之景象，朝廷便大张旗鼓地拉开了赐酺活动的序幕。宋太宗雍熙元年（984）十二月，太宗皇帝下诏，宣布国家赐酺活动开始。在此道诏书中太宗皇帝慷慨陈词：

> 王者赐酺推恩，与众共乐，所以表升平之盛事，契亿兆之欢心。累朝以来，此事久废，盖逢多故，莫举旧章。今四海混同，万民康泰，严禋始毕，庆泽均行。宜令士庶之情，共庆休明之运。可赐酺三日。[52]

酺宴当天，太宗皇帝亲御丹凤楼观酺，并向一众侍臣赐饮。一时之间，万众聚集，场面壮观，热闹非凡。从丹凤楼到朱雀门，歌吹乐作，山车、旱船往来不绝于御道。又将市肆百货移到道路两旁，以便士庶围观游赏。与此同时，聚集开封府诸县及诸军"乐人列于御街"，排列成乐舞长龙。当此之际，音乐杂发，观者溢道。为了表明与民同乐之意，还邀请畿甸耆老列坐于楼下，共享酺宴。美酒佳肴杂陈，乐声鼎沸，愈发衬托出一派太平景象。到第二天，再赐群臣宴于尚书省，第三天依然如此。酺宴前后一共持续了三天，以首日最为隆重壮观。随后两天，宴会规模有所缩小，预宴人员也随之缩减，以群臣为主。

宋真宗时期，朝廷与辽订立澶渊之盟之后，海内暂获安宁。真宗皇帝与臣子为了宣扬所谓的太平盛世，更是不遗余力。在行东封西祀之余，朝廷频繁地举行赐酺活动。大中祥符元年（1008）正月，国家大赦，改元，文武百官一并加恩，真宗皇帝诏令京城赐酺五天。同年十月，朝廷颁发东封泰山赦书，由官方进行拨款，下令西京诸州、府、军、监等地方一并赐酺三天。大中祥符七年（1014）十月，正值玉清昭应宫建成之际，朝廷又赐京城酺宴五天，西京、南京各三天，诸州一天。

真宗皇帝在位期间，所见赐酺规模最大、范围最广的是东封泰山期间。真宗东封泰山途中，凡是所过州府，皆亲御子城门楼，设置山车、彩船载乐，从臣侍坐一旁，州府当地父老、进奉使、蕃客等都应邀在列。往返经过兖州、郓州、濮州、澶州、汾阴、亳州、河中府、陕州、郑州、西京、华阴、应天府等地方，沿路封赏不断，酺宴更是不停歇。凡是举办酺宴之地，即改赐城门名称。南京应天府的正门，就因为真宗皇帝东封回程，曾经驻跸、赐赦、观酺，得以赐名为重熙颁庆楼，名声一时大噪。

真宗在位期间的酺宴，规模宏大，赴宴人员众多，场面相当壮观。酺宴举行之前，通常由内诸司使三人主管筹备工作。预先在宫城南门门楼即乾元楼前筑造露台，以便设置教坊乐。方车四十乘，立起两座彩楼，分别装载钧容直、开封府乐；再设棚车二十四乘，每十二乘为一组，每组“皆驾以牛，被之锦绣，萦以彩纫，分载诸军、京畿伎乐”，又“于中衢编木为栏处之”。[53]等到一切准备就绪，真宗皇帝登临宫城门楼，昭示京邑民众分番列坐于楼下，传旨问安、赐衣物茶帛之后，宴会终于在万众瞩目之中徐徐展开。酺宴过程中，歌吹沸腾，百戏竞作，士庶无不欢呼震动，喧嚣热闹里烘托出一派百物呈祥、国泰民安景象。酺宴第一天主要是宴请京畿父老，参与人员众多。宋真宗景德四年（1007）二月酺宴，有父老五百人应邀出席。酺宴剩下几天，以文武百官、近臣、宗室为主，设宴地点通常选择在亭驿、私第以及禁苑。

为了体现酺宴场面的热闹欢快，除了乐舞歌吹、百戏欢腾之类常见的助兴方式，赋诗填词等文艺活动也必不可少。雍熙元年（984）十二月，太宗皇帝赐酺群臣，臣子进献歌、诗、颂、赋的有数十人。宋真宗时期，每逢大礼庆成、酺会，百僚并赋。真宗皇帝常常作诗庆贺，令百官附和，甚至还亲自写劝酒诗以助兴。大中祥符元年（1008）二月，真宗皇帝在都亭驿赐宴文武百官，御制《荷天书降大酺》五言和七言诗，众臣子附和。天禧元年（1017）二月酺宴，真宗皇帝亲作景灵宫成赐酺七言诗，从臣同样附和不断。

宋代，酺宴上最具特色的莫过于乐舞杂戏之类。酺宴上的乐舞，规模普遍较大，多者有舞工三十六人，舞兴乐作的间隙，还有俳优戏夹杂在其中穿插演出。另外，也有独舞一类小型的舞曲节目。鼓与丝竹合奏，作为舞者入场的节拍标志，故有“摧拍、歇拍之异”。[54]整个宴会，舞蹈、杂剧、乐曲不断，集观赏性与娱乐性于一体，引人入胜。

唐朝时期，酺宴的宴会场上同样是百戏竞作、歌舞杂陈、吹唱沸腾、喧哗热闹。但是相比较之下，唐朝和宋朝酺宴上乐舞的风格差异明显。唐代，酺宴场上的乐舞表演充满了鲜明的竞技色彩。

《朝野佥载》记载，唐贞观年间，大酺场上，恒州彭闼、高瓒二人竞技争胜，彭闼活捉一豚，从头咬至项，“放之地上仍走”，而高瓒则取猫儿从尾食之，肠肚俱尽，“仍鸣唤不止”，[55]场面血腥异常。一时之间喝彩声、乐声混合杂陈，现场热闹喧嚣。类似场景在唐代酺宴场上可以说是十分常见了，大酺期间朝廷还会允许士庶百姓入场观看，可谓“百戏竞作，人物填咽”。朝廷为了防止出现大规模的混乱局面，维护宴会秩序，“金吾卫士白棒雨下”，[56]但依然不能制止人群的躁动喧嚣。唐时，酺宴的喧嚣热闹，更多表现的是一种时代精神风貌，集中呈现了大唐盛世的恢宏和壮阔。

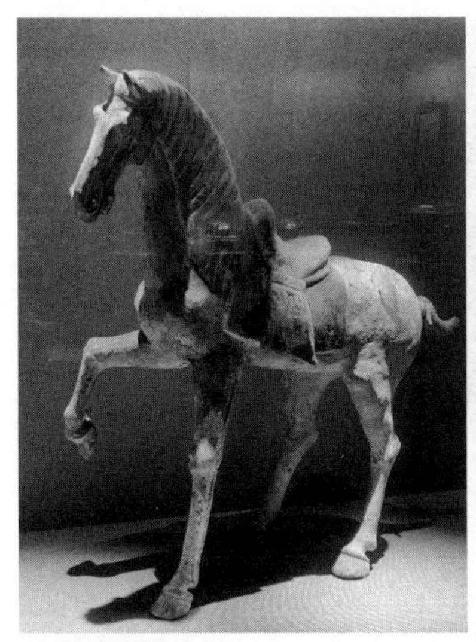

图 2-2　唐代白胎舞马

唐玄宗时，一次酺宴，场上太常大鼓“声震城阙”，并夹杂着胡夷之伎；更有蹀马三十匹“奋首鼓尾，纵横应节”，演出《倾杯乐曲》，即传说中的马舞。为了呈现刺激惊险场面，铺设三层板床，“乘马而上，抃转如飞”，相当精彩。五坊使引导大象入场，“或拜或舞，动容鼓振”，与舞马一般无异，可以称为象舞。场上宫女数百人从帷幕中出现，敲击雷鼓，演绎《破阵乐》等舞曲。[57]一时之间，鼓乐震天，往来喧嚣，与宋代酺宴娱乐表演中轻歌曼舞的风格大相径庭。

唐宣宗时期，每逢朝廷大酺会，勤政楼下都万众云集。其中有公孙大娘舞剑、马舞连榻、宫伎霓裳羽衣舞等闻名于后世的各类娱乐表演，皆具有喧腾热闹的艺术风格，完美地诠释着专属于唐人的精神风貌与唐朝的恢宏气象。

宋真宗之后，宋代国家的赐酺活动逐渐减少，喧闹一时的酺宴在滔滔历史长河中黯然落下帷幕。这种状况的出现与赐酺活动本身耗费大量人力、物力及赏赐不断有着密切关系。规模宏大的赐酺活动导致宋朝面临巨大的财政压力，所谓“国初以来财用所入莫多于

图 2-3　唐代舞马俑

祥符、天禧之时，所出亦莫多于祥符、天禧之时”，[58]大中祥符、天禧正是真宗皇帝在位期间的年号。加上真宗皇帝之后，澶渊之盟带来的和平时期结束，国家内外矛盾不断，利用赐酺渲染、宣扬太平盛世的举措逐渐失去了根基，内忧外患之下，酺宴不可避免地走向衰落。

二　帝王主导的各种赏赐宴会

宋代，以皇帝为名义的赏赐宴饮活动十分常见。其中，异恩赐宴、臣子朝觐或出使赐宴、岁时节日赐宴等都是这一时期皇帝赐宴的典型。

异恩赐宴　为了表示对臣子的特殊恩宠，皇帝通常会赏赐财物、赐宴、赐乐等，尤其是遇到臣子生辰之类的特殊情况。大中祥符五年（1012）十一月，适逢宰相王旦生辰，真宗皇帝特别赏赐羊三十只、米和面各二十斛、酒五十壶，并令“京府具衙前乐，许宴其亲友”。[59]大中祥符九年（1016）八月，副相丁谓生日之际，真宗皇帝赏赐生饩、酒乐，并允许在私第举行宴会庆贺。面对如此异恩，丁谓十分谨慎，上疏以“优异之礼，非臣敢当”“在会灵道场斋宿”为由，请求罢去诸多恩宠，真宗皇帝予以应允。臣子生辰赐宴，并非常例，与皇帝恩宠密不可分。绍兴十二年（1142）十二月，宰相秦桧生日之际，高宗特别赐宴于秦桧府第，并且循行旧例，“自后每岁赐之”。面对如此特殊恩赏，秦桧心生忌惮。于是，在次年生日前夕，便主动上疏请求罢去生日赐宴，高宗皇帝批复称“夫以不世之英，值难逢之会，则其始生之日，可不为天下庆乎？”予以拒绝，恩宠隆盛可见一斑。绍兴十四年（1144），又值秦桧乔迁之喜，高宗皇帝特意派遣内侍王晋锡带领教坊乐队迎引秦桧入住新居，并且于其府第赏赐御筵，宠遇十分优渥。[60]

相较于赐宴，皇帝亲临臣子府第出席宴会，更显恩意与荣光。南宋初，宋金之间的关系异常紧张，张俊作为朝野中的主和派占据上风，将领岳飞被阴谋杀害之后，张俊深得高宗皇帝信任，晚年获清河郡王的封号。绍兴二十一年（1151）十月，高宗皇帝亲临张俊府第赴宴，包括侍从、管军、知阁、御带、宗室、外官等在内的170多人陪同参加宴会。为了招待一众人等，张俊更是极尽奢侈之能事，大摆宴席，为后人留下了一道盛宴菜单，部分内容如表2-1所示。

表2-1 张俊府第招待高宗一行宴席菜单的部分内容

名目	内容	备注
绣花高饤一行	香圆、真柑、石榴、枨子、鹅梨、乳梨、榠楂、花木瓜	看菜之类
乐仙干果子叉袋儿一行	荔枝、圆眼、香莲、榧子、榛子、松子、银杏、梨肉、枣圈、莲子肉、林檎旋、大蒸枣	干果
缕金香药一行	脑子花儿、甘草花儿、朱砂圆子、木香、丁香、水龙脑、史君子、缩砂花儿、官桂花儿、白术、人参、橄榄花儿	香料
雕花蜜煎一行	雕花梅球儿、红消儿、雕花笋、蜜冬瓜鱼儿、雕花红团花、木瓜大段花、雕花金橘、青梅荷叶儿、雕花姜、蜜笋花儿、雕花枨子、木瓜方花儿	蜜饯

续表

名目	内容	备注
砌香咸酸一行	香药木瓜、椒梅、香药藤花、砌香樱桃、砌香萱花柳儿、紫苏柰香、砌香葡萄、甘草花儿、梅肉饼儿、姜丝梅、杂丝梅饼儿、水红姜	咸酸点心
脯腊一行	线肉条子、皂角铤子、虾腊、云梦豝儿、肉腊、奶房、旋鲊、金山咸豉、酒醋肉、肉瓜齑	干脯
垂手八盘子	拣蜂儿、番葡萄、香莲事件念珠、巴榄子、大金橘、新椰子象牙板、小橄榄、榆柑子	果盘
切时果一行	春藕、鹅梨饼子、甘蔗、红柿、切枨子、切绿橘、乳梨月儿、生藕铤儿	中歇
时新果子一行	金橘、藏杨梅、新罗葛、切蜜蕈、切脆枨、榆柑子、新椰子、切宜母子、甘蔗柰香、梨五花儿、藕铤儿、新柑子	鲜果
雕花蜜煎一行	同前	蜜饯
砌香咸酸一行	同前	咸酸点心
珑缠果子一行	荔枝甘露饼、荔枝蓼花、荔枝好郎君、珑缠桃条、酥胡桃、缠枣圈、缠梨肉、香莲事件、香药葡萄、缠松子、糖霜玉蜂儿、白缠桃条	果子
脯腊一行	同前	干脯
下酒十五盏	花炊鹌子、荔枝白腰子；奶房签、三脆羹；羊舌签、萌芽肚胘；肫掌签、鹌子羹；肚胘脍、鸳鸯炸肚；沙鱼脍、炒沙鱼衬汤；鳝鱼炒鲎、鹅肫掌汤齑；螃蟹酿枨、奶房玉蕊羹；鲜虾蹄子脍、南炒鳝；洗手蟹、鯚鱼假蛤蜊；五珍脍、螃蟹清羹；鹌子水晶脍、猪肚假江瑶；虾枨脍、虾鱼汤齑；水母脍、二色茧儿羹；蛤蜊生、血粉羹	下酒菜
插食	炒白腰子、炙肚胘、炙鹌子脯、润鸡、润兔、炙炊饼、不炙炊饼脔骨	
劝酒果子库十番	砌香果子、雕花蜜煎、时新果子、独装巴榄子、装大金橘小橄榄、咸酸蜜煎、独装新椰子、对装拣松番葡萄、对装春藕陈公梨、四时果四色	鲜果
厨劝酒十味	江瑶炸肚、江瑶生、蝤蛑签、姜醋香螺、香螺炸肚、假公权炸肚、姜醋假公权、煨牡蛎、牡蛎炸肚、蟑蚷炸肚	劝酒菜
对食十盏二十分	莲花鸭签、茧儿羹、三珍脍、南炒鳝、水母脍、鹌子羹、鯚鱼脍、三脆羹、洗手蟹、炸肚胘	下酒菜

资料来源：四水潜夫辑《武林旧事》卷9《高宗幸张府节次略》，第139~142页。

表 2-1 显示，宴席之上，海陆山珍、蔬果蜜饯，咸、酸、甜口味应有尽有，雕花，烹、炸、煎、煮各式烹饪菜品毕备，可谓饕餮盛宴。

赏赐“酒乐”助兴也有其例。赏赐之乐，由教坊组织乐舞队进行表演。教坊自唐朝武德以后就设置于宫禁之内，以供岁时宴飨之用。宋代沿袭唐朝之制，也置教坊，总共分为四部，即法曲部、鼓笛部、龟兹部和方响部，后来又增添置贴部。每部都有相对固定的曲调以及相应的乐器。其中，杂乐百戏就有踏球、踏跷、蹴球、藏挟、弄枪、杂旋、踿剑、寻橦、踏索、筋斗、透剑门、拗腰、女伎百戏、飞弹丸等，诸王赐宴或是宰相筵设“特赐乐者”，即由教坊乐工进行演奏，乐舞表演十分丰富。[61]

赐宴作为皇帝特殊恩宠的一种表示，臣子自然十分重视。所谓“赐筵尤为盛集”，[62] 即是如此。一次赐宴之后，大臣吕夷简、王曾与群公诗词唱和。宴会之后，更是将众人所作诗文刊刻于石堂壁以为留念，表现出了相当的重视。

岁时节日赐宴　宋代节日繁多，节日期间皇帝赐宴以示庆祝成为一种常例。例如，每逢冬至、二社、寒食节及重阳节，赐枢密近臣、禁军大校宴饮于其府第或府署中，并且“率以为常”。在名目繁多的节日中，以冬至、元旦一类重要年节赐宴较为普遍。淳化五年（994）正月，太宗皇帝就以岁节为由，赏赐近臣宴饮于中书省。宋真宗咸平元年正月，真宗皇帝赏赐近臣岁节宴饮于吕端府第，自此，“每岁节皆就私第赐宴”，[63] 成为一种惯例。冬至，依例有赐宴。元祐二年（1087）的冬至，哲宗皇帝赐御筵于吕公著的府第。宴会进行中，特意派遣中使赏赐樽酒、果实、香药、缕金花等。另外，还恩赏用御饮器劝酒，派遣教坊乐工现场演艺助兴。宴会气氛颇为热闹，一直持续到傍晚。此外，又特别赏赐蜡烛，并且“传宣令继烛”，[64] 所见赏赐涵盖食物、酒水、器物、乐舞表演等内容，相当丰富。

社日分为春社和秋社，是中国古代祭祀土神的特殊节日。宋代，朝廷会举行一系列隆重的社日活动，社日宴即是其中之一。宋太宗淳化五年（994）八月，秋社之际，太宗皇帝诏令近臣宴于中书省。席间，还特意派遣内侍以御制诗进行赏赐。仁宗时期，社日赐宴成为一种常例。所谓“天圣后赐会，皆用先朝故事”，也存在“宰臣请罢，止命中使分赐酒果”，或者罢宴的情况。如天圣六年（1028）二月，春社，正值宰臣张知白丧期，仁宗皇帝特意罢去社日宴会，以示哀伤之意。等到同年秋社，又逢河南、江南等地方发生水灾，社日宴再次遭到罢设。[65]

其他如下元节、重阳节、清明节及寒食节之类节日赐宴同样十分常见。雍熙二年（985）十月，正值下元节张灯，太宗皇帝于枢密使王显府第赐宴。自此以后，每逢灯夕，太宗皇帝都会命令中书、枢密使等一众重臣分别前往各大寺庙焚香，并“就赐御筵”。

重阳节赐宴同样较为普遍。宋真宗咸平二年（999）九月重阳节，真宗皇帝于张齐贤的府第赐宴，一众近臣赴宴。诸将领、内职也获得赐宴，自此以后，重阳节赐宴一如此例。咸平六年（1003）重阳节，真宗诏近臣宴饮于琼林苑，此后，“重阳赐宴就园苑”成为这一时期的惯例。宋真宗大中祥符元年（1008），更是开启了重阳节大范围赐宴的先例。这一时期，海内无事，国家安宁，真宗皇帝曾经明示宰相王旦，重阳佳节“卿等可于园苑游宴，节清气爽，各宜尽醉”。在真宗皇帝的引导和授意之下，重阳节园苑宴饮活动如火如荼地开展起来。各种规模不等的宴会赏赐接连不断，赐近臣宴饮于玉津园、亲王宴饮于潜龙园、驸马都尉宴饮于含芳园，殿前都指挥使及诸司使以下则宴饮于琼林苑，另有三馆、秘阁等官员宴饮于宜春园。为了便于官员会聚，更是分为东、南两园设置宴会场地，一派热闹景象。真宗朝之后，类似重阳节大范围赐宴的活动逐渐衰败。所谓重阳节“禁苑赐宴久不讲，民间不甚异”，[66]即体现了这种发展趋势。

南宋时期，宁宗朝还有所谓的春宴，类似于皇帝的休闲游赏宴会。春宴一般选择在杭城西湖举行，朝廷自寒食之前就开始着手筹备宴会活动。春宴分日宴请不同品级的大臣，首先宴请的是使相、两府、亲王等近上臣子，其次宴请节度使等属官，再次宴请卿、监等官员，最后则是六曹郎中、郎官、京尹馆伴等。如此一来，春宴持续时间长达数日。宋宁宗开禧年间以后，朝廷北伐兴兵，皇帝无暇宴游，加上一系列的宴饮纵欢活动“追扰百色行铺，害及于民”，[67]兴盛一时的春宴最终遭到废罢。

臣子朝觐出使赐宴　古代出行不甚便捷，臣子出使、还朝、述职、朝觐等履行公务，大都需要长途跋涉，往来十分艰辛。为此，朝廷经常会以皇帝的名义进行赐宴，以慰臣子路途劳顿之苦。能够获得此种特殊礼遇的一般是贵近臣僚。按照朝廷赐宴的惯例，枢密、节度使、使相还朝，“咸赐宴于外苑”。如果是见辞之日，则在长春殿赐酒五行、设食。仁宗皇帝时，宰相文彦博出镇西京，在辞别京师之前，朝廷专门在琼林苑设宴饯行。饯行宴会“从列皆预”，[68]一众僚属赋诗以送行。

至和二年（1055）三月，时任翰林侍读的吕溱出知徐州，在朝辞的当天，仁宗皇帝特命于资善堂赐宴为其饯行。赐宴之后，下诏今后“由经筵出者并如例”。[69]经筵官作为皇帝的御前讲读官，相当于帝王的老师，外任之际赐宴，是帝王尊师重道的一种表现。南宋时期，沿袭北宋赐宴旧例，凡是宰相、枢密、执政、使相、节度使见辞及来朝，皆于内殿或都亭驿赐宴或者赐茶酒。

此外，宋代还有犒军宴，这是宋代安邦定国总体策略的一个必要补充。朝廷设置了专门的犒军宴，所谓“屯兵州军，官赐钱宴犒将校”，称为“旬设”。[70]大中祥符六年（1013）十一月，真宗皇帝下诏指示，近京州军增屯兵处加给公用钱“以备宴犒”。国家军队驻守于各地，维护并保障国家的安全与稳定，牵一发而动全身，特别是处于战时的敏感期。景德四年（1007）十月，朝廷下令，河北用兵之际，朝廷“优给公使钱，犒设军校”。[71]

熙宁九年（1076），宋与交趾发生了军事冲突，为此，神宗皇帝特别指示，权增广州公使钱至七千缗，桂州五千缗，等到边境安宁之后按照此例拨付给用，在战时的特别时期着力对边将进行安抚笼络。战时，朝廷出于抚慰、犒劳军士的策略考虑，赐宴自然无可厚非。但是和平时期，将校军员各种宴会活动不断，就会引发朝臣的非议。

宋仁宗时期，在庆历和议签订之后，宋、夏烽火平息，边境暂时获得安宁。朝臣张方平上疏指出，自和好以来，边将无所事事，“惟以酒食宴乐”。以张方平为代表的朝臣对于将领恣意挥霍朝廷公款进行酒食宴乐的行为表示强烈不满。当然，包括宴饮在内的系列赏赐也折射出了宋廷对于边境军政事务的特别重视。

宋代以皇帝为名义的各类赐宴活动不胜枚举，赐宴的缘由更是纷繁复杂。除了以上所见赐宴之外，还有朝臣致仕的送别宴、后妃归省赐宴、拜谒家庙赐宴、皇帝出巡赐宴等。从整体上看，皇帝赐宴大多与国家政事有着某种特殊的关联。即便是诸如宰丞生日赐宴、皇帝亲临臣子府第宴饮等，也是皇帝礼遇优渥的恩荣之宴，无一不和当时朝廷的特殊政治需求、国家内外环境变化直接相关。总之，都是国家基于统治策略考量的结果。

第三章　宋代民间宴会活动

民间宴会，与以官方名义举办的各类宴会不同，是以私人宴聚为主要形式的宴会，实际上属于私宴。民间宴会类型丰富多样，生老病死、节日年会、祭祀祖先、祷拜神灵、久别重逢、游赏宴聚、乔迁之喜等，日常生活中凡是遇到具有纪念意义的事件，不论大小，通常会以宴会的形式予以表示。宴会不仅是一种饮食聚会活动，也在社会礼俗发展过程中，成为必不可少的生活仪式，是人际往来的必要补充。

第一节　人生礼仪性质的宴会

一个人的成长历程，大致包括从幼小到年迈的整个发展过程。凡是在出生、成年、结婚、生子、生辰、丧葬等具有标志性的人生节点，往往要通过一定的仪式予以表达，宴会就是其中的重要方式。

古人以饮食、婚冠、宾射、飨宴、脤膰、庆贺之礼为嘉礼，嘉礼中就包括结婚、生子、生辰等在内的“庆贺之礼”。现实社会生活中，生日宴、婚宴、生子宴、丧葬宴等也是极为常见的宴会类型，伴随着人生旅程的不同区间，古今皆然，宋代亦然。

一　民间庆生活动：生日宴会

生日举行宴会活动的做法古已有之。魏晋以前，不为生日。到南北朝时期，江南一带流传一种社会风俗，即新生儿一期之际，无论男孩女孩，家人将纸笔针缕放在其面前，随其抓取，号为“试儿”，即后来民俗中的“抓周”。[1]之后，每逢婴儿周岁，亲朋好友饮酒宴乐，后人因此而为“生日”。到了宋代，生日之时举行宴会活动已经属于十分常见的现象。

按照民间的礼俗惯例，生日宴大体上可以分为寻常生辰聚宴、寿宴两种基本形式。前者是每年生日举行的庆生宴聚活动，后者则特指老人的贺寿宴会。生辰宴聚与寿宴虽然都属于生日宴，但是两者的举行意义却存在细微差异。与寻常的生辰宴聚相比，寿宴具有祝福老人福寿安康的特别意义。因此，通常情况下，寿宴规模更大，仪式更为隆重、正式，也更加受到人们的重视。

宋代社会，世人以孝尊长，孝道在社会传统礼俗文化中占据着重要地位。举办寿宴作为敬尊事长、表达孝道的一种重要仪式，同样受到普遍重视。作为庆祝老人生辰的宴会形式，寿宴礼俗丰富多样。

吃寿面、画寿画是常见的寿宴礼俗。寿宴开设之际，亲朋好友通常会通过献寿桃、写寿字、画寿星一类祝寿祥瑞，表达祝寿的特别心意。词人辛弃疾有一首《鹊桥仙・为人庆八十席上戏作》小词，为庆贺老人八十寿辰而作，小词中写道：

朱颜晕酒，方瞳点漆，闲傍松边倚杖。不须更展画图看。自是个、寿星模样。

今朝盛事，一杯深劝，更把新词齐唱。人间八十最风流，长贴在、儿儿额上（后一“儿”字当作“孙”——笔者注）。[2]

这首《鹊桥仙》小词，展现了在寿宴之上，众人贺寿、祝寿的欢快热闹场面，其中，“画寿”是一种增添寿辰宴会气氛的重要点缀。与此同时，小词还展示了将寿字或者象征长寿之类的彩字，或绘画，或点染，或粘贴于额面之上，以示祝福的一种礼俗风尚。与此类似的诗词吟咏还有很多，例如，翁溪园的《寿人母八十三》中同样有类似贺寿方式：“鹤发童颜，龟龄福备。孩儿书额添三字。”[3]大约是为了庆贺老人八十三岁高寿，画额贴寿之际做出特殊标记，以示多出的三岁，礼俗新颖，颇具象征意义。“画寿星为献”是宋代民间一种颇为常见的贺寿方式，属于“但为礼数而已”的象征化仪式，极易为世人所接受。

除此之外，还有象征福寿绵长的长寿面。苏东坡诗中有“剩欲去为汤饼客，却愁错写弄獐书”一句，提及了汤饼。宋人认为，汤饼“则世所谓长命面也”，[4]即生辰吃长寿面，寓意长命百岁。因而，民间又称生日宴为“汤饼宴”。

为了表达祝寿心意，赠送寿礼也是常见做法。宋代社会，赠送寿礼是上至朝堂下到民间普遍通行的一种礼俗传统。北宋时期，凡是宰相的生日，朝廷必差遣官员“具口宣押赐礼物”，彰显重视之意。朝廷赏赐的众多生日礼物中，涂金镌花银盆尤为珍贵，是表达特殊礼遇的一种标志。

北宋朝臣文彦博是仁、英、神、哲四朝元老，一生出将入相，功劳卓著，因而受到朝廷的特别礼遇。从仁宗皇帝庆历八年拜相，一直到绍圣四年仙逝，大约五十年间，获得的朝廷赏赐不计其数，涂金镌花银盆之数更是相当可观。对此，文彦博本人也是颇为自矜，时常流露出得意

图 3-1 “福寿双全”墨书瓷碗

神色。每逢生辰众人贺寿之际，“必罗列百数于座右”，显耀朝廷的特别礼遇和恩宠。“当时衣冠传以为盛事”，[5]荣耀无有出其右者，真是宠冠众臣了。

王安石也曾获得神宗皇帝的特别恩宠。为了表示特殊礼遇，神宗皇帝在王安石生辰之际，一度施行外赐之礼，并且“特遣内侍赐之”，这属于一种特别的恩典。依照当朝的惯例，生日赐礼物，只有亲王、见任执政官、使相，但是“无外赐者”。因而，对王安石行外赐之礼，时人认为是“异恩也”。[6]大观初年，关于使相以上官员生日，朝廷赏赐器币之事，徽宗皇帝特意下诏“自今取旨差官”，即由朝廷选派专门的官员行赏赐之礼，以显示朝廷“宠遇大臣”之意。

在朝堂之外的日常生活中，为了庆祝生日，馈赠的礼物总体上来看即钱、物之类，用来表达庆祝心意，极尽人情之美。

北宋时期，朝臣章惇的父亲章俞七十岁寿辰，家人大摆筵席以祝寿。寿宴之上，馈赠的礼物中有一种柑，“味甘而实极瑰大”，属于稀有品种。苏东坡有一次生日，有友人作诗以表庆生心意。东坡心怀感激，“寄茶二十一片”以回赠，并且随茶附诗一句：“感君生日遥称寿，祝我余年老不枯。”[7]言语亲切诙谐，友人之间亲密情谊尽显其中。南宋时期，吉州人李生受嘱托给远在临安的他人老母贺寿，特意买来缣帛、果实，以“官壶遣送”，表达祝寿心意。在海南四州一带居住的生黎，对驻守当地的守令特别恭谨，每逢守令的生辰，都会专门派遣子弟、部曲携带香、币前去祝贺。

宋代社会文化兴盛，生日之际，以祝寿诗词相互酬唱也是常见现象。尤其是文人雅士之间可谓逢会必诗，相当普遍。北宋朝臣章惇生日之际，大会宾客，手下门人“以诗为寿”，为其庆贺生辰。宋徽宗时期朝臣枢密使郑居中生日，当时士大夫按照庆生惯例，“以诗为寿”，表达祝寿心意。祝寿诗词以庆祝寿辰、表达祝贺心意为主，内容喜庆欢乐，总体上看大同小异，应时应景而已。晏殊有一首《拂霓裳》小词，属于贺寿诗词中难得的佳品：

> 庆生辰。庆生辰是百千春。开雅宴，画堂高会有诸亲。钿函封大国，玉色受丝纶。感皇恩。望九重、天上拜尧云。
>
> 今朝祝寿，祝寿数，比松椿。斟美酒，至心如对月中人。一声檀板动，一炷蕙香焚。祷仙真。愿年年今日、喜长新。[8]

小词辞藻华美，尽显寿宴的喜庆吉祥、热闹欢畅，表达对寿星福寿绵长的深沉祝愿。有些寿词还极尽褒美，充满赞誉。针对生辰所作诗词作品，宋人张端义就认为，生日诗、致语诗“皆不可易为”，是因为此类作品“徇情应俗而多谀也”，[9]即为了应景而作，不免有阿谀奉承之嫌。无论如何，祝寿诗词作品都是为庆祝生辰而表达心意的媒介，与赠送礼物、钱财在本质上并无大的区别，因此可以说是一种常见社交手段，具有特殊的礼俗风尚意义，有时又是生辰之际不可或缺的点缀。

另外，生辰之际，放生也是常见的庆祝方式。苏东坡曾经提及，同安生日放鱼，“取金光明经救鱼事”，即讲述了生辰放生鱼的礼俗由来。宋神宗熙宁年间，王安石为相期间，每逢生辰，朝士献诗为颂，而僧道则“献功德疏以为寿”。有臣僚巩申，为了给王安石庆生，在王安石生日当天，“笼雀鸽，造相府以献”。在生辰宴会即将开始之际，开笼搢笏，以手取雀鸽，“跪而一一放之”，[10] 祝寿之心可谓虔诚之至。南宋时期，永嘉一带士人诸葛贲，其叔祖母戴氏庆祝寿辰，家人大摆筵席，“门首内用优伶杂剧”，[11] 即进行杂戏演出。这也是寿宴上常见的庆祝方式，用以烘托宴席的欢快气氛，增添贺寿的热闹氛围。

二　缔结连理的喜庆仪式：婚宴

古人认为，“夫婚嫁，重礼也”，民间更是有“男女非有行媒不相知名，非受币不交不亲”的说法，表现出对于婚姻大事的特别重视。因而，为了表示重视之意，需要“斋戒以告鬼神，为酒食以召乡党僚友”，[12] 宣传告知四方亲朋好友，举办婚宴就是这一方式的具体表现。按照民间礼俗传统，婚宴一般分为嫁女、娶妇两种类型。

宋代，世人结婚，按照社会传统礼俗规范，一般会大摆筵席以招待宾朋故旧。借此将“合二姓之好”的盛大喜事广而告之，宣扬传布开来，所谓“玳席华筵，嘉宾环集三千履”，[13] 即是婚宴盛况的再现。

两宋时期，民间社会于结婚之际举行宴会的礼俗南北皆然。鄱阳一带，民间乡里土俗，家家喜好收藏鼓，遇到人家有结婚盛礼，“召会宾客，则椎击集众”，成为欢闹宾朋的必备娱乐方式。江浙地区，有人家生数女，等到所有女儿全部出嫁，通常要举行宴会，大会亲宾，称之为“倒箱会”。广南一带，有钱人家生女儿，都要在田地里贮藏酒，等到女儿出嫁之日才取出来饮用，名曰“女酒”。[14]

南宋时，杭州一带民众嫁娶，除婚礼当天男方家举办盛大宴会之外，等到三天或七天，新人回门之际，女方家也需要“广设华筵，款待新婿”，当时叫作“会郎”。九天之内，如果女方家“移厨往婿家致酒”，则又有“暖女会”。新婚满一个月，女方家赠送弥月礼盒，夫婿家也需要设宴款待，邀请亲家及亲眷以示答谢，即所谓的“贺满月会亲”。[15]可谓宴席不断，庆贺不绝。当然，并非家家如此，具体情况因人、因财力丰俭而异。

金朝婚姻礼俗也十分引人注目。男方迎娶之前，在行纳币礼环节，需要与自家亲戚一道去往女方家行拜门礼，众人携带酒食，少者十余车，多至十倍。如果是上等好酒，通常会用金银酒器盛装，一般的酒水即以瓦器盛装。无论如何，酒器以百数为例，陈列在众宾朋面前。等到礼尽宾退，则邀众人分享。聚会之上，男女座席分开，酒三行之后，进大软脂、小软脂（类似于宋朝的馓子）、蜜糕（以松实、胡桃肉渍蜜，和糯粉制作而成的一种点心），每人一盘，称为“茶食”。宴席结束之后，或饮茶（以福建产出的茶为珍品，一般为富贵家庭所有），或食煎乳酪。女方家庭成员无论大小，都会坐在炕上，而男方家庭成员则需要罗拜其下，礼俗称之为“男下女”，[16]充满了异域风情。

婚姻作为人生中的大事，无一例外受到世人的普遍重视。筹办婚礼、举行婚宴更是倾尽全力，以尽人情往来之美。宋朝时期，就有所谓“厚于婚丧，其费无艺”的说法，指出婚礼耗费巨大的事实，这在宋代社会确实是普遍存在的现象。

庐州地区，乡里凡是有嫁娶的人家，整个宗族都争相饮宴以示庆贺，前后持续大约四十天才告结束，“伤今不然”，耗费不可谓不巨。相较于设宴东家，受邀赴宴的宾朋需要随礼，同样面临一定的开支压力。为了解决日趋严重的婚礼支出问题，宋神宗熙宁时期，陕西蓝田地区的吕大钧兄弟特意制定了一套推行于乡里的《吕氏乡约》，详细规定了婚庆随礼、馈赠的数额，以期有所约束。乡约规定，凡遗物婚嫁、庆贺，所用币帛、羊酒、雉兔、蜡烛、果食等物品，按照市场价格计算，最多不能超过 3000 钱，而最少也须达 100 钱。无论如何，宋代社会，婚礼支出对于男女双方都是一笔不小的耗费，亲朋好友自然也不可避免地受到或多或少的影响。

三　家庭添丁加口之喜：生子宴

诞育新生命是一件大事，也是件喜事。两宋时期，百姓将喜获新家庭成员的大事宣告于外，是一种仪式，也是一种必要的礼俗传统。诸多仪式集中体现在各种宴会活动当中，洗儿会、百天宴、周岁宴、汤饼会等，都是生儿育女之际，召集亲朋戚里举行的一系列庆生宴会和欢聚活动。

宋代，为庆祝新生儿诞生而举行的宴会活动丰富多样，各个地方礼俗有所差异，充满了地域特色。北宋都城开封地区，民间生子，等到婴儿满月，一般要举行洗儿会。满月之际，一般家庭则用生色及绷绣钱（富贵家庭则用金、银、犀、玉）以及果子大办洗儿会。当此之时，四方亲朋宾客盛集，主家煎香汤于盆中，放果子、彩钱、葱蒜等，“用数丈彩绕之”，[17] 用以庆生，场面热闹非凡。黄州一带，也有类似风俗习惯，遇有生子，家人同样大办“浴儿之会”，以庆贺新生之喜。桂州地区，妇人如果诞下男婴，按照当地风俗，取其胞衣（胎盘、胎衣），洗净之后，切碎，用五味煎调加工。之后，召集至亲聚会宴饮，“置酒而啖，若不与者，必致怒争”，[18] 庆生方式相当独特。而西北地区，有人生子，“其侪辈即科其父，首使作会宴客”，即应同辈的要求，其父亲举行首场宴会以待宾朋，称为“捋帽会”。[19]

南宋时期，杭城地区有人家生子，到了满月之时，外祖父家需要将彩画钱或者金银钱、杂果，另外还有彩缎、珠翠囟角儿、食物等物件，一同送到家里，大办“洗儿会”。家人则需大办宴席，亲朋好友会集，登门庆贺，分享添丁加口的喜悦。等到孩子百天，还需要“开筵作庆”，大摆宴席款待宾朋。来年周岁，当时称为“周晬”，亲朋好友盈门，馈送钱物，家人依旧要“开筵以待”，宴会不断，喜庆连连。陆游在一首诗中描述岳池农家大会宾朋的喜庆场面，有“买花西舍喜成婚，持酒东邻贺生子”[20]一句，农家庆贺生子的喜悦之情跃然纸上。

生子开设盛大筵席、召集亲朋戚里大事庆贺是宋代社会十分普遍的礼俗传统。因此，宋人王禹偁在友人张氏得子“弄璋三日，略不会客”的情况下，戏题小诗一首，催促其满月开宴，大会宾朋：

> 布素相知二十年，喜君新咏弄璋篇。洗儿已过三朝会，屈客应须满月筵。桂子定为前进士，兰芽兼是小屯田。至时担酒移厨去，请办笙歌与管弦。[21]

诗中以调侃语气，描绘了友人得子三天，理应大设宴会庆贺，不能“屈客”，而如今只能将这份期待留存到满月宴会。因此，诗人在诗的末尾一再表示，待到满月宴时，要登门庆贺，催促之余，不忘表达共享喜悦之情。

生子宴，以诗相贺也是宋代社会十分普遍的庆祝方式，宋人诗词中诸如葛立方《瑞鹧鸪·小孙周晬席上作》、吕胜己《点绛唇·代作，贺生子》、魏了翁《次韵黄侍郎生子》等都是典型的庆贺生子之作。大体上在庆贺、夸赞之余，都会对新生儿寄予成龙成凤的美好愿望，大同小异，具有应时应景的社交功能。

四　哀悼与送别：丧葬宴

举办丧葬仪式是追思、送别逝者的一种方式，普遍为世人所尊崇，也受到十分的重视。虽然各个地区丧葬形式深受地域礼俗风尚影响，存在一定差别，但是离世时一众亲友及邻里聚集，前来吊唁，为此举办丧葬宴的习俗则没有太大的差异。

宋代民间社会举行丧葬宴是南北通行的习俗。荆湖地区，凡是遇到丧葬之事，“多举乐、饭僧”，[22]即举办特定的斋筵用来招待僧徒。北宋仁宗庆历年间，杜衍罢相之后居于南京，依然秉持贤德风范，遇到闾里吉凶庆吊，问遗之礼“未尝废”，表现出应有的入乡随俗姿态。南宋时期，杭州地区的民众在乡曲邻里遇到吉凶等重要事情之时，不仅按照当地风俗参加庆吊之礼，而且出力互帮互助，“亦睦邻之道”，充满了和谐融洽的邻里氛围。

丧葬宴是凭吊逝者、慰劳协助治丧者、安抚生者的一种宴会活动。场面庄严，礼仪齐备，这就对参与宴会者提出了一定的规范和要求，尤其是饮食、衣着、言行举止等都需要特别注意。一般而言，赴宴者需要衣着素净，以示哀思。

北宋时期，仁宗朝臣石中立参加僚友丧葬宴会，观察到在这种特殊场合，赴宴者多有执政及贵游子弟，一众人等“皆服白襕衫”，[23]衣服材质或罗或绢，均有差等，大致遵循了礼俗传统，保持着低调肃穆态度。

丧葬期间，饮食也颇为讲究。钦州一带，有亲人去世，则不食鱼肉，只食用蟛蟹、车螯、蚝、螺之类无血的食物，称为“斋素”。海南地区的黎族人，亲人去世后不食粥饭，只饮酒，吃生牛肉，“以为至孝”。当然，也有治丧期间饮食不当的现象。对此，司马光就曾揭露，有士大夫在居丧期间，食肉饮酒与平日没有丝毫差别，宴集聚会等娱乐照常。普通百姓也存在此类现象，更有甚者，亲人初丧未殓，而亲朋好友及主家就预备酒馔相与宴会，“醉饱连日”，等到下葬之际“亦如之”。司马光认为此种行为属于“非礼”，是礼俗大坏的一种表现。[24]也从某个角度反映出民间一套完整的丧葬事宜持续时间较长、礼俗事务繁杂、宴会慰劳活动不断的状况。

宋代社会，有些地区丧葬不计其费成为常态，甚至有典卖田产办理丧葬事务的。福建地区尤其重视凶事，当地居民举办丧葬活动，奉浮屠，会宾客，“以尽力丰侈为孝”。如此一来，宴会招待、往来涉事人员往往多达成百上千人。治丧人员规模十分庞大，整体应付招待下来，耗费巨大，甚至败家破产也毫不夸张，“贫者立券举债，终身困不能偿”，[25]世俗风尚影响之下，后果相当严重。北宋仁宗朝臣蔡襄就对此种现象相当不满，庆历年间在任知福州之际，专门制定了《戒山头斋会》条约，明确规定，丧夜宾客不得置酒宴乐，山头不得广置斋筵、聚会，以期遏制福建地区丧葬奢费无极的不良风气。但是，世风影响之下，并非一朝一夕能够改变、革除，约束之下也未能达到立竿见影之功效。

第二节　名目繁多的节日宴会

宋代民间节日繁多，除中秋、七夕、元宵等传统佳节之外，还有各式名目不一的节日。诸多节日类型中，有在佛教、道教等宗教影响下形成的节日，有因地方神祠信仰而设立的区域性节日，还有家族内部具有纪念意义的特定节日等。每逢节日，会聚宴饮是一种非常普遍的庆祝方式，因而，宋代民间节日宴内容与礼俗风尚丰富多样。

一　恭贺新春：春节与元旦盛宴

宋代，正月朔日，谓之“元旦”，民间风俗称为新年。春节与元旦作为一年之中具有年初岁末标志性的节日，是民间传统佳节的重头戏，受到上至达官显贵、下到黎民百姓的普遍重视。春节期间，家家宴饮，人人沾醉，相聚问候祝贺新春佳节，热闹喜庆氛围十分浓郁。

两宋时期，每逢春节，各个地域，不同群体，或是自相庆祝，或是邀约欢聚，举行宴会成为礼俗传统中不可或缺的庆贺环节。川蜀地区，春节之时，人们岁晚相与馈问，当地民俗称为“馈岁”，酒食相邀则称为“别岁”，等到除夕之夜，通宵达旦不眠，则又称为“守岁”。[26]

宋人有所谓“闽蜀同风”的说法。闽南地区，也有“岁晚相馈，酒食相邀，达旦不眠”的春节庆祝习俗，[27]与川蜀地区颇为类似，可谓闽蜀同风的绝佳体现。其他如岳阳地区的民间风俗，自元正献岁，邻里以饮宴相庆，一直持续十二日才罢散，当地称为“云开节”。苏州地区民间还流行“分岁”的年俗，即除夕夜祭祀祖先，结束之后，长幼聚饮祝颂而散，因而得名。长安街市风俗，每逢元日以后，递饮食相邀，则号为“传座”，庆祝方式颇为有趣。

沿边地区，正旦当天，守臣五鼓即点灯张烛庆贺，白日聚宴欢乐，以至于有入夜时分而城门不关闭上锁者。首都开封地区，每逢正月年节，开封府通常要放关扑三天。百姓一大早即互相庆贺新年，等到夜晚，贵家妇女纵赏关睹，入场观看，入市店饮宴，成为一种风俗惯例。而小民，即使是贫苦人家，也要穿戴新洁衣服，把酒相酬，共贺新春佳节。南宋时期，杭州地区民众每逢春节交互庆贺，细民男女穿戴一新，鲜衣靓装，往来拜年。不管贫富与否都会游玩于琳宫、梵宇，并且竟日不绝。家家饮宴，笑语喧哗，年节庆贺风俗代代相传，延续不变。

无论如何，春节期间，世人饮酒聚会，共贺新年，欢声笑语不断，可谓普天同庆。正如宋人《除夕》小词中所描绘的，“劝君今夕不须眠。且满满，泛觥船。大家沉醉对芳筵。愿新年，胜旧年”，[28]亲友会聚一堂，互道祝福，共度新春。

两宋时期，各地举行宴会活动庆祝春节的方式具有高度重合性。但是，不同地方欢度年节的具体习俗却不尽相同。会稽地区，元旦之际，男女夙兴，家主设酒果以奠，男女序拜，序拜结束之后，盛装靓服，去亲戚家道贺，其家设酒食予以款待，当地风俗称为“岁假”，类似热闹景象，持续五天方结束。梅尧臣在一首年节诗中有“孺人相庆拜，共坐列杯盘”[29]的吟咏，生动形象地描写了杯盘罗列、家人围坐共祝新年的景象，温馨且不失融洽欢乐气氛。

两宋时期，世人庆贺年节，除饮宴之外，还有相互拜访及馈赠礼物的风俗习惯。吴中地区，号称繁盛，当地民众无论贵贱，“竞节物，好游遨”。每逢新年岁首，一众亲友凡是长期未见的，大多都在新年里相见问候。无论是红白喜事，还是相亲会面，抑或是商议、缔结姻亲，诸如此类事宜，一般在新年里协商。澧州一带，除夕之夜，家家爆竹声声，共迎新年，彻夜不断，年节里亲友之间相互馈赠礼物，“必以大竹两竿随之”，[30]充满了地域特色。

祝贺新年的礼俗中，除了拜访、馈赠礼物之外，相互赠送门状一类的贺卡也很普遍。据宋人吴曾回忆，“今世州郡冬年二节，通用贺状”，[31]贺状类似于贺年卡片，其上通常书写“应时纳祜，与国同休”的祝福话语。与贺状相似的还有“束刺”，束刺也是年节里的特定“礼物”，类似于用以传递新年问候的卡片。凡是遇到节序交贺之礼，不能亲自到访者，则会选择“以束刺佥名于上”，派遣一名仆役遍投亲友，以示问候，属于礼俗中的常见现象。[32]

契丹人庆祝新年，还有“撒帐”的风俗。所谓“撒帐”，即正月一日，契丹国主把糯米饭、白羊髓搅和成拳头大小的团子，在每个帐内撒四十九个。等到五更三点时分，国主等人各于自己的帐内从窗户将米团掷出帐外。如果得双数，则当夜动番乐，大事饮宴庆贺。如果是单数，则不作乐，需要巫师十二人，在外边围绕营帐“撼铃执箭唱叫”，同时，需于帐中诸火炉内爆盐，并烧地拍鼠，当地称之为“惊鬼”，[33]大约具有驱除灾祟厄运、祈求吉祥的礼俗意涵。陈元靓在《岁时广记》中讲述了宋朝元旦之际世人祭瘟神的情景，等到元旦四鼓，即开始祭五瘟之神，祭祀仪式结束之后，器用、酒食与拜席，一并抛掷于墙外。[34]这种祭瘟神风俗和契丹人撒帐“惊鬼”的做法具有某些相通之处。

二　三秋桂子香，清秋赏月忙：中秋宴会

中秋节是宋代颇为重要的民间传统节日。会聚饮宴、把酒言欢，是民间最受欢迎也是最为常见的中秋佳节节俗传统。

北宋时期，都城开封地区，每逢中秋月夜，富贵家庭会将亭台楼榭

装饰一新以便赏月，而普通百姓则争相占据酒楼玩月，每每丝篁鼎沸。皇宫附近的居民，“夜深遥闻宫内笙竽宴乐之声，宛若云外”。而闾里街巷，儿童整夜嬉戏玩闹，夜市同样异常热闹，通宵达旦。南宋时期，每逢中秋节，杭州一带王孙公子、富家巨室纷纷登上高楼，临轩赏玩圆月。或是开广榭，罗列宴席，琴瑟铿锵，酌酒高歌，以卜竟夕之欢。而一般店面铺席之家，也会登上小小月台，安排家宴，与子女团圆，以酬佳节。即使是陋巷贫苦居民，也会“解衣市酒，勉强迎欢”，[35]不肯虚耗一年一度的中秋佳节。从上至下，欢度佳节。

北宋时期，中秋钱塘江观潮已经形成一种风俗。中秋观潮当天，官府派有水军、战船打阵子，在钱塘江内维护秩序。弄潮人各自都有钱酒犒设，江岸幕次相连，摩肩接踵，轿马丝毫没有落脚之处。钱塘知县、幕次官员也参与其中。中秋月夜，杭州城中多有赏月排会，如果天气闷热，通常会夜宿湖船上饮酒，待到海上生明月，银光清寒，潮水共生，独有一份静赏之美，宛若置身广寒宫内，妙趣横生。叶梦得有一首《中秋燕客》小词，词曰：

> 洞庭波冷，望冰轮初转，沧海沉沉。万顷孤光云阵卷，长笛吹破层阴。汹涌三江，银涛无际，遥带五湖深。酒阑歌罢，至今鼍怒龙吟。
>
> 回首江海平生，漂流容易散，佳会难寻。缥缈高城风露爽，独倚危槛重临。醉倒清樽，常娥应笑，犹有向来心。广寒宫殿，为余聊借琼林。[36]

中秋月夜，洞庭湖上三五好友把酒言欢、共赏明月，长笛悠悠，难得的清雅韵味，又有恐佳期难再的惜缘心境。

其他各类民间传统节日风俗，如元宵节宴饮赏灯，寒食、清明冷餐、春游宴赏，端午竞渡、饮宴，七夕宴聚、乞巧，重阳登高赏菊、饮菊花酒等，都是常见的节俗传统，也是民间过节共有的一大礼俗特色。

契丹重阳节期间，国主打团斗射虎，数目少者为输，以重九一筵席为赌注。射罢，国主于地高处卓帐，与番汉臣登高，饮菊花酒，宴席上“出兔肝切生，以鹿舌酱拌食之”。[37]登高、饮菊花酒，与宋朝民众重阳节俗无异。

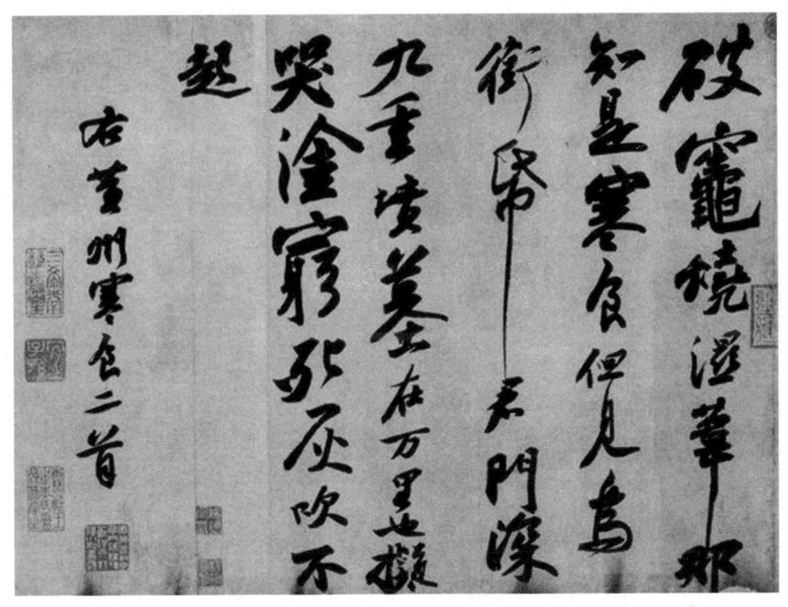

图 3-2　北宋 苏轼《寒食帖》局部

值得注意的是，宋代还有数量繁多的地域性节日。川蜀地区的同州，每年二月二日、八日为市集，每逢此时，四方民众会集，蚕农所用器物一应俱全。郡守也会出面，就近于子城之东北角龙兴寺前搭建山棚，设置幄幕，奏乐，以宴劳一众将吏，“累日而罢”。洛阳以三月二十八日为重要地方节日。此月值牡丹花盛开之际，由富贵之家设宴，以供“倾城往来游玩”。荆楚地区，三月三日当天，民众聚集于江渚池沼之间，举办流杯曲水宴，取黍曲菜汁和蜜为食，“以厌时气”。湘西地区民众喜尚竞渡，每年的四月八日下船。船下水之前，按照当地风俗，众人会集聚饮，江岸舟子各招他客，“盛列饮馔，以相夸大”，席前方丈之处，“群蛮”围观环绕如云。这属于湘西地区一年之中的盛事，当地俗称“富贵坊”。[38]

京师开封地区，六月六日，吏人、医家、富商、大贾聚会宴饮，宴席上以“羊头签”为特色食物。十月初一，民间风俗，开炉向火，初一当天，沃酒、炙脔肉于炉中，众人“围坐饮啖”，俗称为“暖炉”。南宋初年，这种民间风俗沿袭不变。当日送亲党薪炭、酒肉、缣绵，而对于新嫁女，则需要一并赠送火炉。[39]诸如此类，不一而足。

宋代民间祠神众多。各个地方有独立信奉的祠神，遇到特殊日子，百姓都会聚会饮宴，或庆生，或礼拜，充满了地域特色。绍兴地区，民间相传三月五日为禹的生辰，每逢此时，禹庙游人最为盛集，绍兴民众无论贫富贵贱，倾城出动，士民都乘坐五颜六色的画舫，酒樽、食具盛集。宾主列坐，面前歌舞不绝。百姓尤其喜尚“夸富”，即使家底并不殷实富裕，也极尽一年收入为画舫“下湖之行”。[40]杭州百姓将二月八日视为桐川张王的生辰，该日霍山行宫朝拜十分兴盛，百戏竞集，市面上的厨行、果局等饮食铺子“穷极肴核之珍”，以吸引、招徕民众。成都地区，盛传三月三日为张伯子在成都升天之日，当地巫觋卖符于道，供往来游赏会聚的人佩戴，以“宜田蚕、辟灾疫”。[41]太守则率领一众人直出北门，抵达学射山举行宴会，结束之后，又有射箭活动。江西上饶，八月十五日为威惠广祐王之生辰，当地民众致供三昼夜，等到罢散之际，每处各备酒果饮福，待人静则集会享用。

民间盛行迎神与集会酬祭的所谓赛神会。北宋时期，每到秋天，京师开封百司胥吏必然会醵钱举办赛神会，往往剧饮终日，热闹非凡。江南地区多信奉神灵，有“香神”“司徒神”“仙帝神”等，名目甚多。神堂中供奉的仙帝神名位，有柴帝、郭帝、石帝、刘帝等五代周、晋、汉诸帝君。赛神会上乐舞喧嚣，傀儡戏杂陈，乡人会集围观，饮酒聚会，嬉笑逗乐。

图 3-3　宋 佚名《大傩图》轴

三　充满节日特色的各种饮食

宋代社会，无论是传统佳节还是地方民俗节日，世人会聚、饮宴欢乐是常见的庆祝方式。有传统节日特色饮食，也有地方佳肴。南宋著名文人张镃，出身名门，乃张俊后人。张镃曾经列举了一年当中每月的赏心乐事，与节日相关的饮食及节庆活动就包括：正月，岁节家宴；二月，社日社饭；三月，生朝的家宴，曲水流觞，寒食郊游；四月初八，亦庵早斋，南湖放生，食糕糜；五月端午节，泛蒲，夏至日，鹅脔；六月，清夏堂的新荔枝，霞川食桃；七月，从奎阁前乞巧，应铉斋的葡萄；八月，社日的糕会；九月，珍林品尝时新鲜果，杏花庄笃新酒；十月，现乐堂暖炉，满霜亭蜜橘；十一月冬至节，食馄饨；十二月，南湖赏雪，二十四日夜饧果食。[42]一年十二个月中，与节日美食相关联的赏心乐事不断，节庆之时，也是共享美食的良机。

具体到民间传统节日饮食，同样丰富多样。每年元旦，民众皆饮屠苏酒，据传该酒是一种较为特殊的药酒，民间有合家饮屠苏酒"不病瘟疫"的说法。北宋，元宵节期间，京师开封街市售卖鹌鹑骨饳儿、拍白肠、圆子䭔、水晶脍、旋炒栗子、银杏、科头细粉、鸡段、盐豉汤、金橘、橄榄、龙眼、荔枝等，各种名目的美食汇集，以供民众选择。[43]端午节则常见有粽子及艾糕之类传统特色节日食物。七夕，京师百姓通常会制作煎饼，以供祭牛郎织女。

等到中秋节，街市店铺开始售卖新酒。螯蟹肥美，各色秋果诸如石榴、榅桲、梨、枣、栗、葡萄、弄色橙橘等，纷纷新鲜上市。九月重阳节前一两天，民众以粉面蒸糕相互馈送，蒸糕上插剪彩小旗，石榴子、栗黄、银杏、松子肉之类饤果实点缀其间。

南宋时期，杭州地区所见元夕节美食就有乳糖圆子、豉汤、科斗粉、水晶脍、韭饼，以及南北珍果，还有皂儿糕、澄沙团子、宜利少、滴酥鲍螺、玉消膏、酪面、琥珀饧、生熟灌藕、轻饧、诸色龙缠、蜜果、蜜煎、糖瓜蒌、十般糖、煎七宝姜豉等，种类异常丰富，令人眼花缭乱。[44]

重阳节期间，杭州民众饮新酒、泛茱萸、簪戴菊花，且相互赠送菊糕，菊糕并非以菊花为食材制作的糕饼，而是以糖、肉、秫面杂糅制作，上面缕肉丝鸭饼，以石榴子点缀，标以彩旗，类似于北宋时期开封的粉面蒸糕，具有节日食物特有的象征意义。还做花样果饵，糜栗为屑，掺杂蜂蜜，印花脱饼，即成果饵一枚。又以苏子微渍梅卤，杂和蔗霜、梨、橙、玉榴小颗，名曰“春兰秋菊”，制作考究，造型各异，颇具新意。

宋人庞元英详细罗列了唐朝时期常见的岁时节日特色饮食。其中，元日，有屠苏酒、五辛盘、胶牙饧；人日，则有煎饼；上元节，有丝笼；二月二日，有迎富贵果子；寒食节，有假花鸡球、镂鸡子、子推蒸饼、饧粥；四月八日，有糕糜；五月五日，有百索粽子；夏至，有结杏子；七月七日，有穿针织女台、乞巧果子；九月九日，有茱萸、菊花酒；腊日，有口脂、面药、澡豆；立春，有彩胜、鸡燕、生菜。以上唐朝诸多节日饮食，到宋代依然延续不衰，除了糕糜、结杏子之外，其他大致相同。[45]唐宋节日饮食传承与嬗替之间，显示出民间传统节日礼俗的强韧生命力和深远影响力。

值得一提的是，宋代还有很多宗教性节日，比如中元节就是其中的典型。南宋时期，杭州地区，民间在中元节祭祀祖先，按照节日习俗，在此日用新米、新酱、冥衣、时果、彩缎、面棋，大部分居民还有斋食茹素的节日饮食习惯。平日里，街市还有专门售卖素食的店铺，如素签、头羹、面食、乳茧、河鲲、脯烯、鼋鱼之类。

川蜀地区的民众亦重视中元节，每逢中元节，都会选择提前两日祭祀祖先，摆设荤馔，与北宋开封居民“具素馔享先”略有不同。等到中元节当天，民众则纷纷会聚到佛寺，为盂兰盆斋会。

宋代社会，素食仿真“假荤菜”颇为流行，即以素食作为材料，制作成仿真的荤菜式样，具有以假乱真的效果。比如，素蒸鸭就是“蒸葫芦一枚”仿真鸭子造型烹饪制作；“假煎肉”则是用瓠与麸薄切，各和以料煎，麸以油浸煎，瓠以肉脂煎，加葱、椒、油、酒共炒制作而成的一道美食。还有“玉灌肺”，用真粉、油饼、芝麻、松子、核桃、莳萝六种食材加白糖、红曲少许为末，拌和入甑蒸熟之后，切作肺样，从外表看，着实真假难辨。

《山家清供》《本心斋蔬食谱》等图书，都是现存宋代著名的素食谱录图书，书中罗列了众多不同风格的素食佳肴，碧涧羹、蟠桃饭、梅花汤饼、椿根馄饨、酥琼叶、元修菜、紫英菊、银丝供、蘑葡煎、蒿蒌菜、神仙富贵饼、香圆杯、蟹酿橙、莲房鱼包、玉带羹、樱桃煎、如荠菜、萝菔面、鸳鸯炙、笋蕨馄饨、雪霞羹、汤绽梅、通神饼、广寒糕等，名目不一，风味别致，又怎能不让人览之垂涎，心生向往呢？

第三节　民众日常生活中的宴会活动

一　日常社交往来宴请

宋代，民间日常宴会活动十分丰富。亲戚、邻居、友人、新旧相识之间不定期的聚会、走访，或是日常礼尚往来的邀请，或是兴起邀约，或是偶然遇见，或是商讨重要事务，或是酬谢慰劳，都会举行相关宴饮活动。总之，宴请理由不一而足，日常宴会活动是民间社交往来的重要方式。

此类宴会，活动形式相对自由、活跃，地点也不固定，私家厅堂、酒楼茶肆、园苑斋房、亭台楼阁、郊野山林等都是这一时期人们日常宴饮聚会的场所。

宋代，民间日常社交宴请活动，以私家宅院中的宴集最为常见。私家宅院属于相对私密的环境，众人把酒言欢，樽俎流传间极尽人情款曲之意，颇受世人欢迎。宴会活动与日常家庭三餐饮食有所区别，相对正式。款待宾客之余对宴设环境也有一定要求，或选择在宴客厅堂，或选择在宅院中相对空旷开阔之处。倘若条件允许，那么私家园林是私人欢聚宴客的首选。

北宋初年，名臣李昉宅院有园亭别墅之胜。因而，多召故人亲友宴乐其中，适意而不失宴客之道。驸马李遵勖宅第，园苑林池冠绝京城，他喜好搜集奇石，构堂引水，环以佳木，邀请当时士大夫名流宴乐其中，为世人所艳羡。士人朱世衡及妻桂氏于暮年之际，开辟荒地，栽

图 3-4　四川广元宋墓石壁浮雕

种花草蔬果，构建池亭园囿，闲暇无事，在此招待宾客。日常家居宴请是当时社会人情交际往来的重要形式，所谓与乡老族属置酒相聚以叙其情，则“其恩文不至于绝灭”。亲朋故旧之间时常往来宴聚，共叙情谊，觥筹交错中演绎着日常交流的欢洽与热闹景象。

宋代社会，日常家居宴请一般以因事而设最为普遍。其中较为典型的如中举、致仕、新居落成乔迁、五谷丰登等类似日常生活中可贺之事。科举中第是民间社会备受瞩目的一大喜事，届时邻里亲朋登门道贺，在接受赞扬传颂之余，主家一般要设宴款待，共贺盛事。

图 3-5　河南登封唐庄宋代墓室西北壁对饮图

南宋时期，淮南一望族子弟满生进士及第，邻里争相登门以羊、酒祝贺，艳羡夸赞不绝于耳，满生连夕宴饮款待宾朋后调官赴任。淳祐年间，杨彦瞻提及家乡凡是有人及第，邻里亲朋往来道贺的盛况：士子及第归来，“旗者、鼓者、馈者、迓者、往来而观者，阗路骈陌如堵墙”。继而闺门贺焉，宗族贺焉，姻者、友者、客者交相庆贺焉，甚至往日积有仇怨的冤家，也登门“茹耻羞愧而贺且谢焉”，[46] 宾客盈门，可谓荣耀无限。

新居落成乔迁，按照惯例，邻里亲朋也要宴饮会聚，恭贺主家乔迁之喜。韩维《奉同景仁九日宴相公新堂》、葛立方《浪淘沙·子直新第落成席上作》等，就是在亲朋故旧新居建成之际所作的应景诗文，恭贺乔迁之喜，饱含着对新建宅第的赞叹及主人崭新生活的由衷祝愿。

另外，乡野农人，每逢年岁收成之际，为了庆贺五谷丰登、犒劳一年的辛勤劳作，一般也会举办规模大小不等的宴饮聚会活动。陆游在《荞麦初熟刈者满野喜而有作》诗中就有“胡麻压油油更香，油新饼美争先尝；猎归炽火燎雉兔，相呼置酒喜欲狂”的生动描写，再现了农家庆贺丰收的欢乐景象。在《与村邻聚饮》诗中更是有“一欢君勿惜，丰歉岁何常？”“一杯相属罢，吾亦爱吾邻”[47]的吟咏，将邻里之间分享美食的朴素情怀展现得淋漓尽致，一幅和谐融洽的邻里宴会图景尽现眼前。

家人间的宴聚活动也是家居宴请的常见现象，参与宴会的多是至亲，更能凸显家人之间的亲密与随性。不同家庭宴聚活动有所不同，比如，北宋初年，时任朝奉郎中的丘舜，诸女文才俱备，个个都能作文辞，每次兄弟之间家庭小聚，宴席上必以联咏作文为乐。

蔡卞和毛滂都是王安石的女婿。北宋神宗朝王安石变法期间，朝野内外党派纷争不断，毛滂曾经受到反对变法派人物曾布的提携，二人交往密切。曾布获罪流落之后，毛滂对岳丈王安石“倾心事之惟谨”。一次家宴上，众人一起观赏池中鸳鸯。蔡卞即兴在席上赋诗，末尾一句云“莫学饥鹰饱便飞”，毛滂随声附和：“贪恋恩波未肯飞。”蔡卞夫人当即戏谑道：“岂非适从曾相公池中飞过来者邪？”[48]讥讽毛滂趋炎附势、德行有亏。毛滂听后惭愧不已，抬不起头来。

家宴也同其他休闲宴会类似，宴席上欢声笑语，欢娱不断。富贵之家，还会有乐舞、杂戏等娱乐节目以助兴。南宋高宗绍兴年间，兴化人

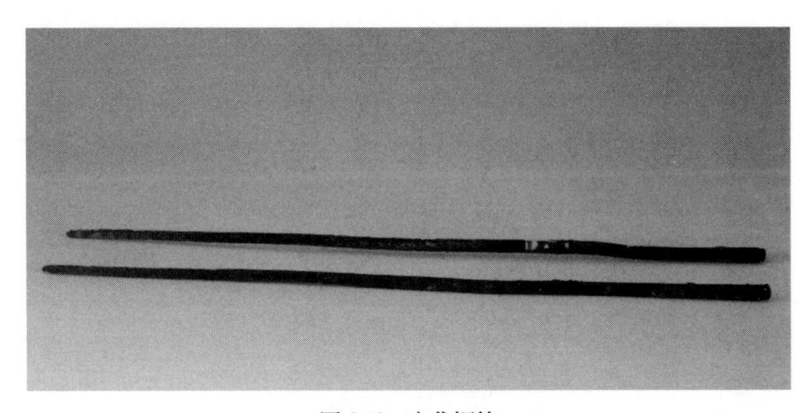

图 3-6　宋代铜筷

陈氏于夏夜与家人欢聚饮宴，席间，其妻子让长女演奏音乐，以助宴席杯盏之乐。南宋时期，莫子蒙在吴兴期间，携家人游赏苕溪。正值盛夏时节，眼前处处荷花盛开，家人饮酒啸歌，乐趣无穷。

张永年寓居京师开封期间，适逢暮冬大雪天气，邀请家人宴赏，极尽清寒情致。宋人诗词中也不乏对家人、邻里欢聚饮宴进行吟咏者，诸如“儿童草草杯盘喜，邻曲纷纷笑语同”[49]、“携酒提篮，儿女相随到”[50]、“邻家相唤，酒熟闲相过”[51]等，再现了家人、邻里相聚宴乐的热闹欢快景象，真实且鲜活，是民间日常生活多样化的生动反映。

二　娱乐与休闲时光里的游赏聚宴

游赏聚宴属于兼具游赏和欢聚性质的宴饮活动，饮宴之余以游赏为主要目的，具有浓郁的休闲娱乐色彩。诸如赏花宴、赏雪宴、踏春宴、船宴等都是宋代社会较为常见的游赏聚宴类型。

赏花宴　宋代，民众喜爱游赏，徜徉园林池苑、山村郊野之中，目光所及皆是美景，令人流连忘返。

洛阳人喜好游宴，尤其喜好赏花宴游。一年四季，花开时节，便是宴游赏玩最盛之时。正月梅花盛开，二月桃、李杂花盛放，三月牡丹花开，诸如此类一年风光好景不断。洛阳人喜好在花开繁盛之处搭建园圃，四方伎艺聚集，都人士女载酒争相出游赏玩。民众选择各处园亭胜地，上下池台之间引满歌呼。一眼望去，畅游花市、戴花饮酒相乐之人不可胜数。

洛阳牡丹花盛开之时，当地太守通常带头举行万花会，宴饮会聚之地，均以花为屏帐。梁栋柱栱之上，全部用竹筒贮水，插花钉挂，举目尽是鲜花，锦绣繁丽，场面相当壮观。扬州地区以盛产芍药闻名于世，蔡京任职淮扬期间，一度效仿洛阳太守的做法，也举办万花会，岁岁循习，成为一种常例。有趣的是，元代宫廷中也有闻名于后世的赏花宴。

元代，宫廷中饮宴不断，名色更是令人耳目一新。逢碧桃盛放，宫廷众人举杯相邀共赏，名曰“爱娇之宴”。待到红梅初发时节，携樽对酌，名曰“浇红之宴”。其他各种名目的赏花宴更是丰富多彩，如海棠谓之“暖妆”、瑞香谓之“泼寒”、牡丹谓之“惜香”。此外，还有落花之饮，名为“恋春”；催花之设，又名为“夺秀”。[52] 赏玩品位不凡，游娱意趣与宋人真可谓一脉相承。

吴越地区也颇以牡丹花为盛。世传越之所尚唯有牡丹花，苏州地区的牡丹花品类繁多，花开时节游人往来如织，甚至还有所谓的“看花局”。宋初，僧人仲殊在《越中牡丹花品序》中较为详细地记录了当地的游赏盛况。每年清明节前后，迟日融和，正是牡丹花盛开时节。越地有人专门置办酒馔宴席，命乐工预备妥当，以待当地民众前来游乐赏花。来者不问亲疏远近，一律热情招待，当地谓之“看花局”。因而，当地有“弹琴种花、陪酒陪歌”之说，[53] 是吴越地区赏花游宴风尚的一种生动反映。

北宋太宗淳化年间，朝臣李昉的私家花园里偶然盛开五朵千叶牡丹花，十分艳丽。李昉兴起之余置酒张乐，召集宾客饮宴赏花。众人畅饮花前，把酒言欢，兴致盎然。韩琦出镇扬州期间，初夏之际正值芍药花盛开，花丛中惊现四朵金腰带。金腰带乃芍药中的珍品，数十年偶尔会绽放一两朵，极其罕见。韩琦见之惊喜异常，于是大设赏花宴，与众人同赏。前来赴宴的一众宾客有王安石、王禹玉、陈升等名流。宴席之上折花簪戴，宾主尽欢。之后，四人相继升任国家台辅要职，因而有“花瑞”之兆一说，后世更是将四人簪花升迁之事传为一段佳话。

唐时，扬州某太守园圃中栽种杏花数十行，每当春暖花开时节，如期举行盛大宴会。为了增强赏花宴的趣味性，令每株花旁站立一名歌伎，美其名曰“争春”。宋人具有类似的宴赏风情，喜好于花开时节即景宴赏。北宋名臣范镇（字景仁）在许地期间，在居处建造大堂，有荼蘼架，高广可容纳数十人。每年春天荼蘼花盛开之际，范镇邀请宾客饮酒赏花，陶醉于花架之下。席间与众宾客相约，凡是荼蘼花飞落于酒中者，必须饮酒一杯，此即为历史上广为流传的“飞英会”。

以花为媒劝酒，欧阳修在扬州时也曾有类似做法。据传欧阳修在扬州建造的平山堂壮丽无比，号称淮南第一。盛暑天气里会客，取荷花千余朵“插以画盆，围绕坐席”，以荷花行传花酒令、饮酒。宾主兴致盎然，宴席散场，往往侵夜载月而归。

宋神宗元丰年间，苏东坡谪居黄州，与定惠院中的僧人交往甚欢。定惠院东面的小山上植有海棠一株，每年海棠花盛开时节，东坡必携客置酒，“五醉其下矣”，乐在其中。京师开封民众“最重二伏”，每逢盛暑天气，“往往风亭水榭，峻宇高楼，浮瓜沉李，流杯曲沼，苞鲊新

图 3-7　宋《文会图》

荷，远迩笙歌，通夕而罢”。[54] 秋天，菊花盛开，欧阳澈有《轩前菊蕊将绽因书四韵示希哲约九日聚饮于此》小诗，诗文云：“菊英装点近芳辰，风掠清香已袭人。端的樊川携玉液，来同靖节赏金尘。藏阄戏赌杯中物，投辖坚留座上宾。”[55] 生动再现了众人赏菊饮宴的欢乐景象。隆冬腊月，寒梅凌寒而开，士人王觌作有赏梅宴客诗，在诗的序文中详细描绘了一众僚友于江梅花开时节相邀饮宴同赏的乐趣，“虽无歌舞，实有清欢”，情致高雅而不失游赏意趣。

赏雪宴　腊寒隆冬时节，人们踏雪赏梅之余还会举办赏雪宴。据传，唐代一富豪王元宝每逢冬月大雪纷飞，即命仆人从自家坊巷口打扫积雪以开阔道路，自己则站在坊巷前亲自迎揖宾客，准备酒炙宴乐，与宾客在雪天里饮宴欢乐，号为“暖寒之会”，闻名一时。

宋代，人们同样喜好在雪天里饮酒宴乐，畅享赏雪娱宾之乐趣。北宋时期，都城开封地区的豪贵人家，冬日里一下雪即开筵。为了增添赏玩之意趣，还会塑雪狮、装雪灯，与亲朋故旧会聚，乐在其中。

这一时期赏雪宴受到众多文人雅士的特别推崇与喜爱。飞雪天里，三五好友围炉而坐，或品酒赏雪，或饮宴赋诗，或高谈阔论，高雅而不失赏玩意趣。宋初，晏殊在朝为官之时，一日退朝回家，恰逢飘雪。途中偶遇同僚欧阳修、陆经两位学士，于是兴起，欣然相邀。三人置酒赏雪，即席赋诗，兴尽而归。

宋徽宗朝臣赵鼎臣曾经在一首诗序中，描述了与友人赏雪饮酒的欢畅景象。当时正值寒冬腊月，天降大雪，昼夜不止，雪积“平地盈数尺”。逢此难得的雪天美景，赵鼎臣与好友时可踏雪载酒，相邀共同赴郊外拜访另外一位友人子庄。众人雪中登临爽亭，临轩纵饮。当此之时，四望之下，天地之间，浩然一片，澒洞一色，奇胜无比。只是友人孙志康畏寒而未赴约，略显遗憾。饮酒赏雪酣畅之际，众人更是作诗唱和，记述此次赏雪饮酒的意趣。

南宋中期，士大夫陈造有一首《喜雪燕序》，回忆扬州大雪之际，与僚友二十一人共聚于府治淮海堂饮宴欢乐的情景。席上，众人赏雪、品酒、畅谈，以天降瑞雪惠及民生为议题，共同商讨民生诸事，颇为投契。

船宴　船宴即在舟船上举行的宴会活动，是一种独具特色的饮宴形式。湖山景秀之间，宾朋好友饮宴于船舶之上，视野高旷疏阔，乐趣无穷。船宴饮宴形式与游宴颇为类似，在宋代社会盛行一时。

唐朝时期，船宴就颇受推崇。开成二年（837）三月，河南尹李待价以“人和岁稔，将禊于洛滨”为由，广邀白居易等十五人泛舟洛水。众人把酒言欢，逸兴遄飞，合宴于舟船之中。舟船穿行而过斗亭、魏堤，抵达津桥，饮宴之余随舟船登临溯沿，从清晨宴乐欢闹到黄昏时分。船宴过程中，众人更是簪组交映，歌笑间发，前水嬉而后妓乐，左笔砚而右壶觞，乐趣无穷。[56]远远望去，船上画面缥缈若仙，围观者更是水泄不通。众人宴于洛滨之畔，极游泛之娱，尽风光之赏。真可谓美景良辰、赏心乐事尽得其中，怎能不令人艳羡？

据传，白居易本人对船宴情有独钟。白氏履道里宅有池水，可以用来泛舟。白居易因而每每邀请宾客参加船宴，尽情赏玩。船宴开始之前，以百十油囊环绕舟船两边，又悬酒炙沉于水中，随船而行。饮宴过程中，席面上一物尽，则左右又跟进，是“藏盘筵于水底”[57]之缘故，因而源源不绝，真可谓充满了智慧和巧思。

与唐朝的船宴风情相比，宋代船宴毫不逊色。北宋时期，因船宴的风雅情趣而闻名于世者非苏东坡莫属。东坡在杭州期间，春日里每遇闲暇时光，必定会约僚友泛舟湖上。清晨，在山水秀美之地用餐罢，每人一舟，令队长一人，各自带数名歌伎，自由泛游于湖山之间。待到傍晚时分，以鸣锣为信号会聚一处，或是望湖楼，或是竹阁之类地方，众人饮宴欢乐，极欢而罢。此类宴游活动持续时间较长，往往要到漏夜一二鼓。此时，夜市尚未散场，众人列烛以归。散场时分，杭州城中士女云集，夹道两旁，观看“千骑之还”，真乃一时之盛事也。

西山麓赤壁之所在“斗入江中，石色如丹”，风景秀丽无比。东坡在黄州时，曾经邀约友人李秀才载酒泛舟饮于赤壁之下。李秀才擅长吹笛，酒酣耳热之际，李氏清吹数曲。当此之时，风起水涌，鱼跃江面，鹘鸟惊起，笛声悠扬里尽显洒脱旷放意趣。宋人周密还描写过夏日里与一众友人放舟于荷花深处饮宴啸歌的欢畅景象。船宴上，舞影歌尘，远谢耳目。众人酒酣兴起，采莲叶、探题赋词。即席谱曲歌吹，箫声悠婉里尽享风雅情致。所谓“野艇闲撑处，湖天景亦微”“时携一壶酒，恋到晚凉归”，即是如此。[58]

当然，船宴并非文人雅士的专属喜好，宋代社会，船宴之设比比皆是。除去文人风雅之宴外，尚有达官贵人闲享之宴、市井百姓欢闹之宴、方外人士游娱之宴、野老村夫兴起之宴，形式不一而足。

船宴之乐，乐在徜徉于湖光山色之间，把酒言欢，形式新颖而不失闲适意趣。南宋时期，杭州西湖船宴最是兴盛。西湖舟船、画舫依次排列在堤边，世人或寻一处柳荫小憩，饱挹荷香，散发披襟，纳凉避暑；或酌酒以狂歌，或围棋而垂钓，饱览湖光山色，游情寓意。

船宴尤以春暖时节为盛，都人士女两堤骈集，几无立足之地。西湖之上，水面画楫，鳞次栉比，更无行舟之路。歌欢箫鼓之声，远近可闻，游赏宴乐之盛况可以想见。淳熙年间，太上皇宋高宗御大龙舟，游幸湖山，以观盛景。宰执从官、侍从等人各乘大舫，达数百艘。湖面上画楫轻舫，穿梭如织。龙舟十余艘，彩旗叠鼓，交错杂陈，往来之间一眼望去璀璨似织锦。

除寻常游赏玩乐之外，节日里船宴更是相当盛行。每逢节日，大船多由达官贵人事先租赁，其他船只则供应市井百姓租用。岸上游人如织，店铺茶舍盈满。路边为卖酒食搭盖的浮棚也无坐处，游人只能于赏茶处借坐，饮酒欢乐，夜深方罢散而去。宋人诗词“红锦围歌席，黄金饰酒船。兴撩江外客，香忤饮中仙。忧虑无风雨，欢娱揖圣贤。空余中夕梦，一棹倚江天”[59]就是描写船宴的欢畅意趣。

需要注意的是，船宴所用之舟船，并非寻常所见的一般舟船，尤其是相对正式的宴饮，一般设有特定的厨船，专门为民众提供饮宴之需。

这一类舟船形制不一，设置也丰俭有别。

有些舟船为平底，有舵，形制简朴，有些则豪华无比，有双缆黑漆平船，紫帷帐。有的舟船装饰华丽，如杭城中的大绿、间绿、十样锦、百花、宝胜、明玉之类舟船，共百余艘。皆极尽华丽雅靓，夸奇竞好，无有其极。宋人周煇回忆，往年，西湖上设置的游赏船舫，无论规制大小都立有嘉名雅号，尤其是富贵人家的湖船，以所取船名之新颖独特互为夸饰，如泛星槎、凌风舸、雪篷、烟艇等，皆为其中的代表。各个舟船匾额名称不一，可以想见一时之风致。

举行船宴，自然对行船环境有所要求。湖泊江河所在更得天然地理之优势。北宋时期，都城开封水域丰富，左江右湖，河运通流，舟船最便。金明池上常见租借大小船只，以供士人百姓游赏欢乐。南宋时期，西湖上所见舟船，形制大小不一，有一千料者，长五十余丈，可以容纳百余宾客游玩享用；也有五百料者，长二三十丈，可以容纳三五十人。为了吸引游客上船，湖上所有舟船皆制造奇巧，雕栏画栋，行运平稳。

一年四季皆有游人租借游玩。舟中饮宴游赏所需器物毕备，清晨出游登舟而饮，日暮时分归还，只需支付租金，不劳余力，相当便捷。各种服务周到细致，为船宴的兴盛提供了良好的条件，恰恰是“家家画舫日斜归，处处菱歌烟际起”，[60]一时游赏饮宴之盛无可比拟。

野游宴　野游宴是世人郊游之际临时举行的饮宴活动，规模不大，或三五好友相约出游，或举家欢庆团聚，山郊野外、林泉深处，别有一番疏阔情致。

众多野游宴中，尤以探春宴颇具吸引力，也是最为常见的野游宴形式。唐时，尚处早春时节，都人士女即争相乘车跨马出游，游乐饮宴于园圃、郊野中，号为“探春之宴”。士女随处赏春漫步，逢鲜花则设席坐卧，以红裙插挂，作为宴幄屏障。长安城里贵家子弟每逢春天即游宴供帐于园圃之中，随行携带油幕，若路遇阴雨，则以油幕遮盖避雨，宴罢尽欢而归。上巳日，皇帝通常会在曲江赐宴，长安居民则于曲江头禊饮游玩，俗曰“踏青”。

宋代野游饮宴之风依然盛行，探春宴更是风靡一时。南宋杭州居民一年四季无时不出游，尤以春游为特盛。自元宵节收灯之后，达官贵人便结伴争先出郊游赏，谓之“探春”。游赏活动一直持续到寒食节，达到高潮。

欧阳澈在《游春八咏》诗作的序文中描述了清明时节与一众友人游春饮宴的欢愉景象。与二三友人乘舆，共同寻得一处胜景之所在，“寻芳蹑蹬，卧翠眠红”。当此之时，松柏林荫中，溪山佳胜处，众人“借草飞觞，藏钩赌酒”，娱乐欢笑，同享“美花媚人，好鸟劝饮，融融怡怡，荡荡默默”的赏玩意趣，“醒者忽醉，醉者复醒”，徜徉于自然景观之中，“如邀狂客，泛一叶于鉴湖；似对谪仙，扫寸毫于云梦”。饮酒欢闹之余，作诗文以助兴，“狂吟怪石，窃窥靖节之优游；长笑筠林，自得子猷之标致”，“咀西山之妙剂，疑羽翼之潜生；煮北苑之研膏，觉风流之战胜”。心情大好，“望芙蓉于日下，逸气飘扬；指仙掌于云间，烦襟雪释”，烦恼忧愁冰消雪释，畅享欢乐意趣。[61] 如此观之，欧阳澈与二三友人清明时节出游赏春，适逢百花芬郁、松柏尽发，众人于溪山风景绝佳之处饮宴欢乐，悠然忘归，一幅游春醉卧图景跃然纸上。

图 3-8　宋《文会图》局部

除了游春宴，其他各种游宴活动亦是相当盛行。山林野外、苑囿园圃，凡是风景秀美之地，处处可见歌吹唱作、把酒言欢的游宴者。北宋时，汴京城里池苑所在，到处可见各类酒家艺人，常见售卖的饮食点心就有水饭、凉水绿豆、螺蛳肉、旋切鱼脍、青鱼、饶梅花酒、山楂片、杏片、梅子、香药脆梅、盐鸭卵、杂和辣菜等，游人流连忘返，饮宴欢乐。除了京师开封城，其他各地游宴也是蔚然成风，民众游兴丝毫不减。

扬州平山堂为欧阳修所建，宏伟壮丽号称淮南第一。平山堂雄踞蜀冈，“下临江南数百里，真、润、金陵三州隐隐若可见”。盛暑天里，欧阳修常常与宾客在此处游宴，清晨出发，恣意把酒言欢，宴罢，往往侵夜载月而归。苏州地区园林众多，景观更是别致精巧，是世人游乐赏玩的首选胜地。徽宗时期，中书舍人潘兑携一众友人往来徜徉于沧浪亭，饮酒赋诗，延款竟日，颇为惬意。广陵王旧居苑囿花圃中，有名为“南园”者，南园中建有流杯旋螺亭，景色优美。王禹偁知长洲县期间，无日不携客醉饮于此处。苏东坡所作《携妓乐游张山人园》诗即描述了夏初之际，与众人于苑囿内游宴娱乐的欢畅情景。

宋时，成都也以游宴风盛而闻名于世。成都民风休闲逸乐，“喜行乐”，[62]游宴风尚蔚然。北宋时期，宋祁喜游宴，晚年知成都府，中意于锦江畔游赏宴乐。游宴之际，常有数十名歌伎婢女相随出游。

成都周边地区，游赏胜地莫过于浣花溪。陆游回忆在成都时的所闻所见，着重提及每年四月十九日“浣花遨头”。每逢该日，当地民众倾城尽出，锦绣夹道，会聚饮宴于杜子美草堂沧浪亭。自开年以来举行的系列宴游活动至此结束，也最盛于他时。宋人任正一在《游浣花记》中更是详细记录了当时民众浣花溪游宴的空前盛况。无论是达官贵人还是士人百姓，抑或是贩夫走卒，众人扶老携幼，倾城而往，浩浩荡荡，里巷为之一空。其间更是穷日畅游欢乐，“箫鼓弦歌之声喧哄而作”，[63]堪称宋代社会游宴风行的一大典型。

图 3-9　宋 佚名《春游晚归图》局部

三　士人之间的交游与唱和：交游宴会

宋代，士人之间往来交游唱和，常有集会饮宴活动，即士人交游宴。实际上，交游宴大体上也属于游宴的范畴，只是与一般游宴的偶然性、兴起而聚的散漫形式相比，士人交游宴的规律性和周期性往往更强，是士人群体内部相对稳定的聚会饮宴活动类型。

士人交游宴的组织形式相对特殊。参与成员志趣相投，所谓“惟德是依，因心而友”，一群人依照惯例或组织规则集聚，成员之间并非寻常所见纯粹的宾主关系。定期或不定期举办群体性的聚会活动，在这种情况下，宴集仅仅是结社活动的附带内容，是借以交流互动、切磋思想的一种形式而已。

宋代社会，结社十分常见，如曲艺爱好者自发形成的文艺会社，文物鉴定及收藏爱好者组织的镜社，老年士绅群体开设的耆老会，弈棋爱好者举办的棋社，诗词文学喜好者组成的诗社等，诸如此类，各种会社组织名目不一，活动内容丰富。

宋代社会有“举世重交游”的人文风尚，士人群体在社会交往中常常会自发形成各种关系网络。除以上列举所见的交游活动之外，还有科考同榜及第者之间组织的同年会，甚至有一些单纯为了扩大人际关系网络而组织的交游集会活动，也属于士人交游宴的大致范畴。因而，对于此类宴集活动概念的界定，也并非表面上所见的泾渭分明。

文艺雅集　宋代社会，士人以为“朋友之义甚重”，君臣、父子甚至是兄弟、夫妇之间都可以形成朋友之交，是天下之“达道”。[64] 朋友之间以心相交，志趣相投，具有高度的认同感，这种心理属性是促成文艺雅集的一个重要因素。

宋时，文人雅士会聚一处举行丰富多样的文艺活动十分普遍。这种集会活动，常见的有抚琴、弈棋、填词、作诗等。虽然组织形式不一，但是文艺色彩颇为浓郁。仁宗嘉祐年间，洛阳地区有名士十余人，常常会聚一处，分题作诗赋文。每逢旬日，相约会聚于僧寺。有大姓人家李氏慕名相邀雅集，众人欣然前往。每次至其馆舍，主家必备饮食膳馐，殷勤挽留，以至于数日不得离去。一众名士会聚饮宴、吟咏唱和，意趣颇为风雅。

士人潘庭坚性情跌宕不羁，傲侮一世。仕宦福建期间，邀约同社友人痛饮于南雪亭梅花之下。轻风吹落蕊，仿若雪花散漫于前，一时间众人衣装皆染成白色。继而尽去宽衣，脱帽呼啸，极尽快意疏狂情态。北宋初期，名臣钱惟演出身颇为富贵，天性文雅乐善，晚年留守洛阳期间，常常与谢绛、尹洙等众多儒雅文士会聚一处，游宴吟咏，共叙情志。洛阳一带多有水竹奇花，凡是园囿之类游赏胜地，众人皆前往游览，极尽赏玩宴游乐趣。

诗文会社是文艺雅集中的典型。北宋哲宗元祐、绍圣年间，四明一带的文人雅士一度盛行集结诗社。南宋时期，杭州地区著名的西湖诗社，即由一群文士组织建立。该诗社远非其他社集可堪媲美，成员皆由士大夫和寓居杭州的诗人组成，诗社名士辈出。

南宋著名文人张镃出身显赫，系名门之后，以好客而闻名于天下。

每逢天气和畅，花时月夕，必开宴客厅玉照堂，邀约一众文人雅士置酒饮宴欢乐。十数人会聚一处，欢饮浩歌，醉中酣然兴起，唱酬诗歌，或乐府词。作成之后流播开来，一时间传为文坛盛事。

宋时各种文艺雅集活动层出不穷。如镜社即由鉴赏把玩古今各类镜子的爱好者组织的会社团体。宋人王希默一度沉迷于搜集古今善镜，他曾与亲友中收藏异镜者数人往来结交，每隔一天便邀约会聚饮宴，各人展示所藏镜子，相互传玩品评，极欢而罢，乡人因而称之为“镜社”。

南宋著名文人周密等人，曾经组织一个名为“霞翁会吟社”的曲艺会社。会社内成员皆精通音律，趣味相投。盛夏时节，霞翁会吟社内诸人常常选择于西湖柳荫荷盛清凉之处避暑。众人随身携带笔墨、琴弦等物件，放舟于深荷密柳间，歌舞欢畅，酒酣兴起，探题赋词。谱曲成歌，管弦伴奏而成，乐声清婉里情志荡漾。华阳吴拱之与一众友人结成棋酒之社，谓之“太平酒友”。会聚之余纵谑高谈，流连数日毫无倦色，优游于此长达三十年。

同年会聚　宋代科举盛行，由此催生出了“同年”的特别称号。所谓同年，即科考中同榜进士之间的一种互称，亦有年丈、年兄、同年生等其他各种称谓。[65]因此，同年会就是科举考试中具有同年关系的士子之间组织开设的聚会活动。宋人认为，同榜得第之后，同城为官者之间的聚会，也可以视为“同年会”。现实生活中，对于同年会概念的界定并非严格按照此种标准。凡是具有同年关系的人，相互之间组织开设的聚会活动即可视为同年会。

进士及第之后，期集结束一聚而散，之后各奔前程，往往少有会聚。苏东坡与同年王琦一别二十余年，不意再度重逢，欣喜之余不禁感叹“榜下一别，遂至今矣”，[66]字里行间流溢出同年之间不同寻常的深厚情谊。同年聚会具有浓郁的感情色彩，体现出同年之间某种强烈的身份认同。宋朝时期，同年之间宴饮聚会属于十分常见的现象。同年会聚大致有同城为官者会聚、偶遇相会、过境为会、往来互访聚会等类型，都是以同年关系为纽带，集聚交织而形成的一种人际交往体系，相对来

图 3-10　南宋 刘松年《西园雅集图》局部

说比较特殊。

北宋时期，仁宗朝臣、时任枢密直学士的蒋堂出镇余杭，与刘公、关公、葛公、张君等五人共叙同年之谊，相约举行同年聚会。众同年饮宴会聚之余，尚有“唱和同年会谦之诗”流播于民间。范仲淹职守丹阳期间，滕宗谅和魏兼两位同年故旧听闻之后，远道前来造访会聚。宴会上，范仲淹意兴颇高，慷慨赋诗，诗中以“相见乃大笑，命歌倒金壶”“同年三百人，大半空名呼”[67]描写宴会之情形，欢欣之余更多的是感叹物是人非。南宋人陈造是淳熙二年（1175）的进士，曾经作《燕同年序》，详细讲述了与赵公、高邮陈某、唐卿、平阳郑某等同年友人举行的一次同年聚会。酒酣耳热，赵公举杯感言，当年同榜题名一共四百二十六人，距今二十九年，而逝者十八人。在世的散居在天南海北，难得一见。众人感同身受，兴起邀欢取醉，共祝同年情谊。

同年相见难得，会聚一堂更是罕有。因而，常常为同年所珍视，所谓“收科天陛顷同时，回首相欢事亦稀”，[68]“旧怀长惋叹，此会合踌躇”，[69]即是如此。

同年情谊特殊，不同于一般。司马光和范镇同为宝元元年（1038）进士，二人关系密切，诸如朝堂政见之类大事皆不谋而合。仁宗时期朝廷立皇嗣、英宗时期论濮安懿王称号、神宗时期改革新法等，在宋代历史上具有代表意义的朝野大事，二人“言若出一人，相先后如左右手”，真可谓情投意合。司马光一度声称，“吾与景仁（即范镇——笔者注）兄弟也，但姓不同耳”。[70]欧阳修与同年黄注出于机缘，偶遇于江陵，两人相见初不相识，久而握手唏嘘不已。会聚饮宴，夜醉起舞，歌呼大噱，共叙同年之谊。

正是由于同年之间具有特殊情谊，朝廷为了防止同年借口会聚一处而结为朋党，常常下令予以禁止，这也是同年之间难得会聚的一个潜在限制和影响因素。太宗端拱初年，工部侍郎赵昌言、盐铁副使陈象舆、度支副使董俨、知制诰胡旦、右正言梁颢五人旦夕宴集，无有虚日。京师因此盛传“陈三更，董半夜”之语。大约气焰太盛，且不避朋党之嫌，五人因此获罪于朝廷，招致贬黜。

四 共度夕阳晚景：耆老的宴聚

老年士绅组织形成的交游群体即为耆老会。耆老会内部成员大多是地方上具有名望之人，宗族长老、致仕名流、地方遗老等，都是常见的耆老会组成人员。前辈耆年硕德，闲居里舍，放纵诗酒之乐，一时之间传为地方乡里的风流雅韵之事。

宋代社会，耆老会遍布各地，分布相当广泛，并且数量繁多，著名的就有开封、睢阳、湖州、苏州、颍州、衡州、洛阳、江陵、韶州、临安、衢州、鄞县、昌化、合州、庐陵、建阳、莆田、长乐、华亭等多个地区的耆老会社组织。

耆老会组织形成通常有其规律性，诸如年龄相同或者相仿者组成的同甲会，以参与人数为名目组成的五老会、七老会、九老会、尊老会等。宋仁宗庆历时期有吴兴六老会及至和五老会，宋神宗元丰时期有洛阳耆英会、吴中十老会、香山九老会、睢阳五老会及元祐七老会等。

从名称上来看，都是以人数为标准组成。耆老会参与成员之间，一般以宴集为组织形式进行交游会聚，设有会约和参会规则，包括宴集举行的周期及时间在内的具体事宜都有规定。成员之间酬唱往来，赋诗饮酒，闲以谈戏，共享饮宴会聚之乐。因而，颇受赋闲耆老的欢迎。

宋代耆老会遍布各地，以致仕官僚、地方有声望者为核心而组建，兼顾文士及僧道等地方德行出众者。北宋初年，名臣李昉效仿唐朝时期白居易等人组织的七老会，与宋琪等八人组成九老会，众人酬唱往来，自得其乐。宋仁宗庆历末年，朝臣杜衍告老之后，退居于南京，与太子宾客致仕王涣等人组成五老会。五老会内五名成员年龄相仿，皆八十余，众耆老康宁爽健，吟醉相欢，颇受士大夫推崇。宋神宗元丰年间，朝议大夫徐师闵告老退居于苏州，闲来无事，修葺整理园亭，以文、酒自娱。闲暇之余又与元绛、程师孟等人组成九老会。郡守邀请九老会聚于广化寺，大摆筵席，席上徐公起首赋诗，诸公皆属而和之，一时之间传为吴门盛事。

南宋学者龚明之的曾祖父，自都官员外郎分司南京，谢事之后退居家中，以白居易“大隐住朝市，小隐入丘樊；不如作中隐，隐在留司间”诗句为引，建立“中隐堂”。[71] 堂成之后，僚友程适、陈之奇相与从游，白日里互为琴酒之乐，甚至穷夜而忘归。一众耆老吟醉相欢，酬唱往来，逐渐形成地方上特有的风雅盛事，广为流传。

南宋时期，组织耆老会也是十分普遍的现象。宋孝宗淳熙末年，丞相史浩致仕，退居之后年登八十，其女兄八十三岁，四个弟兄皆六十有余，兄妹六人相与组成六老会。史浩等六老会成员闲来置酒高会，饮酒赋诗，兴起时谱曲传唱，箫鼓振作，声名远播。六老会一门同气，六人皆高寿且康健爽朗，会聚饮酒欢乐，朱颜华发，嬉戏如小儿状，乡里亲朋故旧欣羡感慨，以为盛事。嘉定七年（1214），吴炎知兴化军，教化地方崇礼尚贤，命乐工依照古《鹿鸣》音谱谱曲，饮宴乡里，创立了郡学曝书会。虽年老体衰，岁时却不忘休闲自适，与亲朋故旧组成“真率集”，以觞咏琴弈自娱。

两宋时期各地耆老会名目繁多，且分布颇为广泛。众多有名可循的会社中，以富弼等一众名流在洛阳组建的耆英会和真率会最负盛名。

宋神宗元丰五年（1082），朝臣文彦博留守于洛阳，邀请居住在洛阳的士大夫十二人会聚，众人皆是“贤而老自逸者”，共计十三人组成耆老会，相与置酒为乐。会聚之余，更命令福建人郑奂绘制众人聚会之图景，留于资圣院耆英堂，每人赋诗一首。当地人呼之曰“洛阳耆英会”。元丰年间成立的洛阳耆英会，由于成员富弼等人相继离世，加之朝局变动而发生改变。之后，余下众人又改建筹办真率会，成员新旧杂陈。

真率会之得名，缘起于唐时白居易等人在洛阳举行的一系列雅集活动，司马光等人集居于洛阳，想慕前贤风雅韵事，故而组建会社，也命名为“真率会”。真率会内部有着十分明确且细致的聚会规约：“序齿不序官”，宴坐秩序按照宾客年龄大小依次排列；“为具务简素”，会聚饮宴以“简素”为基本原则；“朝夕食不过五味”，宴席陈设食物不超过五道，菜果脯醢之类，各不超过三十器；宴席上酒巡无算，饮酒深浅自斟，主人不劝酒，客人也不推辞避让；遇到席间逐巡饮酒而无下酒菜时，临时提供菜羹不予禁止；召集宾客聚会，所用请柬共用一帖，客人在帖面各自名字下方标注可否赴宴，有人因事确实需要分用简帖者，可以不做约束；“会中早赴不待促”，守约赴会宜早不宜晚；违背以上公约者，每违一条，罚酒一大杯。[72]

司马光曾经记录了真率会成员在西园举行的一次宴集活动，集会中众人用“安”之韵赋诗填词，酬唱往来，相得甚欢。真率会是宋代历史上洛阳地方的一大耆老宴集盛事，为后世史家不断传唱。洛阳耆老诸人组织集会宴乐之事，更为后世所想慕，好事者绘而成图，流传于后世，即著名的《九老图》。

同龄耆老之间还会组成同甲会，同甲，即内部成员之间年龄相同或相仿。如北宋时期，文彦博在留守洛阳期间，就曾集聚司马旦、和煦、席汝言等，寿龄七十八岁者数人组成同甲会。集会上众人各有赋诗，流

图3-11　宋《会昌九老图》局部

传于后世。文彦博亦曾感慨万千，即席作诗，有“清谈亹亹风盈席，素发飘飘雪满肩。此会从来诚未有，洛中应作画图传”[73]之吟咏，对席间诸耆老举杯畅谈、爽朗康乐之情景充满了无限叹赏。

致仕退居官僚、地方绅耆之间也会举行形式不同的聚会活动，更多情况下并无明确的规约组织，相对松散，兴起而聚，兴尽而散，用以消磨闲暇时光，丰富晚年生活。宋初太祖朝名将李谦溥驻守汾、晋二十余年，身经百战，功勋赫赫。晚年退居之后，在汴京道德坊中建立私家宅院，中有小圃，购花木竹石植之。平常闲来无事即邀约朝中士大夫，游宴会聚于其私家花园中，往来交游颇为安适。南宋时期，诗人曾协之祖母雅然好客，亲友宾朋四方会聚，宴享无虚日，安享晚年生活。孝宗朝臣单夔之母叶氏，晚年居住于杭州，母子欢欣怡愉，杜门宴乐，“以宠禄满盈为戒”。[74] 叶氏次子自平江奉祠而归，闲居八年，闲暇之际则会聚亲朋，饮酒相乐，融融泄泄。延陵吴夫人，年老体衰不再过问家事，常于亲友会聚之时饮酒啸歌，怡然自得。

以上诸种休闲宴集活动，都属于耆老晚年闲来无事消遣时光的一种方式，也是其晚年日常生活的重要组成部分。

图 3-12 南宋 刘松年《西园雅集图》局部

第四章　宋代宴会中蕴藏的饮食文化

宴饮聚会不仅仅是表面所见单纯的饮食活动，蕴含于其中的饮食文化内涵也十分丰富，不容忽视。宴会作为一种饮食文化形式，与美学、营养学、烹饪技艺、宗教学、伦理文化等诸多方面有着千丝万缕的联系，既承载和体现着这些文化现象，又深受其影响。

饮食文化具有地域化和群体化特点，甚至时节不同，食材不同，所呈现的饮食文化也有所区别。诸如此类，在各种主客观因素的综合作用和影响下，宋代以宴会活动为主要形式的饮食生活丰富多彩，展示着属于这个时代特有的饮食文化风尚与社会生活画卷。

第一节　饮食中的审美风尚

宴饮聚会活动与日常三餐饮食相比更显正式，宴席丰盛、礼仪周到，也是东道主礼遇宾朋的一种表现。无论宴席装饰布置、饮食搭配、餐具选择、歌曲舞蹈等方面，还是宴会进度安排、席间娱乐互动等都要有所考量，如此才能达到饮宴娱宾的良好宴请效果。以上种种，无一不关涉丰富多彩的饮食文化。

一　良宴之具：宋人宴饮聚会中的饮食器具

宋代社会，世人宴饮聚会对于餐饮器具有一定的要求。社会上更是有“饮必有器，其来尚矣”[1]、“金碗玉杯，良宴之具也”[2]的说法，充分说明器具对于饮宴活动的重要作用。

宋初，真宗皇帝召见朝臣鲁宗道，侍人遍寻不着。之后，鲁宗道匆匆赶来面见皇帝，解释其中缘由，表示家中有亲戚来访，特意在街市酒楼设宴进行款待，以至于耽搁了面圣时辰。鲁宗道还坦言：“臣家贫无器皿，酒肆百物具备，宾至如归。”[3]不仅说明酒楼茶肆为民众日常饮宴聚会提供了相当的便利，同时也反映出世人对于宴饮所用器具相当重视的事实。

宋代，社会上常见的饮宴器具种类不一。单从材质上来看，就包含木器、陶瓷、玉器、漆器、金属、琉璃、玻璃、玛瑙等多种类型。

中国古代社会等级森严、礼节繁缛，国家对于各种器物的规制和使用都有着相对严格的要求，宋代也不例外。宋仁宗景祐三年（1036），朝廷就明确规定，凡是器用，禁止表里涂抹朱漆、金漆，不允许以红色为底衬。非三品以上官员、宗室、皇亲国戚，禁止使用金棱器。使用银器，则禁止涂抹或鎏金色。玳瑁酒食器具，非皇宫大内一律禁止使用。纯金器具，只有被皇帝赏赐者方可使用。但是朝廷类似法令规范，在实际生活中却显示出明显的约束力不足，实际实施效果更是不尽如人意。

世人日常生活中所见违规使用器物的现象比比皆是。北宋中期，著名学者李觏曾经揭示，当时社会金银器物、饰品等“翕然用之，亡有品制”，越是财力雄厚的家庭，越是如此。甚至是日常玩好之具，也是“或饰或作，必以白金”。[4]并且该现象举天下皆然，而非一时一地所特有。无独有偶，朝臣包拯也曾指出，工匠为百姓铸造日常使用的器皿时，存在“故违条制”的普遍现象。

总体看来，宋代国家颁布的与日常器物之使用相关禁令中，以销金禁令最为典型。销金是指用黄金加工制作工艺物品或涂抹金粉以装饰器物。宋代国家销金禁令颇为常见，但是除北宋前期得到较好的执行之外，北宋仁宗朝以及南宋中后期销金十分活跃。

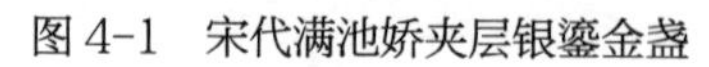

图 4-1　宋代满池娇夹层银鎏金盏

图 4-2　北宋莲花式银碗

在宋人日常饮食生活中，金银材质饮食器具属于较为珍贵的品类。在《史记・孝武本纪》中，方外人士李少君就以养生为由，对孝武帝特别强调，“黄金成以为饮食器则益寿，益寿而海中蓬莱仙者可见，见之以封禅则不死”，[5]着重宣扬以黄金作为饮食器皿能够延年益寿、长生不老，渲染、夸大了黄金食器的功效。

宋人日常生活中，以黄金之类珍贵金属作为饮食器皿，具有宣扬身份地位、炫耀财富、满足审美需求等多种功效。这一时期，社会上包括富贵之家在内以金银作为饮食器皿者比比皆是。宋徽宗政和年间，童贯恩宠隆盛，受徽宗皇帝赏赐宅第。都城豪宅落成之后，童贯在新府第大摆筵席以示酬谢。宴席上，凡是果碟、酒杯等饮食器物，起先以银制，其次是金器，再以玉器，席间所见器物造型和工艺堪称奇绝精巧，为一众与会嘉宾“目所未睹”，宴会排场极为豪奢。饮食器物还有以白金制成者，著名朝臣范镇之子范百嘉，宴饮款待宾客之际就曾使用白金器皿，也是相当引人注目。

图 4-3　行春桥魏三郎匠刻款双夹层牡丹纹鎏金银盏

北宋时期，京师开封城里市面上的大型豪华酒楼，为了招徕往来食客进店消费，普遍使用银质饮食器皿。宋仁宗景祐年间，朝廷特下诏令，玳瑁器物“非宫禁毋得用”，[6]其材质之珍贵可见一斑。类似珍贵材质在宋代还有很多。宋徽宗政和年间，府畿、汝蔡一带地方所产的玛瑙，被宫廷器物制造官署尚方用来制造宝带、器玩等。[7]南宋时期，国家太平无事之际，富贵之家多用乌银仿造江䗆壳，外表有类似的细纹且颜色十分逼真。每逢宴饮会聚之际，主家则拿出此类器物招待宾朋亲友，颇为引人注目，可谓富贵之极。宋人诗词中所吟咏的“金杯浪翻江，铜盘光吐日”，[8]则再现了宴席上使用金杯和铜盘之类饮食器皿的生动场景。

图 4-4　花口银盘

图 4-5　鎏金水仙花纹银碗

宋代社会，陶瓷、漆器比较寻常，是世人宴饮会聚、日常饮食中使用较为普遍的饮食器具。

图 4-6　青白瓷莲纹温碗酒注

图 4-7　青白瓷托盘

张泌原本是后主李煜的旧臣，在宋太宗执政时入职史馆。平日张家有不少亲旧食客聚集门下。对此，太宗皇帝颇为疑虑。一日，在张家宴饮款待宾客之际，太宗暗中遣人将客人所用食物取来查看，但仅仅是一些粝饭菜羹，且饮食器具“皆粗璺陶器”，[9]太宗看后自此释怀。陶质器皿相对来说比较低廉、朴素，是寻常所见的饮食器物。张家待客用此等低廉食器和粗粝食物，就消除了太宗的猜疑。

宋初，朝臣梁迥以阁门使的身份出使江南，此人贪得无厌，“冒于货贿，诛求无度”。[10]江南地方贡献的时果等食物，凡是以金银杂宝为器物盛装贮存者，梁氏悉数收留，而用陶器、漆器为之者，则退还不用。与金、银之类珍贵器具相比，陶、漆材质器皿的低贱一目了然。吴越地区民众崇尚华靡，积习成风。宋真宗景德年间，王济知任杭州期间，躬亲示范，用瓦缶、木勺作为饮食犒设器皿，试图改变当地崇尚奢靡之风气，以期呈现质朴民风。然而，此举却遭到了当地吏民私下里的讥笑与嘲讽，奢靡之风短时期内难以改变。

图 4-8　南宋漆钵

漆器是宋代社会较为常见的饮食器皿。当时还有所谓的绿髹器，真宗朝臣王钦若家饮宴款待宾客时喜好使用一种绿髹器，“每为会，即盛陈之”。绿髹器原本出自江南地区，形制颇为朴素。宋仁宗庆历年间以后，浙中开始大批量地制造，一时之间相当盛行，逐渐成为大众化的饮食器具。仁宗朝宰相杜衍，平日里饮宴会聚宾客时，席面上大多使用髹器。对此，有坐客当面感叹：“公尝为宰相，清贫乃尔耶？”面对此种情形，碍于颜面，杜衍便当即命令侍人换取白金器皿，并且向宾客解释，并非家里没有贵重饮食器具，只是“雅不自好耳”。[11]不难看出，漆器也是饮食中所用相对低廉的器物。

瓷器与陶器、漆器类似，亦属于低廉食器。宋仁宗天圣年间，士大夫饮宴会聚宾客，颇为崇尚质朴。宴饮中食物仅仅包括脯、醢、菜羹之类，饮食器物则使用瓷器、漆器等普通器皿。饮食中常用的瓷器并不贵重，一直到南宋时期，寻常所见瓷制器皿，依旧是当时社会比较普通的材质类型。陆游就曾指出，耀州所产的青瓷器，当时称为“越器”，与余姚县所产的秘色瓷颇为相似。但是，相比较而言，耀州青瓷器从品相上来看，极其粗糙，品质不佳，只有市面上的酒楼食肆看重其耐久性强而普遍使用。

琉璃器皿在宋代尤其是南宋时期并不算稀罕。南宋人戴埴指出，琉璃属于自然天成之物，彩泽光润，品质在众玉之上，但是其色泽不常。《魏略》中即记载，大秦国出绿、缥、青、绀、赤、白、黄、黑、红、紫等十种颜色的琉璃。

南宋时期，社会上常见的青色琉璃大多是销冶石汁，并用多种颜料药汁灌注而成的人工合成品，并非出自天然。此种琉璃器物始于北魏，由月氏人贩卖到京城。月氏人擅长铸石为琉璃，因此大量采矿铸造琉璃器物，自此琉璃器物“贱不复珍，非真物也”，[12]经历了由贵重到低廉的变化。

美食自然还需美器盛。无论如何，众人宴饮会聚之际，宴席上所用饮食器物之材质与规格，不单单是东道主家庭财力和社会地位的一种体现，更是主人热诚与否的重要反映，某种程度上甚至可以说是体现主人与宾客之间关系的一种显著标志。

图 4-9　北宋刻花蓝色玻璃瓶

宋真宗朝宰相丁谓，在身份显达之前，曾经去拜访一位胡姓邑宰，受到胡氏的饮食款待，礼遇非常。次日，胡氏再次邀约宴请，寻常所用的樽、罍之类饮食器物悉数不见，宴席上只留有陶器。丁谓见了之后失望至极，以为受到了主人厌弃，决定辞别离去。临行前，胡氏前往送别，拿出银器一箧赠送，解释家里素来贫寒，“唯此饮器，愿以赆行”。[13] 丁谓至此才明白饮宴器物更换成陶器之缘由，一时之间相当惭愧。

宴饮聚会中使用不同材质及档次的饮食器具，在彰显主人家资丰俭之外，更是对客人尊重与否的一种态度表示。宋徽宗宣和六年（1124），朝臣徐兢一行出使高丽，在一次宫廷接待宴上，所见宴席陈设“悉皆光丽”。宴客堂上施设锦茵，两廊则铺陈缘席，宴席上果蔬丰富精致，大多已去皮核。食物除了羊、豕之外，以海鲜居多。为了显示清洁卫生，桌面上还覆盖着一层纸。饮食器皿以涂金、银居多，而当地尤以青陶器为贵重，显示出高丽一方相当热情的待客之道。

宋代社会，民众对于饮食器物的讲究，不仅表现在材质上，对于器物本身的造型设计也是相当用心。古人以饮器大者为“武”，小者则曰“文”。随着时代的不断发展，不同时期人们所使用和推崇的饮食器具，其造型及规格也有所变化。

图 4-10　宋代景德镇窑青白釉刻花注壶、温碗

唐朝元和年间，人们使用的常见饮酒器具中，酌酒用樽杓，就是数千人共用一樽一杓来舀酒，也丝毫不会遗漏。之后，酌酒又开始使用酒注子。酒注子形状类似于罃，盖、嘴、柄一应俱全。太和九年（835）以后，富贵人家去掉手柄而加装提梁，比茗瓶稍小，称为“偏提”。[14]唐代元和年间酒器的使用及变化发展以便捷为宗旨，是为适应民众使用之需求而生。五代宋初，荆南地区人们崇尚使用一种瓷器，高足，公私宴会上竞相使用，时人谓之“高足碗”。[15]北宋仁宗时期，人们豪饮多使用焦叶盏和梨花盏，其造型也是相当别致精巧。

图 4-11　高丽青釉花鱼纹花形瓷盏托

宋徽宗朝，为了庆贺皇帝圣节，百官入内上寿，圣节大宴上所见的酒盏“皆屈卮如菜碗样”，[16] 并且带有把手。为了体现尊卑有别，大殿上使用纯金酒盏，而廊下则用纯银酒盏，盛放食物之类的饮食器具皆是金银镀漆碗碟，同样极为精巧。

南宋一次宫廷内宴，孝宗皇帝与臣子宴饮欢庆。宴席上以金缶贮酒，倒入金屈卮，又以玉小碟盛放枣子，用金绿青窑器，承以玳瑁托子，器物陈设令人耳目一新。大体上来说，为了体现皇家宴会专属的豪奢与气派，宫廷御宴上所使用的饮食器皿大多为材质贵重、民间罕见且造型别致精巧者，闪耀着华贵气息。

南宋时期，辰州地区居住的五溪蛮会聚饮酒之际，左右通常各摆放一个酒缶，用藤吸取酒液，名曰“钩藤酒”，属于一种特别的饮酒方式。宋代社会，各类器皿制作相当精巧别致，不单单体现在饮食方面。对此，明代名臣王鏊就曾在《震泽长语》中感慨道，“宋民间器物传至今者，皆极精巧”，[17] 是对宋代器物制作工艺和匠心运用的极大肯定，也从某个侧面反映出这一时期以饮食器具为代表的世人审美需求和特殊的

图 4-12　北宋鎏金葵花式银杯

图 4-13　十曲银盘

图 4-14　宋代如意云纹银经瓶

图 4-15　登封窑白釉珍珠地划花双虎纹酒瓶

品位追求。

除了以上所见各类饮食器物之外，日常生活中为宋人所喜好并推崇者还有很多，不乏别具一格者。其中，尤以荷叶杯最为典型。

荷叶杯即以荷叶作为酒杯，以荷叶杯饮酒属于一种颇为奇特的饮酒方式。这种饮酒方式不仅仅流行于宋代，早在唐朝时期就受到人们的喜爱。唐时，靖安人李少师喜好在夏季暑热天气里临水设宴，以荷为杯，满酌密系，持近人口，同时以筋刺之，一饮不尽则重饮，因而称为“碧筒”。

苏东坡也曾提及唐代以碧筒饮酒之事，指出唐人以荷叶为酒杯饮酒，谓之“碧筒酒”。不过，东坡所讲的碧筒饮酒方法与靖安人李少师临水设宴以荷叶饮酒稍有区别。饮酒之际，摘取大莲叶摆放于砚格之上，盛酒二升，以簪刺破荷叶，使荷叶与莲柄相通，之后将莲叶茎朝上轮囷如象鼻一样呈弯曲状，传吸饮酒，名为“碧筒杯”。用荷叶盛装酒水，再以莲叶之茎秆吸取酒液，酒味杂和莲叶的清香气息，“香冷胜于他酎”，因而一时之间受到世人的广泛追捧，“历下皆效之”。[18]

东坡曾作诗回忆一众友人泛舟会聚的情形，有“碧筒时作象鼻弯，白酒微带荷心苦”[19]的描述，生动呈现了众人船宴之际摘取荷叶作为酒杯，纵情饮酒欢乐的热闹场景。以荷叶为杯饮酒，志趣颇为高雅，因而备受世人的追捧，一直到元朝时期依然不乏以碧筒饮酒者。

图 4-16　清光绪年间粉彩荷花吸杯

据元人陶宗仪回忆，众人饮宴会聚于松江泗滨夏氏清樾堂之上，饮宴过半，酒酣耳热之际，摘取盛开的荷花，将小金卮摆放于荷花中，命歌伎捧荷花行酒。宾客取下歌伎手中的荷花，左手执枝，右手分开花瓣，以口就饮。陶宗仪认为以此种方法饮酒，“其风致又过碧筒远甚”，因而美其名曰“解语杯”。[20]

除以荷叶饮酒之外，其他别出心裁的饮酒方式亦是层出不穷。据传，谢奕礼平日里并不嗜酒，一日，书余琴罢，一时兴起，命左右从人剖取香圆为二杯，雕刻花纹为饰，温热皇帝赏赐的御酒用以劝客畅饮。如此之法，则此酒清芬，“使人觉金樽玉斝皆埃溘矣”，[21]取香圆的清香气息，再搭配酒水的馨洌，具有绝妙的观感、口感体验，因而给人以极其深刻的印象。

二　饮食之外好意趣：宴会环境的营造

宴饮会聚相较于日常三餐饮食而言，更能彰显蕴含于其间的某种仪式感。宴客环境的影响力丝毫不亚于席间美食、美器所带来的感观体验。因而，这就对饮宴宾客所处周边环境提出了一定的要求和标准。

宋朝时期，世人对于宴客环境的营造同样十分用心。具体而言，常见宴请环境的布置细节涵盖焚香燃烛、设置屏风、挂画插花等相关内容。此外，宴客地点的选择及周边环境的呈现也会对宴请宾客的实际效果产生一定的影响，尤其是气氛、心情的影响。

因此，从某种角度上来说，宴饮环境的营造就显得十分重要。当然，宴饮状况的具体呈现，又与东道主、赴宴群体甚至是宴请性质和目的有着千丝万缕的联系，同时还受经济条件、文化发展水平、区域风俗习惯等外部因素影响，不能一概而论。

焚香燃烛　宋代，人们对于日常所见香料最普遍的称谓是香药。香药包括寻常熏燃装饰用香以及具有医疗实用价值的香料。关于香药，宋人陈敬指出，香品种类繁多，其中，“有供焚者，有可佩者，又有充入药者”，[22] 大致上以熏香及入药为主要用途。因而，从这个意义上来说，香药既是“香”，又具有“药”的价值，日常所见实际使用效果之区别一目了然。

中国香药的使用历史颇为悠久，并且具有某种神圣性。对此，古人有云，“香之为用，从上古矣。所以奉神明，可以达蠲洁”，[23] 即明确了香的奉神价值。宋代社会，出现了大量与香药相关的书，根据时人所撰写的《香谱》《证类本草》《诸蕃志》《陈氏香谱》等文献记载，当时常见的香药就包括沉香、乳香、苏合香、麝香、檀香、丁香、木香、藿香、茴香、龙涎香、龙脑香、胡椒、光香、芸香、没药、十里香、栀子、金颜香、荜澄茄等。香既可以成香，也可以入药，因而有“香药”之称。

宋代以前，香料的使用与消费大多数情况下属于富贵阶层的专利。宋朝时期，随着海外贸易的日趋发达，香药成为国家大宗进口货物，带来了相当丰厚的利润。“宋之经费，茶、盐、矾之外，惟香之为利博”，[24] 即是这种现象的一个反映。因而，当时社会上还流传着钱宝与香货“所以助国家经常之费”[25] 的说法。

随着进口量的日益增多，香药也进入百姓生活，成为一种常见的消费品，构成日常生活中不可或缺的重要物品。这一时期，香药的加工、制造、贩卖及使用也是相当繁盛，逐渐形成了一种香药产业，与饮食业、酿造业、医药业、化妆业等相关产业紧密相连，对宋人社会生活产生深刻而广泛的影响，实在引人注目。

图 4-17　宋代香篆

宋朝时期，熏燃可用的香料种类繁多，常见的就包括麝香、茅香、木樨香、甲香、艾纳香、甘松香等三十多个品种。[26] 宋人陈敬在《陈氏香谱》中指出，香料或出于草，或出于木，或出于花或实，或出于节或叶，或出于皮或液，又或借助人力煎和而成。有采自天然者，也有人工合成者，总体上都是供人们熏燃、佩戴、入药等。值得一提的是，虽然宋代社会香药的使用日趋普遍，并且逐渐成为一种大众化的消费产品，但是，对于普通民众而言，饮食、医药等领域具有明显实用性的消费才是日常消费的主体。

为了对周边环境进行装饰而熏燃香料，是一种相对时尚和奢侈的做法。与医药、饮食等常见实用性消费有所不同，香药消费本质上属于享受性消费，消费群体多为富贵阶层，宴饮会聚中焚香用以装点席面更是如此。所谓“香者，五臭之一”，“非世宦博物，尝杭舶浮海者不能悉也”，[27]即强调了世宦、航海者、博物强识者等群体和阶层，才会对香料有较为全面的了解和认识，也从一个侧面反映出以世宦为代表的富贵阶层，日常所接触的香料品种较全面，使用频率相对而言较高，远非一般人群所能比拟。

图4-18　宋《听琴图》(局部)焚香场景

对于香料的使用，苏东坡在《与章质夫帖》中曾说，“公会用香药，皆珍物”，即强调了公务宴会上所用香料异常珍贵。而到了南宋时期，宴饮聚会用香日益扩展开来，不单单是官方宴会上，私人聚会也不断出现熏燃香料者。南宋人戴埴就曾称，“今公宴，香药别卓为盛礼，私家亦用之”，[28]香药使用范围相对来说更为广泛。时人周密也曾指出，“今日燕集，往往焚香以娱客”，[29]宴饮聚会上熏燃香料逐渐为世人所接受并且蔚然成风。

宴饮会聚中使用香料以增添欢愉气氛，带给宾主双方嗅觉与精神的双重享受。不仅如此，熏燃香料娱宾遣兴之余，又是彰显东道主待客热诚及财富地位的一个重要标志，因而颇受富贵阶层喜爱。

宋代宫廷中，香料除了在饮宴中使用之外，还是皇家赏赐臣子的重要物品。北宋哲宗时期，一度筹办修缮上清储祥宫，宫中专门命令宦官数人着手完善。为了犒劳修缮诸人，宫中更是三日一设宴。宴席也是相当丰盛，此外，旁边还陈列有香药等各类珍贵物品。众人公食餐饮结束之后，必有御香、龙涎、上尊、椽烛、珍瑰等物品赏赐。宋徽宗时期，皇宫内熙春阁下摆放着十余座大石香鼎，徽宗皇帝宴饮会聚于此处，常常用这些大石香鼎熏燃香料。所用香料香氛浓郁，香烟蟠结可达数里远，有临春、结绮之意。

到了南宋时期，宴饮会聚中使用香料的现象逐渐普遍起来。需求的日趋旺盛，更是催生出了与香料使用相关的商业化行业。临安城里就有承办宴请聚会的商业组织，即四司六局，其中还设有香药局，专门负责掌管龙涎、沈脑、清和、清福异香、香垒、香炉、香球、装香簇烬细灰，以及效事听候换香等一系列相关事宜。宋代著名学者周去非还介绍了一种与笺香类似的香料——光香。光香大块如山石枯槎，气粗烈如焚松桧。桂林地区的民众供奉神佛、宴请宾客多用光香。

南宋初年，咸阳人钱氏游学，途中经过鄠县一大户人家，受到主人的热情款待。宴席上灯烛辉煌，杯盘罗列，轻歌曼舞，气氛热闹，相当动人耳目。宴饮中熏燃所用的香料更是佳品，香气氤氲里更得宾主尽兴之意。宴席散场之后，钱氏所穿衣服上余香依然芬馥不散，至“经月乃歇”。[30]不难想象宴请所用香料之多，并且极有可能是珍品，属于常见香品之外质量极佳者。

南宋人张镃出身富贵，曾经邀请众人宴饮会聚。宴设排场盛大，名为牡丹会。宴席上，一众宾客款曲甚欢，同时室内还不断熏燃香料。卷帘之间，异香自内喷涌而出，香气郁然，满座喷香。众多歌伎舞罢，翩然退场，乐声靡靡不绝。片刻之后，复又垂下帘子，宾主谈论自如。良久，香起，再次卷帘如前。仅仅用于宴饮助兴的歌鬟、舞伎、乐人就达百十人。宾主尽欢、宴席散场之后，一应娱乐助兴人员皆列队送客，场面相当壮观。此次牡丹会，宴席布置奢华而不失精巧特色，烛光璀璨、香雾芬郁、歌吹杂作尽呈，席面热闹，新意迭出。香气氤氲里更是熏染得一众宾客神思恍然，仿若步入仙境云游一般，娱宾宴客效果显著，可谓豪奢之至。宋人诗词中诸如“长乐花深春侍宴，重华香暖夕论诗”，[31]“鼎实参差海陆兼，炉烟浮动麝兰添”，[32]即再现了当时社会世人宴饮聚会之际，沉浸于香气氤氲里的惬意与欢愉。

如果说宴席上熏燃香料款待宾客，属于一种相对奢侈的做法的话，那么燃烛烧灯以供照明则是一种必需，特别是在夜宴上。画堂深处，银烛高烧，灯火荧煌里宴饮欢乐，酒酣耳热、杯盏交错之际更得宾主尽欢的良好宴饮效果，所谓“还有野歌随拙舞，肯教庭炬彻明红”，[33]就极其鲜明地表达了此种欢欣与沉醉状态。

南宋宁宗朝权臣韩侂胄，曾经于私家园林中夜宴宾客。夜间园林中

图 4-19　矾楼夜市图景

殿岩用红灯数百盏进行装饰，绕过园中桃坡之后，则用无数蜡烛照明。在此种布置之下，整个园林灯火通明，彰显出来自富贵豪奢人家的特有气派。与寻常所见动辄数百盏灯烛照明的奢靡做法相比，在蜡烛里添加香熏燃料，即当时所谓的香烛，则更显豪奢特质。

南宋前期，秦桧当权之际，四方馈遗供奉不断。一日秦府宴请宾客，宴席上异香满座，众人仔细观察，方才察觉异香出自所燃蜡烛，颇感新奇。进献这种香烛的官员，据说是广东经略使方滋德。方氏为了迎合权臣秦桧，在蜡烛中添加香料，成品仅有五十支，属于当时名副其实的“限量珍品”。

宋徽宗政和、宣和年间，河阳制造的花蜡烛为朝廷贡品。皇宫中有人认为此种蜡烛无香，略显不足。思量之下，将龙涎、沈脑屑等名贵香品灌注于蜡烛之中。排列成两大行，有数百支之多。殿廷在几百支灌香蜡烛的照耀下，“焰明而香滃，钧天之所无也”，灯火辉煌，香气氤氲，十分奢华。而到南宋高宗皇帝建炎、绍兴年间，宫廷中已经是“久不能进此”，[34]此种灌香蜡烛变得稀缺至极。唯有在皇太后寿宴上才能见到灌注香料的河阳花蜡烛，只是与昔年徽宗时期的豪奢灌香蜡烛相比，规格已经是大不如前，仅能陈列十数支蜡烛而已。而据皇太后本人回忆，徽宗时期，宫廷每夜常设数百支灌香蜡烛，后宫中诸阁嫔妃无一不是如此。高宗听闻之后，感叹不已，愧不如前，徽宗时宫廷奢侈华贵之态可见一斑。

宴饮聚会熏燃香料，为富贵阶层所推崇，尤其是贵重的香药，绝非普通家庭所能够承受。例如，占城所产的一种栈沉香，其中的贵重品类甚至能与黄金等价。当时社会诸类香料中，以龙涎香最为珍贵。广州当地的市场价格显示，一两龙涎香达百千钱，次等龙涎香要价也达五六十千钱，属于蕃中禁榷之物，是市面上不常见的珍贵香料品种。

宋徽宗宣和年间，宫廷中推崇奇香异品，包括广南笃耨、龙涎、亚悉、金颜、雪香、褐香、软香等品种。其中，笃耨香分为黑、白两种类

图 4-20　宋 佚名《夜宴图》局部

型，黑笃耨每次进贡可达数十斤，而白笃耨则仅有一二斤。进贡的笃耨香专门用瓠壶盛装，此香“香性薰渍，破之可烧”，因而又称为“瓠香”。笃耨香十分珍贵，白笃耨每两价值高达八十千钱，而黑笃耨每两也要三十千钱。[35]宫廷之外，倘若有人偶然获得笃耨香，则以为珍异也，故该香远非寻常香料品种所能比拟。

即使是寻常普通的香料，与日常生活用品相比，价格也极高。例如，宋神宗熙宁十年（1077），朝廷规定，乳香每斤一贯三百二十二文，而熙宁八年（1075），苏州地区的米价则是一斗五十文至八十文。宋仁宗皇祐年间，一般情况下，市场上常见的中等香每斤三贯多。对比之下，香料的市场价格与大米价格的悬殊一目了然。[36]饮宴会聚中熏燃所用的香料一般数量不少，更不用说还有珍贵的品种，远非一般家庭所能承受和负担，总体上属于奢侈性消费的范畴。

当然，也应该注意到，饮宴熏燃香料虽然较为奢侈，但是香料作为日常生活中的物品，自然也有贵贱之分。土产与舶来品、价格与产量、社会需求与个人喜好等主客观因素，都会对香料的价值、使用范围、消费数量等产生直接而深刻的影响。民众日常生活中，富贵人家宴饮会聚自然是香雾芬郁，终日不绝。但是，普通香药品种也能够进入寻常百姓家，不尽是用于诸如宴饮会聚之类排场豪奢的熏燃。

日常生活中所需的香药品种并非想象中奇巧难得的奢侈品。宋代社会，除龙涎香、笃耨香、龙脑香、沉香等名贵香料之外，大部分香药如乳香、麝香、丁香、没药、胡椒、木香、藿香等是宋人日常生活中常见的香药，社会消费量比较大。[37] 另有瑶英香、胜古香、正德香、清观香、木片香等品种，也是南宋绍兴、乾淳年间为世人所追捧的热门香料，兴盛一时。

还有一些本土所产的香料品种。例如朱栾，人们采摘之后放在桌前案头，时间稍久，就会散发出兰花草一般的清雅幽然的香气。朱栾花的香气尤为馥郁芬芳，当地人采花蒸香，制成香药，即为本土常见的香品，不足珍贵。还有一种泡花，南方人称为柚花，每年春末时节盛开。此花蕊圆，白如大珠，绽放开来，形状犹如茶花。这种柚花气味清芳，与茉莉花、素馨花的香味颇为相似。番禺人采柚花蒸香，风味超胜，但品类却是颇为寻常。

北宋时期，都城汴京御街朝南去，过州桥所在街市的诸多铺面中就有李家香铺、香药铺等店铺售卖香料。南宋时期，临安街市的酒楼里还有一些老妪提携小炉炷香，进店零售，谓之“香婆”。售卖的各类香药中，有制成品青皮、杏仁、半夏、缩砂、豆蔻、小蜡茶、韵姜、砌香、橄榄、薄荷等，在酒楼客人饮宴餐食之际兜售，价格并不十分昂贵。中秋时节，御街上的香药铺子铺设货物，各类香品应有尽有，夸多竞好。杭州城里各类杂卖汇聚，其中就有专门供应香印盘的商业承包服务，各自包揽下几户固定的“铺席人家”，每天前去印香，到月底收取请香钱。宋代社会，香料的使用逐渐扩展开来，除去某些名贵香品之外，日趋成为大众消费品，丰富了人们的日常社会生活。

唐朝时期，香药的使用常见于宫廷内苑和士大夫群体，是富贵阶层的一种特殊雅好，也是较为时尚的装点方式。而在广大普通民众的日常生活中，更多情况下则是以饮食、医疗的消费方式呈现，所见香药品类相对有限。时代发展到宋朝，香药的使用范围大大扩展，并且逐渐趋于大众化，这种变化与宋代海上丝绸之路的繁盛有着千丝万缕的关联。

图 4-21　宋代汝窑淡天青釉弦纹三足樽式炉

宋代国家“江海求利，以资国用”，海外贸易发展繁盛，而香药作为一种天然材料，对自然生长环境有所要求，所谓“中土所产者少，必常取给于外”，大多依赖外方“进口”。因此，当时“海舶往来，每多香药”，[38] 香药作为宋代国家进口贸易货物中的大宗，为民众日常社会生活提供便利的同时，也改变着社会物质文明和文化生活样态。宋朝时期，从海外进口的众多香料品类中，以龙脑香、龙涎香、沉香、乳香、蕃栀子、耶悉茗花、木香、蕙陆香、蔷薇露等九种香药为主要类型。所涉及的主要贸易国家和地区包括大食、浡泥、交趾、天竺、三佛齐、阇婆、占城、真腊等。[39] 其中，大食在宋代海外香药贸易中占据举足轻重的地位。

图 4-22　宋代串枝纹银花熏底

大食国所产的香药品类十分丰富，涉及的众多香药就有乳香、龙涎香、木香、丁香、肉豆蔻、安息香、芦荟、没药、血竭、阿魏、蔷栀子、蔷薇露等。此外，真腊、阇婆、占城等国也是宋朝重要的香药贸易对象，每年供应不少香药，由舶运进入宋境。真腊进口的沉香、笃耨香、黄熟香、金颜香、苏木等香品较为典型，而阇婆的檀香、丁香等品种也不逊色。另外，占城出产的生香、麝香木、沉香之类香药也很常见。[40] 宋代进口香药，以三佛齐国作为南海地区的贸易集散地，往来贸易十分频繁。由此看来，宋代社会人们宴饮聚会中香药的使用日益常态化就显得比较合理了。

珍贵罕有的香药品种涌入富贵家庭，作为一种奢侈品被消费和使用，而普通的香药品种也能够进入寻常百姓之家，或是熏燃，或是食用，或是药用，日趋成为广大民众日常生活中的一个必要组成部分。无论贫富，日常都可见使用香药的痕迹，在香气氤氲里天然形成独有的时代文化韵味，更为宋人的社会生活带来了一抹亮丽的底色。

图 4-23　老虎洞窑青釉瓷樽式炉

宋代宴饮用香的普遍发展，除了受香药贸易繁盛的因素影响之外，社会浓郁的文化氛围、民众趋于雅致的生活品位与审美需求，又是另外一个不容忽视的重要原因。中国古代社会，香药被赋予了某些神圣的特性，除了供奉神灵、佛庙，进行祝祷之外，也是人们用以陶冶情操、熔炼心性的必备辅助物品，即如黄庭坚所谓“一炷烟中得意，九衢尘里偷闲”。[41] 人们在追求香药所带来的诸多实用功能之外，更开辟出了一些全新的使用价值，希冀借助香药提升个人品位，疏阔情怀，净化心灵。如此，香药又变得不可或缺起来。

陆游写过一曲《焚香赋》，文中极力抒发熏燃香料产生的诸多感悟和体验，坦言“方与香而为友，彼世俗其奚恤”，以焚香自适，“洁我壶觞，散我签帙”，烟香缭绕中“非独洗京洛之风尘，亦以慰江汉之衰疾也”。[42] 陆游认为香药能净化神思、陶冶心性，赞赏欣叹之意油然而生，一派彬彬雅士的幽然形象伫立眼前。

宋人追求雅致的生活品位和自身特殊的审美需求，对宋代社会香料的使用或多或少也产生了不容忽视的影响。这一点，从人们使用的香料品类中可见一斑。宋徽宗宣和年间，宫廷中熏燃的香料品种不乏一些奇异绝妙者，如雪香、褐香、软香等，就是其中知名度较高的品类。单单从这些香料名称上来看，香芬的清韵雅致已是相当不凡。

南宋时期，光宗皇帝闲暇之余，对诸色香品特别留意。当时有一种香，以占腊沉香为本，掺杂龙脑、麝香、薝葡之类，合和奇香，号曰"东阁云头香"，稍次者则曰"中兴复古香"。此种香药"香味氤氲，极有清韵"，[43]颇为雅致。宋代宫廷中所使用的各类香料，是富贵阶层熏香之品位高雅的典型体现，因而颇为后世所艳羡，称赞之人多见诸史册。明人谢肇淛就曾感慨，明朝时期流传下来的仅有龙涎香，而宋人当时使用的诸多香品，例如瓠香、猊眼香等，如今"皆不知何物"，[44]言语间流露出无限思慕与慨叹之意。

当然，正是大量香药的进口，为宋朝时期人们的生活品位和文化意趣之提升，提供了一个契机。反过来，为了追求更高的生活质量和个人品位，迎合这一时代特有的审美需求和文化意韵，人们对香药的使用需求量也随之增大，又促进了香药的大量进口。二者相互作用，以香药为纽带共同演绎着属于宋代社会独特的生活风采。

挂画插花　宋时，人们饮宴聚会时对饮宴场所进行装饰属于十分常见的现象，也是时代发展过程中形成的一种礼俗风尚。宋诗中有一首《夜宴曲用草窗韵》颇为典型，集中展现了夜宴之际众人把酒言欢的热闹景象，对于夜宴环境的描写更是相当精彩。诗中有"博山飞香霭空绿，大菊杯心凸金粟。百幅罘罳障夜寒，歌台小妓吹横玉。兰堂画烛如椽粗，楚腰魏鬟娇相扶"[45]等吟咏，展示了包括障夜寒之屏风、盛罗天酥之犀盘、如椽粗之画烛、飞香霭之博山炉等在内的环境布置。

夜宴之上宾朋满座，席间杯行如飞箭，宾主在笛声悠扬里尽情享受欢宴带来的无限乐趣，尽兴而散，月色朦胧里醉饮归去。整体看来，夜宴场景中流溢着诗情画意，折射出宋代社会人们对宴饮环境的整体营造

图 4-24　胆瓶

与布置风格精致而不失韵味。

宋朝时期，为了迎合广大民众对于饮食环境的消费需求，街市上所见酒楼的布置同样十分用心，极尽装饰之能事。北宋时期，都城汴京城里的熟食店内流行张挂名人字画，用以“勾引观者，留连食客”，是招揽生意的一种常见手段。即使是普通的酒馆，如瓠羹店，店铺门前通常也会用枋木搭建，状如山棚。店铺近里，门面窗户，个个都是朱绿装饰，力求给人以耳目一新之感。这一时期，汴京城里酒楼以装饰取胜的莫过于孙家酒楼。孙家酒楼诚信经营，不欺诈来客，尤其是整体装饰布置颇为新巧雅致。内部张挂图画于墙壁之上，几案上陈列书史，作为雅戏之具，细节设置品位不凡，大受食客欢迎，以至于“人竞趋之”，孙氏因此获利丰厚，遂开正店“渐倾中都”。[46]

图 4-25 《清明上河图》中的正店

南宋时期，临安城里有专门负责提供公私各类宴会服务的商业组织——四司六局。四司六局内部设有帐设司，具体职责为负责宴会场所的整体布置，如设置桌帷、帘幕、搭席、罘罳、屏风、簇子、画帐、书画等。另外，还设有排办局，掌管挂画、插花、拭抹、扫洒、打渲、供过等宴饮相关事宜。服务周到细致，为这一时期杭城民众开展宴席提供了相当的便利。从四司六局所提供的一系列服务内容，可以清晰地看出世人对宴饮环境及整体布局的设置需求。

杭州城里酒楼、茶楼之类饮宴去处，喜尚装饰一新，插四时花卉，张挂名人字画，装点店面。即使是普通的酒馆也设有专门的厅院廊庑，陈设小巧精致，客人可随意挑选入座。吊窗之外，花竹掩映，垂帘下幕，周边环境营造得舒适惬意。宾客即便饮宴至达旦，也不会有厌怠之感。为了满足不同的宴饮需求，大型的酒楼设置更是不同寻常。酒楼之上，酒客坐所各有小室，谓之“酒阁子”，[47] 类似于包间，方便私人宴饮。一般的乡村野店，也力求“栋宇整齐窗户明”，对饮食环境的营造同样丝毫没有懈怠。

图 4-26　宋代钧窑月白釉瓶

整体看来，宴饮会聚之际，插花、挂画、设置屏风等，是宋代社会较为常见的装饰手段。南宋时期，楚州知州孟氏在元夕之际宴请宾客，为了应节令时景，以通草编制梅花，缀于桃枝之上，仿真寒梅插于两铜壶中，装点席面。南中有一种石榴花，四季常开。夏天结果，深秋时节又复开花结果。果实挂满枝头，颗颗罅裂，而旁边依然花开红艳，灿然夺目。当地人折来这种特别的挂果花枝装饰盘筵，极可玩味。

图 4-27　宋人居室插花所用胆瓶与颈瓶

设置屏风也是宋人饮宴聚会中颇为常见的装饰方式。屏风的设置，通常具有掩映宴饮周边环境的独特效果，尤其是进行室内装点，立体而不失神秘美感。

北宋真宗时期，藩邸旧臣张耆在显贵之后于私第大宴宾客。宴会上，罗帷翠幕，稠叠围绕，华美而奢侈。南宋高宗绍兴末年，宫廷内常见使用小竹编联笼，"以衣画风云鹭丝作枕屏"，号曰"画丝"。此种设计充满了巧思，引得宫廷外民众纷纷效仿，竞相仿照宫廷画丝的样式进行制作、装饰。平常宴饮会聚之际，将这种屏风置于酒席之侧，以障风，在野外郊游时又便于围坐，一时间受到人们的追捧，时人改其名曰"挂罳"。[48] 挂罳因此日渐风靡，成为人们宴饮会聚之际常设的装饰物件。

关于挂罳之名称及由来，宋人叶寘在《爱日斋丛钞》中进行了详细介绍，指出这种饰品原本属于一种步障，俗名曰"画狮"。实际上就是围屏，主要用于日常装饰，大致有画狮、挂丝、浮思、罘罳、丝网等不同的名称。挂罳从字面意义上来看，"二字从网，有网之义"。从形制上来看，或"以丝挂于竹骨之上"结网代之，或"刻镂物象，著之板上"，或"编竹交加，几类网户"，制作手段、具体形状、装饰细节等虽然略有区别，但实际用途却是一致的，即装饰宴饮场所，给人以美观之感。

南宋后期，贾似道当权期间，有一王姓官员进献螺钿桌面屏风十幅。十幅屏风上各画贾氏所做具有标志性的盛事，同时，又各自附文进行赞颂。这十幅桌面屏风格调迥异，各具特色。其中，着意刻画的贾氏十件标志性盛事，包括"度宗即位""鄂渚守城""南郊庆成""月峡断桥""草坪决战""鹿矶奏捷""安南献象""川献嘉禾""建献嘉禾""淮擒孛花"等，屏风制作工艺精良，设置巧妙。贾似道见到之后大喜，十分满意，每逢宴请宾客之际，必设此屏风于厅堂之上，颇为引人注目。

宴饮环境的营造　宋时，人们对于宴饮环境的要求，不单单体现在周围环境的布置与装饰上，宴请地点的选择同样受到相当的重视。一众宾客宴饮会聚，不同风格和特色的地点，譬如郊野林泉、园林苑囿、酒楼茶肆、私家别院、宫廷殿堂等，所具有的整体意象和给人的感受迥然相异。因此，难免会对宴坐宾客的心情和宴会气氛产生或多或少不同程度的影响。

宴饮作为一种群体性的聚会活动，既具有休闲逸乐的性质，又是日常社交不可或缺的重要方式。不论出于何种缘由，既然着意邀请亲朋故旧等参加宴会，必须尽量布置周全，宴席丰盛、杯盘整洁、环境清爽，甚至受邀宾客之间相处欢洽等，都是需要考虑的因素。宴饮活动结束之际，宾主能否尽欢而散，既是宴会成功与否的重要标志，也是体现主人宴请态度热诚与否的重要方面。从宴饮活动的设置细节中还能够看出东道主自身所拥有的经济条件、格调品位、社会地位、社交能力等。综合以上诸多因素来看，宴请环境的选择和设置也就显得相当重要了。

唐朝著名诗人张籍曾作诗回忆清明时节在雨中与友人饮宴于西亭的情形，诗中有言："惜花邀客赏，劝酒促歌声。共醉移芳席，留欢闭暮城。"[49]饮酒赏花之际尽享闲适畅爽意趣。类似唐人这种雨中宴乐的闲适情致，同样受到宋代民众的喜尚。关于此，宋人诗词中不乏书写和吟咏，诸如"缭墙深，丛竹绕。宴席临清沼"，[50]"林下开前圃，花间撤亚枪。二疏良宴会，老杜好篇章"，[51]生动再现了人们饮宴中的闲情逸致，尤其是对周边环境的着墨颇多。相比较而言，更多了一份潇洒惬意姿态，而这种情境的营造又与饮宴地点的选择、周边环境的设置和呈现有着密切关联。

与文人雅士的雅致情趣相比，普通百姓对饮宴环境的设置和要求更为质朴。但是，若条件允许，大多不会忽视对宴设环境的营造，总体上亦是力求舒适，甚至景致优美怡人，"会良朋，逢美景，酒频斟"[52]是较为基本的要求，整体布置以宾主尽兴为主要目的。

南宋前期，有布衣张氏，不求官进，只是开辟樊圃沼泉为游亭闲馆，园内杂植花草佳木，闲来无事时置酒游乐以娱宾客。新州城中地域狭窄，当地居民多搭建茅竹之屋。有一士子在城郭附近建造花圃，创为一堂，前后分为两庑，颇为简约，每每延请过客游宴于其中，共

图 4-28　宋《文会图》局部

赏美景，尽享其乐。侍宦杨延宗，将其居处进行改造，广种松竹花木，兼有闲适意趣。闲暇之余，邀约一众亲朋饮酒会聚其中，赋诗以乐。会稽所在的天宁观，有一个何道士，喜好栽花酿酒，闲来延请宾客。以上宋人对于饮宴周边环境的营造，平凡质朴中透露着难得的志趣与品位追求。

富贵人家对于饮宴环境的营造与追求，不单单是景致优美、奢侈华丽，还需要意境旷远、充满情调、自然融洽。宋代社会最能体现这种意象的莫过于在园林中宴设，这也是促进宋代园林艺术发展与兴盛的潜在重要因素之一。

宋时，洛阳园林之盛闻名于天下，有“名公卿园林，为天下第一”

的美誉。北宋人李格非在《洛阳名园记》中记录了洛阳地区的众多著名园林，闻名遐迩者就有十九处之多。因而，当时社会上流传着“天下之治乱，候于洛阳之盛衰；洛阳之盛衰，候于园圃之兴废”[53]的说法，其园林兴盛之极可见一斑。众多名士、公卿士大夫常常会聚或定居于此地，山水园林自然景观之外又赋予了洛阳地区极其浓郁的文化氛围和人文气息。园林汇聚之处，众人徜徉于山水林泉、亭台楼榭之间，或品评文章、议论时事，或把酒言欢、赋诗填词，或悠游山水、赏景怡情，尽兴归处，常常饮宴会聚，樽俎流传之间共享良辰美景。

宋神宗元丰年间，董氏以财力雄厚而闻名于洛阳，在当地建有东西两座园林。西园亭台楼榭所到之处繁花似锦、草木荫蔽，掩映之间尽显园林之幽美意境。自南门入园，西一堂有竹林环绕，中有石芙蓉，流水自其花间涌出。园中清幽而富有意趣，敞开轩窗，四面开阔，即使盛夏燠暑天气，也是绿荫蔽日，清风忽来，留而不去。园中幽禽间鸣，各夸得意，视野所及美不胜收。后有留守喜宴集于此处。除了董氏园林之外，另有富郑公园、环溪等都是当时洛阳著名的园林。各个园林建造精巧，别有洞天，无一不以景致优美、意境高雅而取胜，一时之间声闻于世。

这一时期，能与洛阳地区园林景观相媲美者莫过于江浙一带园林。宋仁宗嘉祐年间，欧阳修为僚友出守杭州而作《有美堂记》，其中提及杭州乃朝廷公卿大臣、四方游士会聚之所在，山湖美景形胜，亭台楼榭并陈。感叹僚友到达杭州，能够与一众公卿士大夫、四方游士“相与极游览之娱”，[54]游赏宴乐之余尽享山水美景，艳羡不已。

杭州之外，苏州园林亦是为世人所津津称道者。苏州地区有著名的南园，园内古木参天，粗壮皆可合抱，流水奇右参错其间，为最胜处。王禹偁为长洲令时，无日不携客醉饮于此园中，颇为享受。另有木兰堂，尤以景色秀美、环境清幽取胜，此园多为太守宴游之地。范仲淹有诗曰：“堂上列歌钟，多惭不如古。却羡木兰花，曾见霓裳舞。”[55]赞赏的便是木兰堂之秀美景象。不难想象众人把酒言欢，尽享美酒佳肴、乐舞歌吹的欢乐场景。

隐圃也是当时苏州较为著名的园林之一。该园是一蒋姓官员致仕之后，在苏州颐养天年之际所造，作园名曰“隐圃”。园内造景设计极佳，尤其是岩扃、水月庵、风篁亭、烟萝亭、香岩峰等处更是极登临之胜。蒋公喜好会聚宾客，“日为宴会”，与宾朋好友畅游园内，闲适安然，消遣晚景余生。

除苏杭等地园林之外，时人所建其他园林美景亦相当丰富，其中不乏突出者。如南宋宁宗庆元年间，周密在吴兴居处建设大型园林，精心打造，前后历时达十四年之久。建成之后，园内“匠生于心，指随景变”，整体上包括东寺、西宅、南湖、北园等多处景观别苑。其中，北园专门用于“娱燕宾亲”。园内所见红莲、芙蓉、梅花、青松、修竹等草木花卉择地而植，情致韵味各有千秋，环境布局雅致优美，不失为一处饮宴休闲的绝美胜地。

宋代园林景观的缔造，是以士大夫为代表的广大民众对周边生活环境的无限探索，也是这一时期世人审美需求与生活品位的一种反映。刘复生先生在《插图本中国古代思想史・宋辽西夏金元卷》中指出，宋人对园林环境的缔造追求宏大、幽邃、工巧、闲古、湖泉、坡亭六者的完美结合，体现了士人欣赏富于自然风貌的精神情趣。[56]日常社会生活中，将这种精神情趣和审美标准赋予饮食活动，尤其是宴饮会聚环境之缔造当中，则具有意想不到的良好饮宴效果，受到士大夫的喜爱与推崇。

当然，宴饮地点和环境的选择又与个人志趣密切相关，即使是在同一园林之中宴饮会聚，也有着截然不同的感观体验与意趣风味。刘辰翁作过一篇《贺造花庵启》，较好地诠释了这一时期士大夫对于宴饮会聚和环境缔造两者之间完美结合的深刻体验：

> 深岩绝岫，曾闻竹径之通；小圃层坡，近有花庵之创。何心机之巧运，与智匠以精营。春则桃李覆檐，夏则楦榴映室，秋则芙蕖绕径，冬则梅竹横窗。其余百卉之骈罗，未可一名而概尽。

燕游其下，满身红影交加；高卧其中，扑鼻清香旖旎。是为乐事，可乏庆仪？约诗友以携壶，期心朋之览胜。座间行令，任情摘取以传枚；月下醉归，乘兴折来而簪帽。时不可失，檄以偕行。[57]

刘辰翁浓墨铺陈花庵之内优美意境，四时景致不同，良辰美景难负。赞赏之余极力描述宴游花庵之乐趣，有满身红影交加、扑鼻清香旖旎之佳境，亦有樽俎流传、摘花传枚的热闹与欢畅。因而，他在文末欣然慨叹，约诗友以携壶觞，醉卧花荫的爽透情趣跃然纸上，花木森然中众人饮宴欢笑的生动场景更是呼之欲出，令人欣羡不已。此种情怀与宋人诗词中“轻舟弄水买一笑，醉中荡桨肩相摩。归来笛声满山谷，明月正照金叵罗”，[58]“携琴傍松径，置酒俯莲池”[59]的意趣追求颇为契合。

宋时士人对饮宴环境的缔造与追求，集中体现在园林造景与构造艺术上，极力营造出自然天成的景象与意境，置身其中，宛若置身于山林郊野，鸟语花香、林泉叮咚里演绎着来自宋人内心深处理想的生活画卷，投射出宋代人精致典雅的审美情趣，对生活充满了艺术化的无限追求与想象。

三　宴会中各具特色的美酒佳肴

宴饮会聚不仅仅是一种饮食活动，其还有丰富的美学意义。一场成功的宴会，呈现给与会宾客的包含味觉、嗅觉、视觉、听觉等各种综合感观效果，在美酒佳肴中共享盛宴，在歌舞娱乐里把酒言欢，是涉及饮与食双重考量的重要会聚活动，更是对烹饪技艺、装饰美学的实践与考较。

著名饮食文化研究学者林永匡先生就认为，宴饮实践，既能使参与者亲身感悟独具东方特色的中国饮食智道的包容性、唯美性、精粹性，又可体察蕴含在食色食香中的自然情趣，蕴含在食味食声中的人生美韵，蕴含在食享食用中的宴乐怡情，蕴含在食形食器中的时空意境。

它不仅使天人美韵、人与自然的和谐关系得以生动再现，而且使中国饮食文化与自然美学、社会美学、伦理美学、工艺美学的内容更加丰富多彩。[60] 从这个角度来看，宴饮活动又是对宋代社会世人审美意趣的一种生动诠释，集中体现着时代发展过程中，社会物质文明与精神文明深刻影响之下，人们对饮与食的双重标准与要求。

唐朝时期，诗歌中所展示的诸如“秦楼宴喜月裴回，妓筵银烛满庭开。坐中香气排花出，扇后歌声逐酒来”，“凤凰鸣舞乐昌年，蜡炬开花夜管弦”，“瑞雪初盈尺，寒宵始半更。列筵邀酒伴，刻烛限诗成。香炭金炉暖，娇弦玉指清。厌厌不觉醉，归路晓云生”[61] 等宴饮场景，很好地传递出唐时人们对宴饮活动的环境营造与艺术追求。宋人诗词中的相关描述，同样给人以耳目一新的感官体验，如“画堂深处，银烛高烧，珠帘任卷。香浮宝篆，翻舞袖，掩歌扇。看兰孙桂子，成团成簇，共捧金荷齐劝”，[62]“宝篆烟消香已残，婵娟月色浸栏干。歌喉不作寻常唱，酒令从他各自还”[63]，在歌吹舞蹈、美酒佳肴、焚香燃烛等的点缀之下，饮宴气氛活跃而和谐，宾主欢畅其中，尽得其乐。

在《水浒传》第二回《王教头私走延安府，九纹龙大闹史家村》中，有一段关于宴饮场景的详细描述，提及徽宗皇帝尚在潜邸为端王之时，王都尉府大摆筵席相邀。端王排号九大王，是个难得的聪明俊俏人物，更善琴、棋、书、画、踢球、打弹、品竹、调丝等才学技艺。为了更好地招待这样一位特殊宾客，都尉府的宴饮设置也是极尽精致与奢华。端王赴宴之际看到的一应摆设也给人留下极其深刻的印象。宴席上所见美酒佳肴应有尽有，水陆两呈，酒进数杯，食供两套。着墨更多的则是饮宴陈设细节，宴席美食、美酒、美器、美人充斥眼帘，舞姿曼妙，笙歌萦绕，一派华贵富丽中尽得欢宴意趣。但见“香焚宝鼎，花插金瓶”，听得“仙音院竞奏新声，教坊司频逞妙艺”。宴席上有“水晶壶内，尽都是紫府琼浆；琥珀杯中，满泛着瑶池玉液”之美酒佳酿，有“玳瑁盘堆仙桃异果，玻璃碗供熊掌驼蹄”之山珍异味，有“鳞鳞脍切银丝，细细茶烹玉蕊”之餐点汤饮，席畔更有

“红裙舞女，尽随着象板鸾箫，翠袖歌姬，簇捧定龙笙凤管”。乐声袅袅中佳人捧杯在侧，正是“两行珠翠立阶前，一派笙歌临座上”，[64]目力所及，恰似仙履胜境，点缀得如梦似幻，宾主欢洽，妙不可言。

宋代社会宴饮会聚，为人们所喜爱和推崇的正是环境与气氛的完美融合，两者是否完善融合也是检验宴席设置是否成功的一个重要标准，又是考验和观察东道主热诚与否、与会宾客身份地位尊卑区别的潜在因素，更是这一时期社会经济与文化发展水平的集中体现。宴饮之设最基本的功能即满足众人口腹之欲，因而，美食是否精巧就成为衡量与会宾客对宴席满意与否的重要标准。设宴主人也会尽量用各种美酒佳肴吸引宾客，以尽东道主之谊。

食物　一般情况下，凡是设宴款待亲朋好友，都需要主家事先进行精心筹备。既然是集体饮食活动，席间所列食物自然要比寻常家居一日三餐讲究许多。因而，宴席上能够引起宾客注意甚至是赞赏的美食大都是精心准备、稀有罕见的品类，或具有某些特别之处，或是滋味绝佳，或是造型新颖别致，或是烹饪技艺高超，或是食材珍奇精巧。总之，能带给宾客深刻的感官印象和饮食体验。

苏东坡在黄州期间，有位何姓秀才居家设宴相邀，宴席上有一道做法独特的果子，味美且酥脆，颇得东坡的喜爱，以至于在何家宴会结束一段时日之后，东坡依然对此道美食意犹未尽，并作小诗一首含蓄讨求酥脆果子。诗中有“已倾潘子错著水，更觅君家为甚酥”一句，[65]对果子的酥脆味美赞不绝口，委婉表达讨求的意愿。

宋人周密回忆，有人在宴席上以糟蟹、馓子相搭配作为下酒菜来款待宾客。与之类似的，有溆浦地区的富人杨氏，宴客之际竟然以蟛蜮、馄饨相搭配。在席面常见饮食之外，将两种风格迥异的食物组合搭配，确实能起到博人眼球之效果，“真可作对也”，可谓奇绝一双。

这一时期，由于受到食物储存及保鲜条件的限制，设宴款待宾客，以食材新鲜、味道醇美取胜者往往会受到特别的关注。北宋时期，宋真宗朝臣丁谓当宰相期间，生活颇为讲究。曾经凿池养鱼，鱼池表面以木板覆盖。每当以池鱼设宴邀请宾客，都要等到一众宾客登门之后，方才迅速拿掉木板捕捞鲜鱼以斫脍。开席之后，席面上的诸多肴馔“珍异不可胜数”，不但食材新鲜绝美，而且烹饪颇有妙方，菜肴滋味更是鲜香无比，令一众宾客回味不已，成为人们茶余饭后津津乐道的一件趣事。[66]

唐朝时期，宫廷御膳中有一道“红绫饼餤”颇受重视。光化年间，朝廷得新科进士一共二十八人。在曲江盛宴上，唐昭宗令大官特别制作二十八个饼餤赏赐各新科进士。卢延让亲尝过皇帝赏赐的“红绫饼餤”，后入蜀为学士，颇为蜀人轻视，遂作诗云:“莫欺零落残牙齿，曾吃红绫饼餤来。”前蜀末代皇帝王衍得知后，命供膳，也以饼餤为上品，以红罗包裹。直到北宋后期，川蜀地区的民众还擅长制作饼餤，同样以红罗包裹，在公厨大宴上将饼餤设为席间第一道食物。传承之间，饼餤作为一道美食，其特殊象征意义已经远远超过了食物本身所具有的果腹价值。

宴席上的食物，除精致美味之外，视觉上的享受和刺激也是一种潜在的考虑因素，尤其是相对讲究的宴设更是如此。宋代社会，人们饮宴之余，宴席上有时还会陈设一种装饰物品，或是食物，或是用品，即所谓的“看菜”，类似于一种礼仪菜式，在餐食之外专门用于装点席面。

在盛大的宫廷御宴上，陈设的即有看食、看菜。孟元老在《东京梦华录》中就描述了北宋时期宫廷中举行的皇家寿宴上陈设的看菜。席面上，每分列环饼、油饼、枣塔为看盘，次列果子。为了表示对辽朝使节的特殊礼遇，又额外增添猪、羊、鸡、鹅、兔、连骨熟肉等餐食，以小绳束缚，作为看盘摆放。南宋时期，人们饮宴会客，于席面肴核之外，或别具盛馔，或馈以生饩，或代以缗钱，非食物。杭州城里的酒楼，客人刚刚入店坐定，酒家招待人员便先下看菜数碟，在询问过客人所需酒水菜品多寡之后，便将看菜撤除，更换好菜蔬。当然，这种做法并不十分普遍。有些外来人士不懂杭州城当地的饮食习俗，见店员端上一应看菜，即下筷来吃，常常被酒家人哂笑。

“看菜”之举，起源于一种古老的礼仪。对此，宋人赵与时在《宾退录》中记载：“享有体荐，宴有折俎。”其中，“体荐”是“爵盈而不饮，肴干而不食”，祭祀中用于“训共俭”；宴席中“折俎”，所设置的“物皆可食”，用来“示慈惠”。以上从古礼来看，世人宴饮会聚，席面上设置的“折俎”，仅仅是一种仪礼化的象征，所设的食物都可以食用。后人继承了在席间设置“折俎”的做法，但是曲解了古礼的本意，取舍有所变化，只看而不食，反而与古礼中所谓的“体荐”之“爵盈而不饮，肴干而不食”之意义趋同。因而赵与时颇有感慨，认为此举近于古礼之“体荐”，而举世却称其为“折俎”，恰好与《左传》《国语》中原本的规范礼仪意义背道而驰，属于今人不解古意的一种典型表现。[67]

常见食物品类及烹饪方法之外，宴席上最夺人耳目的，莫过于对食物进行装饰、雕刻等富含艺术性的装点技艺。此类美食餐肴往往集色、香、味、形态于一体，用意、造型无一不新颖独特，在常规饮食之外独辟蹊径，形成了味觉与视觉上的强烈冲击与独特体验，自然也就显得格外亮眼。

宋代著名文人梅尧臣，其亲戚家有一名心灵手巧的女子，具有“点酥为诗”的独特本领，甚至能够用酥点滴成花、果、麟、凤等各类造型，样样精妙无双，技艺超群。亲戚家宴请宾客，席面上常常由其来装饰餐盘，相当出彩。吴兴地区，民间习惯以脍为盛馔。为了使菜品更加精致，厨师往往会将鱼肉裁红缕白，鱼片成之后铺成花草鸾凤或组成诗句辞章，在常规饮食之外充满了设计技巧，颇具创意。

传说有一个比丘尼名为梵正，厨艺相当精湛，尤其擅长烹饪造型奇巧的食物。烹饪时，擅长用炸、脍、脯、腌、酱、瓜、蔬、黄、赤杂色，制成仿真园林小景。如果宴席上就座的宾客有二十人，就会将每位宾客的席面餐盘装成一景，合成“辋川图小样”，类似于食物雕花与拼盘之类的手艺绝活。

图 4-29　河南登封高村宋墓甬道壁画中烙饼图

图 4-30　河南偃师酒流沟宋墓厨娘砖刻

图 4-31　河南偃师酒流沟宋墓妇女斫鲙雕砖

此处提及的辋川，即为陕西蓝田地区的一种特有景观。辋川所在山川汇合犹如车辋，以景色优美闻名于世。唐代著名诗人王维、宋之问都曾将所居别墅创建于此处。王维曾经将辋川别院景观画下来，所涉景物就包括辋水、华子岗、孟城坳、辋口庄、文杏馆、斤竹岭、木兰柴、茱萸沜、宫槐陌、鹿寨、北垞、欹湖、临湖亭、栾家濑、金屑泉、南垞、白石滩、竹里馆、辛夷坞、漆园、椒园等，一共有二十一处。在临摹绘画的同时，又与友人裴迪赋诗，以描述别院的各个景观，真可谓“诗中有画，画中有诗”。如此看来，比丘尼梵正在宴席上所做的仿真餐点美食“辋川图小样”，大约就是取自王维画作中的辋川二十一景，以画取景而制成餐食，点缀席面，心灵手巧，充满了巧思与智慧。

前文述及，南宋高宗绍兴年间，大将张俊在府第大摆筵席招待高宗一行。席面奢华无比，其中就包括各种雕花美食。从食单上来看，仅雕花蜜煎就包含雕花梅球儿、红消儿、雕花笋、蜜冬瓜鱼儿、雕花红团花、木瓜大段花、雕花金橘、青梅荷叶儿、雕花姜、蜜笋花儿、雕花橙子、木瓜方花儿等品类。

总体上看来，对食材进行雕刻装饰，甚至是设计为席面上的看菜，属于相对奢侈、讲究的做法，是超越食物常规果腹功能的另辟蹊径的小巧思。而以各种奇巧造型取胜的烹饪技艺的展示，除夺人耳目之外，更多的则是对食物的极大浪费，不为世人所提倡和普遍接受。司马光就对此种行为深恶痛绝，曾经借一则典故进行了批判。该典故讲述了一位迂叟与人讨论衣食“华而不实”之事：

> 迂叟曰：“世之人不以耳视而目食者，鲜矣。”闻者骇曰：“何谓也？”迂叟曰：“衣冠，所以为容观也，称体斯美矣。世人舍其所称，闻人所尚而慕之，岂非以耳视者乎？饮食之物，所以为味也，适口斯善矣。世人取果饵而刻镂之，朱绿之，以为盘案之玩，岂非以目食者乎？”[68]

以上故事中，司马光假借迂叟之口进行了十分直白的批判，对社会上存在的超越衣服蔽体保暖、食物果腹充饥的基本功能与需求，盲目追求时尚、华而不实之陋习进行了深刻的讽刺，并且认为“取果饵而刻镂之，朱绿之，以为盘案之玩”的奇巧做法属于“以目食者”，仅仅是为了满足人们的视觉享受以及对食物的某种猎奇心理，不值得提倡，言语间更是充满了强烈的劝诫意味。

这一时期，宴席中还经常出现一类添香食物，也是颇为精巧。在常见饮食中添加香药，改善原有的口感，形成一种新的味觉享受。在宋代，人们宴请宾客，席间以添香食物进行款待属于常见现象。上述张俊府第招待高宗皇帝的宴席中，就有十分丰富的添香食物。在食单中，专门设有“砌香咸酸一行”，所呈食物就包括香药木瓜、椒梅、香药藤花、砌香樱桃、砌香萱草拂儿、紫苏柰香、砌香葡萄、甘草花儿、梅肉饼儿、姜丝梅、水红姜、杂丝梅饼儿等。另外还有“缕金香药一行”，包含的食物有脑子花儿、甘草花儿、朱砂圆子、木香、丁香、水龙脑、使君子、缩砂花儿、官桂花儿、白术、人参等。从以上所见的各种食物名称来看，大多数都属于添香之类的饮食。

南宋时期，杭州城里街市上的酒楼中，常年售卖一些食用香药、香药果子等添香食品以飨顾客。宋光宗绍熙年间，广东番禺的海獠会食，将鲑鱼炙、粱米糁合到一起，合而为一，再点洒一些蔷薇香露，撒上冰脑食用，充满了浓郁的地域色彩，属于食物添香的一种典型做法。

酒饮　宴饮聚会，美酒佳肴是热诚款待宾客的必备饮食。尤其是酒，宴客时酒的重要程度丝毫不亚于美食给一众宾客带来的感观体验。除此之外，酒还对活跃和调节宴会气氛具有不容忽视的重要作用。宋时就有所谓“祭祀、宴飨、馈遗，非酒不行”[69]的说法，是酒在社会生活各个领域中扮演着不可替代角色的绝佳反映。

宋代以前，社会上为人们所熟知的各类名酒就已经十分丰富了。宋人陈郁曾经介绍不少地域名酒。例如，酒有箬下，谓“乌程”也；九酝，谓“宜城”也。还有品类不一的地方美酒：千日，中山也；葡萄，西凉也；竹叶，豫北也；土窟春，荥阳也；石冻春，富平也；烧春，剑南也；桑落，陕石也。除此之外，乌孙出产有一种“青田酒”，名曰“青壶”。还有以特殊饮酒方式命名的美酒，如前文所述，盛暑三伏天里，人们摘取莲叶，卷酒就莲柄吸吮饮用的“筒酒”。以黄柑所酿之酒，曰“洞庭春色”。另外，陈郁还特别强调，以上各类酒大多数是“古人名酒者也”，即宋以前闻名于世的美酒品牌，其中还不乏一些流传于后世的酒。

唐朝时期也有众多为人所熟知的美酒品类。唐朝人李肇在《唐国史补》中提及了名目繁多的盛世名酒，主要包括郢州之富水，乌程之箬下，荥阳之土窑春，富平之石冻春，剑南之烧春，河东之乾和葡萄，岭南之灵溪、博罗，宜城之九酿，浔阳之湓水，京城之西市腔，蛤蟆陵之郎官清、阿婆清，等等。还有一种名为“三勒浆”的酒，据传该酒的酿造工艺出自波斯。所谓的三勒浆，即包含庵摩勒、毗黎勒、诃子等三种酿造原料，类似于一种果子酒。总而言之，流传于各个地方的区域名酒种类十分丰富。

唐代酒品众多，口味不一，风格各异。人们对于酒的喜好与要求也是各不相同，但为后世所流传者并不是很多。宋代著名文人陆游曾经指出，唐人喜爱的赤酒、甜酒、灰酒，即唐诗中吟咏的所谓“琉璃钟，琥珀浓，小槽酒滴真珠红”之赤酒，“荔枝新熟鸡冠色，烧酒初开琥珀香”“不放香醪如蜜甜”之甜酒，“酒滴灰香似去年”之灰酒。但是，随着时代的发展，到了宋代，以上提及的赤酒、甜酒、灰酒已经“皆不可解”。[70]

宋时，酒文化同样辉煌灿烂，也有数量相当可观的各色名酒。这一时期，地方上拥有名目记录的各类名酒就有将近 300 种之多，各地酿酒业十分发达。[71] 当时社会盛行的美酒名称也颇具特色，如香泉、天醇、香琼、香桂、琼酥、柏泉、瑶波、琼花露等，凸显出酒的醇美、香浓，犹如琼浆玉液，这大概就是古人赋予美酒“玉友”之美誉的一大原因。

有些酒名称还具有浓郁的地域特色，例如，出自成都府的特有名酒锦江春、浣花堂、郫筒酒等。南宋时期，高宗身为太上皇期间，宫廷中酿造的御酒名曰“蔷薇露”，赏赐大臣的则谓之“流香酒”，酒户们“分数旋取旨”，[72] 相当于限量酿造的珍品。蔷薇露和流香酒在社会上日渐风靡，成为南宋时期杭州地区的特色知名美酒。

宋人叶梦得还曾提到一种名为“白堕”的特色美酒。相传，白堕原本是一名酿酒师傅的名字。河东有人名为刘白堕，尤其擅长酿酒。酒酿成之后醇美绵长，即使是盛暑天气里将酒暴晒在烈日下，搁置十天半月仍然不坏，在当时可谓酒中之佳品。白堕酒在当时还被人们誉为“鹤觞”，意思大约是其可千里遗人，如鹤一飞千里，是馈赠亲友的佳品。

又或曰之“骑驴酒”，大约是指以驴载之缓缓而行不必担心酒变坏，也可能是意指骑行旅途中方便携带或者是旅行必备的一类酒品。总之，都是人们对白堕酒的一种赞赏和美誉。

宋代，不乏刘白堕之类以精于酿酒而著称于世的匠人。北宋时期，建州人张进是朝廷酿造官署内酒坊的一名酿酒师傅，擅长酿酒。张氏所酿之酒味道醇美，虽然品质在官定法酒之下，却依然受到当时喜爱饮酒之人的普遍欢迎，张氏也因此名留史册。

苏东坡也曾沉迷于酿酒之事，对于酿造技术和方法有所探究。在黄州之时，他曾亲自动手酿造一种蜜酒，可惜蜜酒酿成之后品质却不甚佳。此酒“饮者辄暴”，即意指东坡酿造的蜜酒类似于下蜜水而腐败者，整体品味起来相当难喝。此后在惠州期间，东坡对于酿酒之意兴丝毫不减，又尝试着酿造一种桂酒。桂酒酿成之后，闻起来大抵类似于屠苏酒。后来有人出于好奇，按照东坡给出的酿酒秘方进行酿造，然而成功的概率极低。

针对苏东坡酿酒屡屡失败之事，宋人叶梦得有自己的一番理解。叶梦得认为，东坡的酿酒方法未必不佳，但是东坡本人性子稍显急躁，不能静下心来按照酿酒的节次和步骤施行。而好事之人慕东坡之名前来讨得酿酒方，仅仅是沽名钓誉而已。他进一步指出，美酒酿成的关键在于酒曲。酿酒如果没有酒曲，又如何能够成为酒酿呢？倘若酿成之后又不是常见的桂酒滋味，倒不如用蜜糖浸渍木瓜、山楂、橙子等果品进行制作，如此也能可口，不必非得与酒酿相同。总之，是“土俗所尚”导致的，实际上“欲因其名以求美”，[73]所谓酿酒之意不在酒的品质，而在于借东坡之名成就其美，盲目追求之下酒质不佳在所难免。

后世还流传有《东坡酒经》，其中所记载的酿酒秘方中，苏东坡谆谆教导世人该如何酿造出美酒。酿酒秘方各个步骤和内容记载得相当详细，涵盖酒曲的选择、酿酒材料的配比、酿造时间的把握、适宜的温度条件等，悉心介绍了各个酿酒环节。只是东坡酿酒方的实际可操作性却无从知道，是否亦如蜜酒、桂酒之类品质欠佳，后人也就无从知晓了。

南宋著名诗人范成大，曾经受朝廷派遣出使金朝，受到金方的宴请接待。范成大在金朝宫廷中的接待宴席上品尝到一种特别的美酒，号曰“金兰”。金兰酒酿造技艺和取材十分讲究，乃是汲取燕山西部金兰山的泉水酿造而成，酒味与品质堪称上乘，属于金朝的特有美酒。此后，范成大经年念念不忘。后来，范成大在桂林品尝到一种当地的美酒，名为“瑞露”。此酒“尽酒之妙，声震湖广”，[74] 与金朝宫廷中的金兰酒相比较，其名声远播，知名度更胜一筹。瑞露酒属于帅司公厨酒，桂林经抚所衙署前有井，井水十分清冽甘醇，瑞露酒即汲取此处井水酿造而成，遂获得了一世盛名。不过，范成大饮用桂林的瑞露酒之后，却断言未必能够与金廷的金兰酒相媲美。

除了瑞露酒之外，广西地区还盛产一种老酒，颇受当地民众的喜爱。所谓老酒，即是以麦曲为主要原料酿造而成，密封储藏起来，可存放数年之久。老酒尤其受到士人之家的特别珍视。每年的寒冬腊月，家家都会制作一种腌制的“鲊”，能够供应来岁一整年食用。家里但凡有贵客登门，便会取出老酒、烹饪冬鲊，将其作为款待贵宾的必备佳品。当地嫁娶也喜尚用老酒作为厚礼，是地方上特有的礼俗风尚，具有浓郁的地域特色。

宋朝时期，人们饮宴会聚中，常见的还有一种香药配制酒，意在使酒味辛烈之外独具一种清芬怡人滋味，也是宋代社会民众饮食生活中的一大亮点。这种以香药调配酿酒的做法古已有之，宋人窦苹在《酒谱》中就记载了诸多相关的事例。他指出,《楚辞》中有云“奠桂酒兮椒浆”，即是香药配制酒的一个例证。窦苹因而认为，古人造酒皆以椒桂，未免显得单一。

汉朝时期，人们已经采摘菊花及其茎叶来酿酒。此酒以黍米为料，待到来年九月九日，酒熟之后启封就饮，谓之菊花酒。到了宋代，类似的香药配制酒之种类已经是十分丰富了。著名学者李华瑞先生的研究表明，如果按照现代社会配制酒的分类方法进行区分，宋代的配制酒大致上可以分为芳香植物配制酒及滋补型药酒两大类型。具体制作方法及工艺与前代相比并无本质的区别，以浸泡工艺为主。大体看来，通过浸泡、曲酿、煮酿等工艺制作而成的配制酒酿，当时有确切名称的就多达82类，可谓丰富。[75]值得一提的是，宋人朱肱（字翼中）还在其所撰写的《北山酒经》中记载了各种名目的香药酒曲，包括顿递祠祭曲、香泉曲、香桂曲、瑶泉曲、金波曲、滑台曲、豆花曲、小酒曲等。

这一时期，社会上常见的香药配制酒也是十分丰富。北宋中期，京师开封城里的贵族之家就十分崇尚以荼蘼花泡酒。荼蘼花香气浓烈，用其泡酒之后，酒水会散发出一种芳香气息。后来又流行用榠楂花悬置于酒中的泡酒方法。以此法造酒，不仅能使酒酿芬芳馥郁，还能使酒味辛洌无比，深受皇亲贵戚的喜爱。洛阳人也以擅长制作荼蘼酒而闻名。洛阳当地人制作荼蘼酒，一般需要摘取七分开的荼蘼花，焯过水纽干之后，用一升酒进行浸泡。一夜之后，滤去花头，均匀放入八九升的常规酒内，荼蘼酒即成。北宋中期，南方人喜爱用糯与粳，再掺杂卉药制作酿酒的曲饼。用如此方法制作而成的曲饼，嗅之香，嚼之辣，揣之则虚空轻盈，很有地域特色。宋人陶弼还曾作诗指出，苍梧县出产有一种豆蔻酒，从名称上来看也属于香药配制酒的范畴。

苏东坡对香药配制酒推崇备至。他作过一首《桂酒颂》，特别强调以桂酿酒的诸多好处。据当时的医书典籍记载，桂有小毒，而菌桂、牡桂皆无毒。桂之品性大致“主温中，利肝肺气，杀三虫，轻身坚骨，养神发色”，经常食用则如童子，疗心腹冷疾，堪称百药之先。因而，苏东坡认为，谪居在岭南这般湿热地区，应当经常饮酒以抵御瘴气，恰巧岭南地区无酒禁。有一隐士，曾经将酿造桂酒的秘方赠予东坡。酿成之后，酒浆色似玉而晶莹纯粹，香味超然，东坡品尝之后，不禁感叹“非人间物也”，[76]赞赏有加。显然，东坡看重的则是桂酒的养生药用价值，他坚信常饮桂酒，可强生健体、驱除瘴气等，有着不可多得的重要保健功效。

第二节　宴饮聚会中的礼仪与习俗

礼俗包括礼和俗两个主要部分，礼属于社会的行为规则，而俗则是习惯，两者又都与风俗密切相关。古人有云："好色而无礼则流，饮食而无礼则争。"[77]即强调了包括宴饮聚会在内的饮食生活中礼俗规范的重要作用。宴饮聚会作为一种社会上常见的群体性饮食活动，本身就蕴藏着极其深刻的文化意涵，包含广博的礼仪成分，属于礼俗文化的基本范畴。

在实际社会生活中，宴饮活动承载着十分丰富的社交规范与礼俗秩序，集中体现了时代发展过程中，社会物质文明和精神文明的双重发展态势。从这个角度来看，宴饮聚会无形中也就成为考察包括礼仪在内的社会礼俗文化发展状况的一个重要活动。《礼记》中有言："夫礼之初，始诸饮食。"[78]明确指出了饮食与礼仪两者之间的密切关系。所谓"献酬交错，礼仪卒度，笑语卒获"，[79]则进一步强调了人们宴饮聚会之际，礼仪规范、举止得当所具有的深刻影响和重要作用。

对于广大民众而言，"以饮食之礼亲宗族兄弟，以婚冠之礼亲成男女，以宾射之礼亲故旧朋友，以飨燕之礼亲四方宾客"，[80]则表达了宴饮聚会在社会交往中所具有的重要作用。宴饮既是日常社交的一种必要方式，也是联络亲友故旧之间感情的重要纽带。无论宴饮活动本身所具有的重要性如何，其都需要建立在当时社会广泛并且为人们所普遍遵循的一系列相关礼仪约束基础之上。因而，宋代著名史家范祖禹就特别指出，"食之以礼，乐之以乐，将之以实，求之以诚，此所以得其心也"，[81]即突出了礼仪在饮食生活中的巨大作用。

宋代，人们举行宴饮聚会活动，从宴席的筹办、席间的言行举止到宾客离席散场，都需要遵循一定的礼俗规范。此外，针对宴会的组织者、赴宴的一众宾客，也有必要的行止规范和礼俗约束。具体内容则涉及座席秩序、拜谒劝酬、着装打扮等诸多细节和要求。而从宴会活动的整体进程来看，具体的礼俗又涵盖了宴会举行之前、宴会进行之时、宴会结束之后三个主要的时序构成阶段。

一　宴席开始前的礼俗

预宴装饰　宋代社会，人们宴请宾客之际，东道主迎接、会见宾客，或者是作为受邀嘉宾出席宴会都需要遵循相应的礼俗规范。

一般情况下，为了表示尊重，宾主都需要注意着装，总体上应给人以洁净整齐、端庄得体之感。针对东道主会见宾客的礼仪及装束，宋代著名理学家吕大钧要求“见长者皆幞头，惟燕见用帽子”，[82]把戴帽视为宴见宾客之时常用的着装礼仪与规范装扮。关于出席宴会的着装礼仪，当时还有所谓“燕居虽披袄，亦帽，否则小冠”[83]的说法。

而在现实生活中，具体到宴会活动的举行，东道主着帽会见宾客，或者是戴帽赴宴，也是当时社会普遍为人们所遵循的礼俗规范。北宋前期，文人石延年（字曼卿）居住在蔡河下曲，隔邻乃是一豪族门户。一次，豪族主人设宴邀请石曼卿。为了表示庄重与礼貌，石曼卿特意穿戴整齐，着帽前往邻家相见。而豪族主人却仅仅“着头巾，系勒帛，不具衣冠”，接待会见宾客全然不知“拱揖之礼”。石曼卿初见豪族的着装，一时颇为惊讶。从豪族主人的着装打扮来看，难免有缺乏礼数之嫌，因此，后人多以“钱痴”视之。[84]

宋初，京师开封城里士人之间流行用一种青凉伞。真宗皇帝时期，朝廷允许亲王、中书、枢密院官员使用伞。其余的从官，如果遇事出京师城门，出席诸如金明池赐宴之类的场合，门外皆可张伞，然而必须“却帽”，大约也是以此举来表示对皇帝和朝廷的敬畏、感激之意。

迎宾戴帽，至于在室内待客，去帽也是社会上常见的通用礼俗。宋人叶梦得曾经回忆，北宋后期，其祖父家居以及宴见宾客之时，大都是戴帽子、系勒帛。帽子下方再系戴一个小冠簪，将帛作为横幅以束头发，称“额子”。进入室内之后，则去除帽子，见冠簪，或者是使用头巾。对于此种待客礼俗，叶梦得进一步指出，戴冠是古时士人的常见装束，帽子即是冠的一种遗留形制，头巾则是身份卑贱之人不冠之服。但是随着时代的发展，古人流传下来的这些礼俗传统逐渐发生了改变，今人改而用之，却是习以为常了。

诸如此类，不同时期规范的着装礼俗发生改变的典型事例在宋代社会十分常见。例如，衫帽作为士大夫出行时常穿的首服，随着社会礼俗传统的变迁而发生了明显变化，此种装扮在南宋前期较为盛行，后来却为他者所取代。陆游曾经指出，先左丞平时着装，除了朝服之外，只服衫帽。归乡之后，幕僚门客来访，亦必着帽与客座谈，之后以酒食款待。

宋徽宗崇宁、大观年间，有朱氏子入京，临行之际，其父亲专门交代，路过钱塘时，要拜谒长辈故交某大卿。初见时，主人即着以衫帽。等到宴席开始，亦着衫帽，席间用大乐。酒一行，乐一作，主人先饮尽杯中酒之后，两手捧盏侧劝客饮酒。客亦饮尽，主人捧盏不移，等到乐罢之后才退下。及至第五盏酒，宾主稍事休息，解衫带，着背子，而终席不脱帽。朱熹因而感慨，此种宴客礼俗“亦可见前辈风俗”。但他同时强调，“今士大夫殊无有衫帽者”，[85] 即前辈盛行的着衫帽之类礼宾装束逐渐消失，反映出社会礼俗发生变化的事实。

日常宴请及接待宾客，着冠带也是颇为盛行的一种装扮。《宋史・舆服志》中就有相关的记载，大带、缁冠、幅巾、黑履，“士大夫家冠昏、祭祀、宴居、交际服之”，[86] 明确指出了冠带是士大夫之家在宴居、交际等场合的一种常见装束。现实生活中，着冠带也是一种较为庄重的着装搭配。北宋中期，朝臣李昭遘之母德行仪范闾里，悉心侍奉婆母达二十年。奉养婆母期间，日常装束十分简朴，唯梳发髻而已。待到婆母去世之后，才开始重整冠带，进行妆饰，举止规范谨守传统礼俗要求。

北宋仁宗皇帝时期，有一裴姓官员监管华州赤水镇之酒事，上司段少连领漕事巡行至此，进行督查，并强行命令裴氏去除幞头。裴氏无奈遵命行事，自此以后“露头”治事。凡是出入门庭会见宾客，甚至是迎来送往，亦是如此装扮，“露头穿执者三年”。朝廷知晓此事之后，明确提出段少连之举不妥，下令段氏“官巾幞罚食”，[87]而裴氏也因此破旧立新，即日复冠。由此也可见在当时社会，不饰冠带待客有失庄重，并且属于与礼俗不相符的“失礼”行为，是一种不尊重来宾的倨傲无礼表现，不为世人所接受。

北宋时期社会上盛行的着冠带待客迎宾之礼，到了南宋时期发生了明显的改变。尤其是宴席之上，不着冠带日渐普遍，并且成为一种颇为常见的待客礼俗。陆游曾经指出，前辈置酒宴客，终席不解冠带。之后，此礼稍有废弛，但是宾主劝酬之际，依然着以冠带，再后来此礼已经是不再讲究了。南宋高宗绍兴末年，胡邦衡还朝，每每与一众宾客宴饮会聚，至劝酒，必冠带再拜。此举竟然遭到众多朝士的一致嘲笑。前朝遵循的冠带之礼，到了绍兴末年已经是存者寥寥了，甚至被视为“抱残守缺”的呆板做法，为人所鄙夷。不难看出，着冠带以待宾客的装扮礼俗，同样经历着世俗礼仪传统嬗变而带来的兴替变化。礼随世变，人随世迁，礼俗风尚亦是如此，罕有一成不变者。

宋代社会，待客之道以礼为先，讲究礼敬宾客、热诚为主。宾主双方都需要衣冠整齐，穿戴适宜、整洁，整体上给人以端庄持重之印象。对此，宋代著名理学家吕大钧就曾强调：“长者来见，先闻之，则具衣冠以俟。”[88]即必须衣冠齐整，方能接待长者，表现出对长者的特别尊重。

礼仪规范层面之外，在现实社会生活当中，人们接待或者宴见宾客，自身的着装打扮同样具有十分重要的作用。北宋初年，太祖皇帝时期，朝臣雷德骧判大理寺。一次，雷德骧在宫廷便殿奏事，太祖皇帝身穿燕闲便服召见。雷德骧奏对有条不紊，表现十分得体，太祖皇帝“叹重久之”。自此以后，每当雷德骧进宫奏事，即使是在燕闲之所，太祖皇帝也必定“御袍带以见”，以此举表示对臣子雷德骧的器重与礼遇。南宋高宗绍兴末年，扬州当地有一富人胡十，日常待人接物颇为入礼，并不因财力雄厚而倨傲无礼。平日家里有宾客登门拜访，胡氏会即刻“束带延揖”，延款态度颇为得当，接待礼仪也是相当得体。

宋时，社会上一度流行穿道服。道服是人们在家居休闲之际穿的一种便服，类似于家居服。因此，穿道服接待宾客不仅有失庄重，也是缺乏诚意的一种表现，于礼于俗皆不相宜。

北宋著名诗人王安国（字平甫）年少之时，曾经寓居杭州，当时蒋堂（字希鲁）任苏州守。王安国前去苏州拜访，不料蒋堂竟然穿着道服接待。整个会见过程中，王安国内心愤愤然不能平，时不时目视其衣装打扮。对此，蒋堂亦有所觉察，因而当即予以解释，表示范仲淹（字希文）任杭州守期间，便穿着道服会见宾客，有此先例，因而此举只是遵循前辈旧例而已。对于蒋氏此种解释，王安国不以为然，愤然回应道：“希文不至如此无礼！”[89]以上，从宾主双方的举止反应来看，身穿道服接待宾客属于傲慢无礼的行为，是一种与常见社会礼俗不相符合的表现，不合时宜。类似因着道服接待宾客，继而引发宾主之间不快的现象在宋代还有很多。

石曼卿生性颇为诙谐好逗，奔赴海州任通判后，旧居有一酒友刘潜前来造访。石曼卿接见时有意戏耍友人，故意以道服仙巾就座，并以轻薄语言肆意挑逗刘氏。刘氏见状，愤恨不已，大怒索去。石曼卿着意挽留之余，又恳切解释原委，二人最终以嬉笑和解收场。单单从石曼卿待客的着装来看，充满了挑衅和不恭姿态，也难怪引发了友人刘氏的满腔郁闷，意欲拂袖而去也就在情理之中了。

北宋哲宗朝宰相章惇，性情颇为豪放，恃权傲物，担任宰相期间，曾数次穿着道服接待宾客。面对此举，“自八座而下，多不平之”，受到一众朝臣的诟病。当时，蔡京身任翰林院承旨一职，曾到章丞相府邸拜访。章惇不仅不以常例予以接待，反而专门改穿道服会见。蔡京见状，“则亟索去”，因为此事双方还险些发生冲突。蔡京回家之后，依旧愤愤不平，并向哲宗皇帝上章申述，详细讲述事情之原委经过。哲宗皇帝看过奏章之后，亦深觉章惇身为宰相，有失大臣风范，下旨予以惩处，对章惇赎铜七斤，此外，“仍命立法，以戒后来”。此后，章、蔡二人失和，蔡京更是“终章丞相之在相位而不以私见也”。[90] 以上，章惇会客之际，由于着装不当、态度倨傲而受到相应的惩处，不单单表明当时朝廷对臣子的言行举止有所规范，更深刻地反映出在朝堂之外，社会常见的礼俗传统中关于待客礼仪尤其是着装的某些特殊要求。

北宋朝臣钱若水闲暇之时居家，有一名秀才投帖拜谒，钱氏予以热情接待。不料，却见该秀才不戴冠，只是头巾皂衫黄带装扮而已，并且“雀跃嘶声而结喉”，举止鄙陋无状。钱氏因此“意甚轻之”，[91] 颇不待见。

朱熹晚年之际，常以野服面见宾客，为了避免引起众人的猜疑，便予以解释，指出自己久病，平日里动作起居不免艰难，虽然应当遵循旧京故俗，面见宾客也须穿戴以礼，但是，取束带足以为礼，解带又足以燕居。穿着野服时，会见同辈之人，则系带；而会见卑者，则无须束带。以此细节进行区分，足以成礼。不仅如此，还能够让所居穷乡下邑“得以复见祖宗盛时京都旧俗如此之美也”。[92] 朱熹大约也深觉有所不妥，因而着意开脱一番。解释之处亦可见当时社会礼敬宾客必要的穿着规范。

宴饮会聚场合，对于整体着装也有相应的规范。原则上要求穿戴得体，装饰太过或者是与礼俗规范不相符合，都属于不妥行为，甚者还会引发宾主之间的些许不愉快。作为宾客，受邀参加宴会，如果穿着过于随便，也会不可避免地引发些许误会。

北宋名臣杜衍（祁公）罢相之后归居乡里，不事冠带。一日，杜祁公参加河南府举行的一场官方宴会，身穿一袭道帽深衣，默然坐于席末。席间有一名年轻的官员，不识旧宰相之面，因而以非礼待遇，几乎引发一场误会。

也应该注意，过于华饰或者过于注重修饰效果，会有招摇炫耀的嫌疑，同样也为世俗所不待见。北宋名臣范纯仁门下有一幕客，尤其喜好修饰，衣巾边幅异常规整，颇不受范氏待见。每逢宴饮聚会，席间范氏劝客饮酒，殷勤备至，唯独劝酒到该幕客面前，一举而退，稍显怠慢。该幕客对此并无丝毫领悟，每每参加宴席“愈更洁其服而进”，[93]如此修饰过度，反而引起主人的反感。

北宋中期，毗陵人李撰，家里贫困。李氏夫人曾经设宴，受邀宾客中有武官宋提刑之妻。众人赴宴之际，但见宋提刑之妻“盛饰而至，珠翠耀目”，尤为引人注目。东道主李氏装扮简朴，宋妻作为宾客装饰过于华丽，与场合稍显不符。北宋中期吕公著夫人母家隆盛，岁时集会，“内外命妇十数环坐，绮纨晔然”，[94]皆盛装出席，众人争奇斗艳，则属于贵妇们的华装盛宴。

宴请要求　设宴请客，尤其是较为正式的宴请，作为东道主，必须考虑到与当时社会礼俗相关的一系列细节。比如，宾客有无服丧、宾客身体状况、宾客之间有无仇雠而不能同席者甚至饮食忌讳等。仔细权衡，既表现出对宾客的特别尊重，也能很好地彰显东道主的德行及内在修养。如此，方能礼尽东道主之谊。

宋朝时期，国家大力倡导孝道。按照当时社会严格的礼俗规范，在服丧期间，家人不宜宴乐享受。宋太宗太平兴国七年（982）十一月，朝廷对此做出明文规定，民众“居丧作乐及为酒令者，以不孝论”。[95]而对于朝臣来说，居丧期间，不宴饮聚会、不听乐，更是必须遵循的行为准则，也是为臣之道。宋神宗元丰年间，朝臣张汝贤上疏朝廷，指控王安礼行为不端，控告其任意妄行诸多不法之事。在张汝贤指控的一系列事由中，“丧假仅满，呼妓女燕饮，嬉笑自若”，[96]即作为一项重要的证据被着重提了出来。

南宋高宗时期，适逢钦宗皇帝驾崩，朝臣王继先不守为臣之道，依然饮宴不断。为了避免遭人口舌，王继先下令歌伎舞而不歌，仅举手顿足为戏，名为“哑乐”。此举受到朝中众人的极大诟病，甚至成为言官弹劾王氏的十大罪状之一，王氏最终被检举揭发。

与王氏相反，朝臣京镗是严格捍卫国家尊严的典范人物。宋高宗驾崩之后，金方派遣使节入宋吊祭。作为一种礼尚往来的礼仪，朝廷依例派遣朝臣京镗为报谢使入金。京镗一行刚抵达金朝近境，便听闻对方将宴乐招待。适逢国家有大丧，身为朝臣，京镗当即严词拒绝："若不彻乐，有死无二！"双方论辩数十回合，金方最终屈从京公之请。京公报谢任务结束返朝之后，孝宗皇帝"有执礼可嘉之褒"，并授予其"权工部侍郎"的职权以示褒奖之意。京公爱护国之大体、谨守臣子之道、践行国家礼制规范之举，更在后世传为一段佳话。京镗作诗道："鼎湖龙驭去无踪，三遣行人意则同。凶礼强更为吉礼，夷风终未变华风。设令耳与笙镛末，只愿身糜鼎镬中。已办滞留期得请，不辞筑馆汴江东。"[97]

除国丧外，寻常百姓家有丧事，守丧期间同样不宜饮宴欢乐。但是，随着时代的不断发展和社会文化的发展嬗变，现实生活中人们守丧尊礼意识有所淡化，世人严格遵循并有效实施者更是呈现出减少趋势。尤其是北宋中期以后，此类现象更是相当突出。当时社会，遇有丧事，士大夫之家有子妇"三日已冠，而与姑宴饮矣"。宋徽宗宣和年间以后，起复者虽然在家供奉几筵一如礼法故事，但是涉及接待宾客、宴请亲朋故旧，却与常人无异，大有礼义扫地之嫌。对当时社会上出现的诸如"丧主之待宾也如常主，丧宾之见主人也如常宾"之类"非礼"现象，理学家吕大钧感慨不已，痛切道："自先王之礼坏，后世虽传其名数，而行之者多失其义。"[98]

对于守丧期间应该遵循的饮食起居之礼，司马光曾经指出，古人居丧"无敢公然食肉饮酒者"，日常饮食起居谨守礼俗传统，极尽孝道。但是到了宋朝，民众守丧居丧期间，却不断出现"礼崩乐坏"的现象。对此，司马光进一步强调，如今的士大夫在守丧期内，不遵循礼俗规范者处处有之，宴饮欢乐者更是比比皆是，"靦然无愧，人亦恬不为怪"。那些不懂礼仪的鄙野之人，在家人初丧未殓之际，就与亲朋故旧往来，携带酒馔进行慰问宴请，而丧家主人也会自备酒馔相与饮宴聚会，以致醉饱连日，到了丧葬之期同样如此，不知收敛。更有甚者，"初丧作乐以娱尸"，违背丧期内不听乐的古训，等到下葬之时，更有以奏乐导引辅车徐徐而行，众人则是紧随其后呼号哭泣。还有人家在丧期即进行嫁娶，简直毫无礼仪规范可言。对于这些“无礼”之举，司马光感慨良多，甚至发出“噫，习俗之难变，愚夫之难晓，乃至此乎”的悲叹，继而产生“今不如古”的感叹。[99]

随着时代的发展，不同地区的守丧礼俗也出现了反复。南宋孝宗乾道年间，一众宾客参加郡宴，席开乐作之际，有一名宾客表示其守丧期未满不听乐，主人听后即刻命令“彻乐”，遵循宾客居丧期内不听乐之礼。对此，南宋人周煇指出：“五十年前，服亲丧，终制不觞客，人亦不敢招致。”[100]亲朋故旧如欲聚会款曲，必要去寺观陈设素馔，席间更不置酒，以示守丧的端正态度。当时礼俗普遍如此，世人也不以为异常。从一个侧面透露出了南宋前期，人们守丧期间奉行“不宴乐”的传统礼俗规范，严格遵循者更是大有人在。从周煇的个别言语之间又可见南宋中期之后，社会上此种守丧礼俗意识有日渐淡薄的趋势，遵循与否出现了某种反复。

宋代社会，与宴饮相关的礼俗规范，除上述之外需要遵循的还有很多。比如，受邀赴宴之际，携带适宜的礼物也不失为一种礼貌行为。南宋时期，著名的文人周必大在一首诗序中，讲述了众人观赏荼蘼、芍药之际宴饮欢乐的情形。聚会之际，就有宾客赠送丁香、橄榄百枚以助筵，诗中更是以“赖得酒酣须茗饮，聊将青子助回甘”[101]来表达殷切感谢之意。

宋代有“举世重交游”的社会风气，风行之下对于过从会聚之人也提出了一定的要求。具体表现在宴饮聚会中，注重同道中人赴约入席。宋人倪思就曾坦言，凡是设宴邀请宾客，必要招其同类赴宴。有必要的话，也可以事先进行询问，提前阅览受邀嘉宾名单。如果名单上所列都是善类同道，那么宾主皆安。倘若席间赫然出现一位“非类者”，就是东道主的“不审之过”，难免会出现宾客终席不乐、饮宴不尽兴的现象，更有甚者还会出现宾客推托以避席的尴尬局面。

对于这种现象，当时社会也不乏相关讨论。宴饮聚会，宾主合堂同席饮宴欢乐，如果“客非其人，则四座欢不洽，而饮易醉，返以应接为苦”，[102]对邀请的宾客与主人都提出了相应的要求。这种颇为挑剔和严格的宴饮礼仪并非宋代仅有，唐代社会士人宴请聚会同样十分讲究。在《醉乡日月》中，唐人皇甫松展示了宴饮聚会之际宾主尽欢的基本标准，所列举的内容有十三个，包括得其时、宾主久间、酒醇而主严、非觥罍不讴、不能令有耻、方饮不重膳、不动筵、录事貌毅而法峻、明府不受请谒、废卖律、废替律、不恃酒、使勿欢勿暴等，涉及宴请时机、酒水饮食、酒令态度、宴席规则等礼俗规范，其中也不乏为后世所沿袭遵循者。宋人宴饮会聚之际，邀请“同类”之礼，受到了唐代社会宴请风俗的深远影响也不无可能。

值得一提的是，宋代社会人们宴请聚会之际，席间食物的排列秩序也是颇为讲究。例如，湖湘地区民众宴饮聚会，“供鱼清羹，则众皆退”，即以特定食物为标志预示宴席接近尾声、宾客即将退席离场，此种做法一如“中州之水饭也”，即中原地区宴席中如果“水饭”上桌，即宣告宴席即将结束。北宋中期，士大夫宴饮聚会，一度流行以馎饦待客，馎饦或在水饭之前，属于一道宴席末次美食。一次，河中府左丞设宴请客，宾客刚刚入席，即上“罨生馎饦”这道菜，与常见礼俗中宴席的上菜次序有所不同，因而引发了宾客不小的疑虑。在宋代圣节大宴上，盛大的宴席接近尾声之际，即宴设第九盏，所上的食物便是水饭、簇饤下饭，此种礼俗与民间传统具有一致性。南宋时期，歌伎王苏苏住在南曲，所见“屋室宽博，卮馔有序”，[103]寻常处事颇有通情达理之风。

北宋时期，有人在酒楼中宴请宾客，庖人荐粉。席间有宾客不识，对此举颇有疑问，指出粉乃是宴会即将结束之际才上的一道食物，而如今却谓之“头食”，是为何？有宾客予以解释，指出本朝太祖皇帝时期，每次宫廷设宴，常常先上此道食物，因而称为“头食”，只是后来才出现了“失其次”的现象。除了席设饮食秩序，人们对于席间所设食物品类也是相当重视。对此，张芸叟就曾指出，大摆筵席，席设二十四味，终日揖逊，然而“求其适口者，少矣”。[104]透露出席间所设菜品种类自有其道，也有需要遵循的规律和礼俗要求。以上种种，展示了当时社会世人宴饮聚会中所呈现的各种礼俗规范，也是宋代社会文化影响民众饮食生活的典型表现。

二　宴请宾客与迎客之道

宴请宾朋，尤其是较为正式的宴饮聚会活动，需要事先筹备。宴设所包含的诸如宴请时间、设宴地点、预宴宾客、邀请方式、席设食单等因素，都需要主办者考虑。宋代社会，涉及宴请宾客事宜同样如此，必须遵循一定的礼俗规范。

拜谒以帖　宋时，按照常规礼俗规范，拜访他人一般需要门状、手刺之类的简帖手札，拜谒所用的帖面上通常还需要写清楚来者姓名、官职身份等内容，类似于简明扼要的自我介绍。这一时期，持帖拜谒属于一种相对正式、文雅的谒见方式，尤其是在文人士大夫之间相当盛行，甚至流传有“未有板刺，无容拜谒”[105]的说法。

拜谒所用的简帖，也需要十分注意。关于具体的使用细节，吕大钧在《乡仪》中做出了详细且明确的阐述和规范。其中，谒见长者，需要使用名纸；拜见身份、辈分相同及以下的人，需用刺字，刺文仅需写明某郡、姓名即可。有官职爵位者，则需要一并书写清楚。拜见同一家两人以上，则需要每人用一刺字，宴见及赴请召皆可不用。

当然，这只是比较规范的理论层面，在现实生活中，拜谒所用简帖之类也会随着时代发展、礼俗变迁而产生一系列细微的变化，总体上以“礼敬有加”为基本使用原则。

陆游在《老学庵笔记》中较为详细地介绍了宋代社会拜谒所用相关简帖的使用状况、具体内容、帖文书写、形制变化等。陆游指出，士大夫往来拜谒，祖辈推崇使用门状，并在其后结牒，曰“右件如前谨牒”，类似于现如今（即陆游所处的时代）使用的公文。后来，人们认为这种拜帖比较烦琐，逐渐淘汰不用。宋神宗元丰年间以后，社会上拜谒又盛行“手刺”。手刺上不需要注明官名头衔之类的身份信息，仅需写明“某谨上。谒某官。某月日”之类寥寥数语，简单明了。拜帖“结衔姓名”，手刺也有称为手状的。抑或不结衔，仅标明来人所处的郡名。但是无论具体形式如何，都是手书拜帖，当时著名的士大夫如苏轼、黄庭坚、晁补之等人都是如此，现今就有人收藏以上诸公的手书拜帖。后来，又只流行使用门状，或者，若不能一一作门状，则仅留口信传话给看门人，云：“某官来见。”但是，又往往苦于看门人隐匿而故意不告知主人。南宋高宗绍兴初年，社会上盛行使用榜子，直接在帖面上书写来访者的头衔及姓名，这种拜谒简帖的书写形式一直持续到南宋前期。[106]如此，按照陆游的记载，从北宋到南宋前期，人们拜谒所用的简帖随着时代发展与礼俗变迁而产生了不小的变化。单单在名称上就有门状、手刺、榜子等不同称呼，书写格式、具体内容同样有所变化。拜谒简帖盛行的初期，标注大多如公文一般，如此稍显烦琐。之后，人们为了方便逐渐改变了形式，只写明来者姓名、谒见对象、日期等基本内容。随后，类似形式有所简化，内容简单明了。

到了南宋中后期，简帖形式又发生了新的变化。生活于南宋后期的著名文人周密回忆，昔日投门状，有大状、小状之分。大状需全纸，而小状也需要半纸。而如今，所见拜谒手刺，其形制仅仅是大不盈掌，如此可见“礼之薄矣”。今昔对比之下，无不感慨万千，并由此认为“今时风俗转薄之甚”，[107]倒不如旧时风俗淳朴了。

无论如何变换，这一时期文人士大夫之间拜谒以简帖的礼俗习惯相当盛行。一般情况下，如果需要拜谒某人，则手持简帖交给其门人，在通传之后，获得允许方能见到主人。据传，北宋著名书法家米芾，对于简帖、书函等往来相关事宜颇为讲究。米芾还有洁癖，凡是有客人到访，刚接受手刺，米芾即刻转身盥洗双手。

南宋高宗绍兴年间，吴逵任职庐州守。一日，偶然躲藏于屏风之后，得以窥见旧时尚书吕安老接待来客之情形。典谒者持宾客名牌，报曰“某官某官过厅”。吕安老起身相迎，数名访客“肃揖就坐”，双方极尽宾主之礼，也可见当时见客之礼俗规范。绍兴末年，扬州地区小有名气的土豪胡十，待人接物颇重礼俗风范。一日，有五名士人登门造访。五人不通姓名，不等主人出门迎接就径直坐于厅上。面对此种莽撞无礼行为，身为主人的胡氏“心以为疑”，颇为不解。从胡氏的反应也可见当时社会通行的拜谒方式及礼仪之一斑。

来客投帖拜谒之后，为了表示接待之盛意，主人有时还会设宴进行款待。当然，是否饮宴又与宾主之间关系的亲疏远近及宾客造访情由、身份地位等各种具体状况密切相关。北宋仁宗庆历年间，天章阁待制滕宗谅遭到贬谪，出任岳阳守。如此际遇之下，适逢有人登门造访。来人投刺拜谒之后，滕宗谅热情接见，邀请来者落座之后置酒款待。席间更是高谈剧饮，展现出了坦然自若的处世态度。

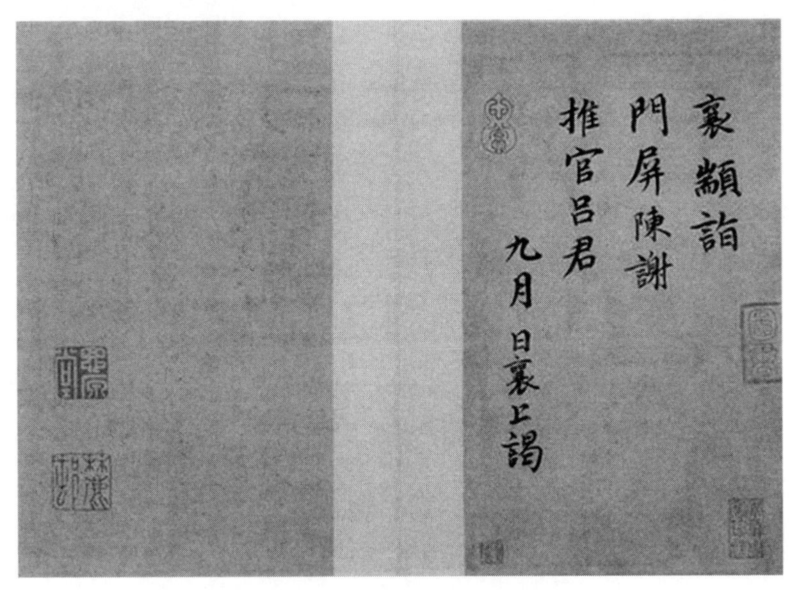

图 4-32　北宋 蔡襄《门屏帖》

南宋高宗建炎三年（1129）八月，京师开封遭到金朝大军的围困，久不得解。眼看朝廷大势已去，一路官员则望风而归服金朝。顺昌府郭允迪束手投靠金人，同时又派遣进士陈味道劝服并策反一众学舍旧人。

陈味道领命动身前往蔡州谒见知州程昌禹。到达之后，陈味道登门，以手刺进行谒见。程知州依礼留陈氏早饮，置酒五杯，予以颇具礼仪化的接待。类似接待礼仪在宋代国家对外往来中也是通行惯例。南宋高宗绍兴年间，交趾遣使入贡。按照国家对外往来惯例，交趾使节以刺字向宋方报谒，入境所在地方帅首见到谒见文帖之后，以行厨宴会于馆驿，依礼宴劳款待。

在通行的接待礼仪规范及社会风俗之下，如果来访者并未依照常例受到主人的接待，一般而言，即是不受主人待见或礼遇的特别表现。北宋时期，按照通行的礼仪规范，朝廷派遣的监司巡察到某一地方的第三天，当地官府要设宴进行款待，以示慰劳之意。文彦博（潞公）在出判大名府期间，恰值汪辅之新任运判。汪辅之一行人到达大名府，初入谒，文潞公方坐厅事，阅览过拜谒书帖之后，径直置于一旁不予过问，退厅进屋之后良久才出来接待。遇到如此尴尬场面，汪辅之自然十分难堪。接待礼仪亦是十分简陋。面对如此境况，汪辅之"沮甚"，最终竟至无宴而被遣送出门。汪氏受到了文潞公这般冷遇，心中更是愤愤不平，日后"密劾潞公不治"，[108]予以报复。从以上接待细节中足可见当时待客礼仪之规范及态度。

值得一提的是，专门设宴邀请与平常饮宴款待来访者，所涉筵席设置状况及礼仪规范有所不同。尤其是专门设宴邀请宾客，必要遵循一定的礼仪与风俗。吕大钧对宴请之礼提出了诸多要求，根据具体的状况，宴请对象不同，礼仪态度也会存在相应的差异。宴请长者，为了表示尊重，需要亲自登门邀请；而邀请同辈之人，则需要使用书简；对于晚辈，仅代传即可。当然，吕氏所言是为了规范和宣扬乡里教化，具有一定的礼仪化成分。而在实际生活中，设宴之际邀请宾客的方式丰富多样，并非一成不变。既有口头邀请宾客者，也有使用请帖相邀者。

请帖一般适用于较为正式的场合，或者是主人颇为讲究，宴请必备请帖。宋末著名理学家林希逸就曾指出，乡邦俗语即方言也，"今人简帖或用之"，又可见在简帖书写中，应该有使用方言的现象。后世流传有当时的请帖一张，是南宋诗人范成大宴请宾客之际所书，请帖书面有言：

> 欲二十二日午间具家饭，款契阔，敢幸不外，他迟面尽。右谨具呈。二月日。中大夫提举洞霄宫范成大札子。[109]

由此可见，当时请帖内容简洁明了，设宴的时间、地点、主人姓名等基本信息一一在列。虽然书写内容相对简单，但是态度热诚，尽显殷勤宴请之盛意，礼敬有加而不失妥帖。

一般而言，在主人的盛情邀请之下，请而不来或者是赴宴迟到，都属于失礼行为。现实生活中，按时赴宴是礼俗常例，为世人所普遍遵循。北宋太宗至道年间，朝臣李应机通判益州，益州知州设宴进行款待。而身为通判的李应机却称疾拒不赴宴，此举引起当地官员的不满。

南宋淳熙年间，朝臣张说作为都承旨，获得孝宗皇帝的特别批准，得以宴请一众侍从官员。宴会当天，宾客纷纷应约到场，唯独兵部侍郎陈良祐违约不至。对于此举，张说内心“殊不平”。宴请结束之后，张氏按照礼仪规范，向孝宗皇帝呈上谢表。此外，还特意在附奏中状告陈氏违约不赴宴之事。所附奏章中有言：“臣尝奉旨而后敢集客，陈良祐独不至，是违圣意也。”[110]张氏告御状控诉心中愤愤不平之意，可见陈侍郎此举失礼之至。

赴宴迟到也是一种失礼的表现。唐时，任迪简任天德军判官，赴军宴迟到，按照当时的惯例，须“饮觥酒”，即罚酒以示惩戒。宋朝时期，赴宴迟到，轻则罚酒，重则引起主人芥蒂，甚至宾主失和。北宋时期，名臣韩绛致仕退归之后，在私第宴请一众从官，共九人，都是一时名德宿旧。宴请当天，唯独钱勰迟到，韩绛当即表现出了“不悦”。

当然，遇到类似赴宴迟到情形，主人态度激烈与否，与所设宴席性质、宾主之间关系亲疏、宾客性格等不无关联。南宋前期，晏肃作为越州教授，一次赴郡设宴集，最后一个到场，遭到同席张氏的一番调侃，满座皆嬉笑而乐，宴饮欢乐之余并未因后到而引发不快，这也是宴请中常有的现象。

迎宾与待客　设宴邀请宾客，一切事宜准备就绪之后，受邀宾朋纷至沓来，为了表达对宾客的尊重与热情欢迎，礼尽东道主之谊，迎宾也是颇为必要的礼仪。

宋代社会，最为常见的迎宾礼仪即“揖以迎客”。宋代著名理学家朱熹就曾指出，日常社会生活中必要的礼仪，诸如趋翔、登降、揖逊等，皆须练习知晓。一般而言，作为东道主，迎宾用揖礼是表示欢迎的常见礼仪。北宋时期，石曼卿曾经受邀赴邻家宴席，主人接待曼卿全然不知拱揖之礼，颇失礼数之周全，也因此引起石曼卿的讶异。南宋时期，扬州富户胡十举行宴会，宴请当天接待宾客之际“束带延揖”，表现得彬彬有礼。北宋中期，吕公著为相期间，常常于便坐接待来客，初始“惟一揖，即端坐自若”，客人退出之际，则“复起一揖，未尝离席”。虽然与常见的待客礼仪相比稍显怠慢、轻傲，但是后人却给予了一定的回护，认为“祖宗时辅相之尊严如此”。作为朝廷宰相，自有其威严气势与高贵气度，因而“时亦不以为非也”。[111]

蓝田吕氏在迎宾、送客等相关的礼仪环节有着十分详细的规范。宾客进门，主人需要迎接于庭下。来客告辞，如果就台阶上马，则送其上马；如果在门外上马，则送之于门外。而对于接待赴宴的宾客，同样有所要求，“燕见则使人白之，乃俟乎外次，主人出迎，则趋揖之”，[112]宾主双方礼数周全，尽显款曲之意。

随着时代的发展，常见迎宾礼仪也会产生一些变化。北宋后期，来客有初相见者，主人则是“必设拜褥”，虽多不讲拜，但是遗风尚存。到了南宋初期，拜褥之礼则“不复见矣”，又可见当时社会礼俗对于迎宾事宜的相关规范之变化。俗语有“十里不同风，百里不同俗”之说，这一时期，不同地区流行的相关礼俗也不尽相同。比如陕府地区就有所谓的“夹拜”之礼，北宋时期陕府村野妇人皆如此，男子一拜，妇人四拜，“城外则不然”，充满了独特的地域色彩。

宴席开始之前，主人为了表示礼数周到，通常还需要“揖客请食”，这也是宋代社会较为常见的宴客礼仪。南宋初年，咸阳人钱氏游学路过鄠县郊野一个大户人家，主人设宴进行款待。宴席开始之前，主人拱手敬坐，颇为“讲礼”。南宋时期，暮春时节川蜀人关寿卿同七八个僚友往青城县郊外老人村游玩赏春。日晚路过民户之家，户主人设宴款待众人，“揖客共食”，也是行“揖”礼待客的一个典型。另外，宾客之间尤其是不相熟识者，也需要相互礼敬，以示“讲礼”。北宋时期，韩缜为太常博士时，一次受邀赴宴，宴席上有一朝士素不相识，但是为了表示礼敬之意，二人坐间依然“序揖”。宋徽宗宣和末年，太学生数人在元旦之际共赴汴京城里的著名酒楼丰乐楼饮宴聚会。宴会进行中，偶见邻阁一人谈吐不凡，诸人“相率与之揖，且邀之共坐”，[113]也是礼敬有加，以结识新友。

宴饮过程中，如果中途有外客到访，主人及一众宾客通常也需要起身迎接。苏东坡曾与一众僚友宴饮，外间忽有宾客来访，席上众人“俱起延款”，表现出殷勤迎接之意，亦不乏礼数之周全。

三　宴席中需要注意的礼俗

宴请诸事准备就绪，宾主齐聚一堂，宴席即可以宣告正式开始。为了达到宾主欢畅的良好饮宴效果，东道主需要考虑和注意的席间礼俗还有很多，诸如宴坐秩序的安排、敬酒礼仪、劝酒酬宾等，都是常见的宴席礼俗规范。除此之外，主人及宾客还需要特别注重自身的言行举止是否适宜、得体，以免影响宴席气氛及个人形象。

宴坐秩序　宴饮聚会作为一种集体性质的饮食活动，合理安排宴坐秩序是一种必备的礼仪。宴饮聚会场合，宴坐秩序的安排具有“辨亲疏，明贵贱”的特殊意义，不仅体现来自主人的尊重与重视程度，同时又是宾客本人身份与社会地位的标志，还是所设宴席级别的一种象征。

因而，宴坐秩序是宴饮礼俗中十分重要的组成部分，受到宾主双方的特别重视。

宋代社会，宴饮聚会中座次的设置和安排，按照常见的礼俗规范，大体上包括序齿和尚官两种基本类型。从宴饮活动的性质来看，有官方宴请和私人聚会的大致区分，另外，预宴宾客的身份也不尽相同。因此，不同的宴饮场合，具体的座次排列也存在一定的差异。一般而言，在公务宴请之类较为正式的官方宴饮活动中，宴坐秩序尚官，即以宾客的官阶等级为主要排列依据。而诸如乡邻闾里、家族内部、亲朋好友之间私人性质的宴饮聚会，通常序齿，即按照宾客年龄大小排列，以示尊重。此外，还存在席间兼有尚官序齿的状况。具体到宴饮活动的实际开设过程，大多都会根据宴饮场合、宴会规格、宾主要求甚至是地方礼俗特色而设，总之力求礼数周全，极尽人情之美。

官方举办的宴饮活动或者是官僚之间的聚宴，一般会按照官品等级来安排宴席座次，讲究所谓的“宴坐尚官”。吕本中在《官箴》中赞赏“同僚之契，交承之分，有兄弟之义”，风俗醇美，“至其子孙亦世讲之”。至于曾经受到提携的官员，即使后来者居上，亦是“皆辞避坐下坐”。[114]

为官同僚者之间，不拘“宴坐尚官”之常例者处处有之，尤其是在科举考试中有相当明显的体现。南宋孝宗淳熙年间，永嘉人氏诸葛贲太学预秋荐。在参加考试前一夕，梦见一众学士赴宴，诸葛贲择中间一席而坐。片刻之后，同舍潘生到达。诸葛贲为了表示礼敬，揖使居前，宴席引导者则明确指出“此人合列汝后”。虽是梦境，但也显示出严格按照科考名次来排列宴坐秩序的情形。

唐朝时期，集贤院诸同僚之间宴饮会集，按照当时的惯例，宴席上官尊者先饮，而学士张说提倡“儒以道相高，不以官阀为先后”的饮席原则，受到席间众人的一致推崇。宋时，对张说的倡导依然有所沿袭。南宋时期，程俱就曾提到“至今馆职序坐，犹以年齿为差”，[115] 属于馆阁官僚之间的宴集特例。

一般而言，官方举办的宴会普遍遵循序坐以官的基本礼仪原则。对此，宋人朱彧特别强调，“客次与坐席间固不能遍识，常宜自处卑下”，为了避免出现尴尬或者引来麻烦，在不能辨识宾客身份的情况下需要“自处卑下”。[116]同时，还需要注意，席间不宜直呼宾客姓名以及妄谈时事。

宴席中特设专座或者指定座席，也属于一种常见现象。北宋初年，太宗皇帝曾在上元节登楼观灯，按照朝廷的礼俗惯例，元夕观灯之外还会设宴款待众臣。太宗皇帝特意下旨，召请太子太保赵普赴宴。宴席上更是钦定赵普坐于宰相沈伦之上，一时之间宠遇优渥，荣耀非常。在较为正式的宴饮场合中，官僚之间的宴坐秩序尤其讲究，严格按照官品等级进行排列，等级色彩十分浓郁，也是彰显身份地位的重要标志。这种宴饮礼仪在中国古代历朝历代一直延续不变，明朝时期，朝廷就曾明确规定：“凡文武官公聚，各依品级序坐。若资品同者，照衙门次第。”[117]与宋代社会的宴饮礼仪大同小异，基本原则是一致的。

官方宴饮之外，私人性质的宴饮聚会中，大多数遵循宴坐序齿，即一般以年长者为尊，这在乡间、亲友之间的宴聚活动中颇为盛行。司马光曾在《洛阳耆英会序》中明确指出：“洛中旧俗，燕私相聚，尚齿不尚官。”[118]强调洛阳地区私人之间宴饮聚会，席间序坐推崇尊老之礼。

此外，《嘉定赤城志》中所见乡里地方的劝俗文中，也明确规定乡间邻人之间，“岁时寒暄有以恩意往来，宴饮序老，少坐立拜起”，[119]颇具礼仪教化意义。川蜀地区的民风民俗亦是“敬长而尚先达”。理学家朱熹对于北方地区宴饮聚会中姑夫一类外姓之人坐于主位之举颇有微词，同时还指出，日常家居宴饮会聚，父子同坐并无不妥，但是需要注意“惟对客不得”，即对外则不能如此不分长幼尊卑，倡导在公开的宴饮场合中遵循尊老思想及伦常意识。

宋代社会，序坐以齿在乡间邻里、耆老族人之间的宴饮聚会活动中表现得十分明显。关于此，《乐书·燕族人》强调，古礼中，王与族人在非正式的宴饮场合中，并不刻意凸显作为王者的尊贵身份，而是强调

“不以至尊废至亲”的礼俗传统及尊老观念。朱熹也曾指出，“公与公族燕，则异姓为宾”，并且注释曰“同宗无相宾客之道”。[120]同样强调同族人宴饮聚会，与异姓在场的公开宴会场合有所不同，需要讲究宗族内部的尊卑伦常礼仪，礼敬耆老长辈。

需要注意的是，特定宴饮聚会，即使属于官方宴请，也需要按照既有的礼俗规范来安排座次，总体与宴会举办的性质密切相关。例如，宋代久负盛名的鹿鸣宴即是如此。鹿鸣宴与古乡饮酒礼密切结合，是官方举办并借以宣传地方乡里教化的一种重要宴会活动，属于礼仪教化性质的官方宴会。即使有乡里长官、科考官、科考士子等参加宴会，宴席的排列秩序依然秉承“序坐以齿”的基本礼俗传统，以示尊老之意，这是由鹿鸣宴特性所决定的。总之，各种状况视实际宴饮活动的具体安排而定，常例之外，也不乏特例，不能一概而论。例如，乡闾族人之间的宴集，如果宾客中有官僚杂坐，安排座席秩序时就需要稍做调整。关于此，吕大钧给出了十分详细的规范：

凡聚会皆乡人，则坐以齿（非士类者，不必以齿）。若有亲，则别叙。若有他客有爵者，则坐以爵（不相妨者，犹以齿）。若有异爵者，虽乡人，亦当不以齿（异爵者，如命士大夫以上。古者一命齿于乡里，再命齿于父族，三命而不齿）。若特请召或迎劳出饯，皆以专召者为上客，不以齿爵。余为众宾，坐如常仪（如昏礼，亦以姻家为上客）。[121]

由此不难看出，在吕大钧看来，“凡聚会皆乡人，则坐以齿”，以此作为基本原则，宾客中如果有爵位，则“坐以爵”，倘若不相妨碍，则“犹以齿”。假如是宴会的特邀嘉宾，则无论年龄、官爵，皆以其为上宾；其余受邀宾客“坐如常仪”。此种礼仪规范在当时社会具有广泛的代表意义，集中反映了宋代地方乡闾邻里宴饮聚会之际，座席秩序排列所遵循的基本礼仪规范。

常礼之外，宴饮聚会中宴坐秩序的安排又与东道主个人的德行密切相关。在实际宴会活动中，宴坐秩序排列“势利”者不乏其人。当时社会上对待入京士大夫与出都之人，其礼数与态度存在极大差异，属于常见现象。北宋名臣寇准虽然喜尚奢华，但是个人德行出众。与数位僚属在郊外园苑中饮宴会聚之际，恰巧有一位出京县令从旁边经过，寇准并不嫌弃其身份低微，邀请同席，“从容宴”，尽显个人品行风范。类似礼贤下士的例子不胜枚举，因而后世并不以寇准喜尚奢华而非议其德行。

敬酒与劝酬　宴饮聚会不仅是一种集体性饮食活动，更是体现时代礼俗文明的重要场合。宴席上宾主之间相互劝酬、敬酒，既是礼仪之必需，也是活跃宴席气氛的常见方式。

关于宴席劝酬、敬酒之类礼俗事宜，古礼中有着极其规范化的要求。关于此,《礼记》中就曾明确指出:“长者辞，少者反席而饮，长者举未釂，少者不敢饮。”[122]就是强调宴席饮酒长幼有序，突出对长辈的特别尊重。常规宴饮活动之外，在国宴之类官方相对正式的宴饮场合中，对于饮酒的相关礼仪之要求更加规范和严格。对此,《礼记正义》中有较为详细的阐释，指出国家在宴饮中制定一定的礼仪规范，具有“明君臣之义也”的特殊意义。筵席排列秩序，先是小卿，次则上卿，大夫又次于小卿。士庶子则按照等次就位于其下。在敬酒环节，则严格按照身份等级依次进行，大致遵循以下基本顺序：献君,“君举旅行酬”；而后献卿,“卿举旅行酬”；而后献大夫,“大夫举旅行酬”；而后献士，“士举旅行酬”；而后献庶子。筵席陈设所用的俎豆、牲体、荐羞等也是各有差别，如此，都是为了“明贵贱也”，[123]具有区分身份等级的标志性作用和象征意义。

古礼中官方举行的正式宴饮活动场合，为了区别众人身份尊卑与地位贵贱，具体到座次安排、敬酒先后、食物多寡、食器等级之类细节都有一套相当明确的礼仪规范，政治色彩十分浓郁。在这种情况下，宴饮就具有明礼仪、辨尊卑的重要作用，是集中展示国家礼仪与等级化统治的代表性活动。

随着时代的发展，后世遵循和沿袭古礼的同时，又根据现实需要而有所损益。宋朝时期，国宴之类较为正式的官方宴饮活动中，相关礼仪规定依旧具有明显的尊卑等级色彩。宋人徐兢就曾指出："先王燕飨之礼，以其爵等而为隆杀之节，其酌献有数，其酬酢有仪，本朝讲之详矣。"[124] 即反映了宋代社会在较为正式的宴饮场合，饮酒礼仪所体现的规范化与政治化功能。

宋朝时期，在非正式的宴饮场合中，宴席劝酬虽然也需要遵循一定的礼俗规范，但是相较于官方正式的宴会活动而言，要显得轻松活跃许多。宋人马永卿对比前代宴饮礼仪，指出当时宴饮同席者皆称为"客"，并非严格意义上的古礼。古礼中席面谓"客"，列座则谓"旅"，主人敬酒谓"献"，客人敬酒则谓"酬"，礼仪划分相当明确。至于宴饮活动中的劝酬礼俗与规则，马永卿则进一步强调，古礼中，宴饮之际主人先"献"客，客复"酬"之，然后同席皆饮；现如今宴饮聚会，不待主"献"客"酬"，而同席宾客皆饮酒也，与古礼有所不同。当然，马永卿所述也是这一时期常见宴饮礼俗的某种深刻反映。

宋代社会，宴席中的劝酬礼仪颇为讲究。宴饮聚会中饮酒一般是巡行而设，并且有中场休息时间，即所谓的中筵。宋人倪思在《经鉏堂杂志·筵宴三感》中详细介绍了南宋中期人们宴饮聚会中席间饮酒的具体情形。倪思指出，当时宴饮聚会，普遍以酒十行为礼。宴饮中酒先三行，即可少憩，俗谓之"歇坐"。在休息期间，宾客或弈棋，或纵步，或款语。如此这般娱乐尽兴之后，宴会继续举行，款曲之间则有终日之欢，因而宴会的持续时间一般会很长。宴席饮酒，如果一杯饮尽，而一杯继进，则须臾之间宴会即告结束。宾主皆无兴味，而人情亦不得款曲，因而必须设置一定的娱乐活动以佐欢助兴。

宴席间饮酒一般巡行而设，因此会出现逐人敬酒或劝酬的局面。通常情况下，席间遇到劝酒，被劝之人必须一饮而尽，表示领情以及对劝酒人的尊重，此种劝酒礼仪也是官方正式宴饮活动中须普遍遵循的。北宋神宗元丰五年（1082）十二月，朝廷明确规定，出使辽朝的宋方使臣，在辽方常规礼仪性的正式宴请活动中，“遇劝酒，须饮尽”，[125]表现出宋代在对辽交往活动中的谨慎态度。不仅国家有此规定，在日常宴饮活动中，劝酒礼仪亦然。世传范纯仁品德高尚，礼贤下士，宴会上不以官品高而自居，宴席上劝酒之际“必再三勉客，待其饮尽而后已”，[126]表现出相当的贤者风范。

宴席上劝酒，劝而不饮或者饮而不尽，都是失礼的表现，甚者会引起不快乃至冲突。北宋名臣寇准在府第与众人宴饮，席间以大杯劝客饮酒。劝酬之下，在座的众多宾客中唯独枢密副使曹利用不饮，寇准对此颇有不满，质问道：“某劝太傅酒，何故不饮？”面对质问，曹利用竟漠然视之，坚决滴酒不沾。寇准因而大怒，斥责道：“若一夫耳，敢尔耶？”[127]众目睽睽之下，面对呵斥，曹利用亦恼怒至极，厉声驳斥之余，甚至以告御状相威胁。自此以后，二人渐生嫌隙。

类似因饮酒失礼导致宾主不快的现象较为常见。南宋孝宗乾道初年，绵阳太守吴氏举办宴会招待过境官员祝氏。宴席上倡优毕集，歌舞尽现，礼仪备至。吴氏举杯相劝，祝氏却以不能饮酒为由百般推辞。对此，吴氏相当不满，责备侍酒歌伎，“必使劝酬”，[128]强制劝饮方才善罢甘休。

图 4-33　宋代菊花形银酒盏

这一时期，蒙古地区民众宴客劝酒同样如此。按照蒙古当地的宴客习俗，一般情况下，宴席上主人手执杯盏劝客饮酒。主人劝酒，客人必须一饮而尽。杯盏中若少留涓滴，则主人不接杯盏，等到客人饮尽才心满意足。

当然，宴席上面对主人劝酬，不胜酒力者也能获得谅解，关键在于态度、礼仪得拿捏适宜。因而，宾客中有不能饮酒者，起身婉言相拒，也是一种彬彬有礼的表现，通常会获得应允。北宋哲宗朝臣卢革，致仕之后退居苏州，常与一众宾客酌酒、赋诗以自娱。但是卢氏不胜酒力，性不甚饮，每被宾客劝酒，酒至三分即起身拱手，致歉曰"已三分矣"，饮酒至五分，则明示曰"已五分矣"，时人因此评价其"诚悫庄重，有前辈之风"，[129] 并未因婉言拒酒而遭人非议。宴席上受人敬酒之后，按照常见的礼俗规范，需要回敬以示礼敬有加。南宋孝宗乾道年间，郴州人氏姚宋佐在科举登第之后，任静江府教授之际，参加经略司干官举行的宴会活动。宴席上"坐客受劝觞，适当酌主人"，[130] 即是饮酒回敬的一种表示。

图 4-34　银鎏金"寿比蟠桃"杯

宴席上还常见有蘸甲之礼。宋人所谓“酒斟满，捧觞必蘸指甲”，[131]即是指此种礼俗。宋人的诗词中对此礼也有不少吟咏，展示了宴饮聚会中宾主行蘸甲之礼的场景，如“酌处酒杯深蘸甲，折来花朵细含棱”，[132]“云萍无据，莫辞蘸甲深劝”，[133]“莺燕堂深谁到，为殷勤、须放醉客疏狂。量减离怀，孤负蘸甲清觞”，[134]都是如此。蘸甲大约是一种象征性的敬酒之礼，兼具劝酒意味，具有一定的礼俗化意涵。

与蘸甲之礼类似的还有酹酒礼。酹酒礼也是宴饮聚会中常见的一种饮酒礼俗，在唐朝时期就已经为世人所熟知。唐人孙会宗大设宴席，邀请内外亲表会聚，待到行酒之时，孙氏于阶上酹酒，草草倾泼，由此引起宴席上众人的不满。但是，孙氏此举开启了一个新的饮酒礼仪。自此，人们宴饮聚会，每当行酹酒之礼，则仅仅侧身恭跪，一酹即可，礼仪趋于简单化。宋代社会依然有酹酒之礼，只是具体细节稍有不同。对此，宋人孙光宪就曾指出，“今人三酹”，表明宴饮之际常见通行三酹酒之礼。宋人诗词中也有关于饮宴行酹酒之礼的相关吟咏，如“但徘徊班草，欷歔酹酒，极望天西”[135]即是如此。

金朝境内，上到朝廷，下至州郡，还流行一种“过盏”之礼。宰臣百官生辰、民间娶妻生子，如果需要迎接天使、趋奉州官之类，则要以酒果为具。另外还有币、帛、金、银、鞍马、珍玩等物以相赠遗，主人则捧酒于宾客面前以相赞祝、祈恳，此礼即名曰“过盏”。行此礼具有“结恩释怨”的礼俗化功能和象征意义，属于通行于金朝境内的一种特有礼俗。以上场合中如果不行此礼，则被认为是不知礼的表现。

言行规范　宴饮聚会是一种群体性饮食活动，宴饮过程中宾主的言行举止不仅关乎个人德行印象，还是“讲礼”的一种表现。常见宴饮礼俗中对于宾客席间的言行举止都有一定的规范，《礼记》中就有“毋咤食”“毋扬饭”“毋刺齿”等宴饮行为规范及礼仪要求，[136]是古人端正宴席仪态的一种表现。宋人庄绰曾说，古人座席，“故以伸足为箕倨”，[137]属于一种失礼行为，而宋代社会流行坐榻，反而以垂足为礼，规范化的坐姿恰好相反。随着社会的不断发展，虽然礼俗文化有所不同，但是宴饮聚会之际要求宾客“讲礼”的礼俗规范却是一脉相承的。

宋代社会，宴饮聚会中关于宾客的言行举止，有着各种礼俗化的要求。首先，席间须注意言语得当，切忌出现喋喋不休或嘲讽诋毁他人的现象。对此，宋人袁采在《袁氏世范·与人交游贵和易》中明确要求：“与人交游，无问高下，须常和易，不可妄自尊大，不修边幅。”尤其是樽酒会聚之际，即使席间应当不拘小节、歌笑尽欢，也需要十分注意言行举止，“恐嘲讥中触人讳忌，则忿争兴焉”，[138]避免言语不当而引发一些纷争，导致宾主失和。这种规范与礼仪要求在实际宴会活动中同样适用，也是宴席上宾主普遍需要注意的礼俗细节。

北宋名臣富弼（郑公）晚年退居洛阳，一次在府第中设宴聚会，赴宴的宾客中有布衣邵雍（字尧夫）。宴席上有一道羊肉，郑公兴起之余颇为感慨，对邵雍讲道：“煮羊惟堂中为胜，尧夫所未知也。”此处提及的“堂中”为堂食，即公署之食，专门为身在公署的官员而设。邵氏身为布衣平民，自然难以品尝到官方的羊肉美食。面对如此情形，邵氏心中颇为芥蒂，以为郑公言语之间含有嘲讽之意，因而回答道：“野人岂识堂食之味，但林下蔬笋则常吃耳。”郑公意识到适才言语有失，赧然曰“弼失言”，[139]立即致歉。

宋仁宗朝臣张昇杲与程戡二人，在科举及第之前一贫如洗。立春当天，二人在朱仙镇食店买素汤饼，并采摘槐树芽以荐食而去。之后二人身份显贵，立春之日，程氏更是大摆筵席，邀请张氏赴宴。宴席陈设十分奢华，“水陆毕陈，艳妾环侍”，主人程氏颇为得意，面带骄色。席间张氏提起当年二人落魄之际在朱仙镇食槐角的旧事。对此，程氏极为难堪，“愧其左右，面赪舌咋”。[140]宴席不欢而散，宾主皆难尽兴。

名臣范镇每次设宴，席上都“尊严静重，言有条理”，宾客也是持重有加，言语举止不敢稍有怠慢。席间唯独苏东坡“掀髯鼓掌，旁若无人”，收放自如。范氏素来对东坡颇为欣赏，即使他如此喧哗，依然“甚敬之”，[141]并不介意，这属于一个特例了。

宴席之上笑语喧然，樽俎流传，宾主宜以欢洽为佳。因此忌妄自尊大，言语过多。北宋时期，大臣高若讷设晨宴邀请姚嗣宗。开宴之际，有一位老郎官不请自来，席上自举新诗，论说喋喋不休。日已三竿，宾主饥饿难耐，却无由遣去其人。姚氏见状以巧智遣之，老郎官愤然离席而去，宾主方得以就匕饮食。[142]老郎官喧宾夺主，且言语絮絮，有失饮宴之礼。

类似事件并不罕见。北宋名臣宋庠出知扬州之际，在平山堂设宴聚饮，席间有一位宾客方氏好为恶诗，并且逢人即诵读数十篇，其状喋喋可憎。由此遭到宋庠厌嫌，便对一旁的坐客胡恢曰："青牛恃力狂挨树。"胡恢会意，随即应声答道："妖鸟啼春不避人。"[143]方氏知晓其意，酒行杯落，轮到宾客饮酒之际，方氏终究按捺不住愤怒，举杯欲要击打胡恢，幸而众人及时劝阻方才避免严重冲突。

无论如何，破坏宴席气氛的各种行为，都是宴席间通行礼俗尤为忌讳的。唐时，有一人名为唐衢，颇有文才学识，但老而无成，唯独擅长哭嚎。一发声，音调哀切，闻者无不泣下。曾经游历到太原，恰逢当地飨军，席间酒酣之际乃放声痛哭，满座宾客皆不欢乐，主人最终只能因此罢宴。唐氏席间哭嚎不止实属大煞风景之举，类似状况在宋代也不乏其例。

除此之外，席间所见言语规范与礼俗要求还有很多。宋人朱彧就曾劝诫，宴席上最不可妄谈时事以及呼人姓名、背地里议论他人短处。论人之短，待到本人获知，必定会贻怒招祸，俗谓"口快，乃是大病"。因而尚需注意宴席讨论议题的范围和分寸拿捏，必要保持谨慎。

宴饮聚会中，四方宾客齐聚一堂。席间有来自异域的宾客，其方言中如果有忌讳，也是需要十分注意的。这一时期，江、淮、闽、浙等地区，土俗中各有公讳，诸如杭州之"福儿"、苏州之"呆子"、常州之"欧爹"之类。公共场合中，对类似方言中的忌讳有所冒犯实属不该，严重者甚至会引发斗殴。

北宋徽宗宣和年间，真州所在官妓远赴扬州，迎接新太守赴任。扬州太守置酒高会，大会两部妓乐。扬州当地俗语忌讳"缺耳"，真州则忌讳“火柴头”。扬州官妓自恃在本部宴会，因而意存轻慢。宴饮中故意让茶酒兵生火，继而有烟焰，趁机责备道：“贵官在大厅上张筵，如何烧火不谨，却着柴头？”面对如此挑衅，真州官妓也不示弱，笑对生火士兵曰：“行首三四度指挥，何得不听？汝是有耳朵邪！没耳朵邪！”[144] 扬州官妓听罢面红耳赤，惭愧不已。因此，方言中有所忌讳者，席间同样不宜冒犯。

其次，宴席上需要注意举止得当，切忌发生冲突。宴饮会聚，宾主酒酣耳热之际难免举止无状，常常因此引起冲突。

北宋时期，荆南副使杨绘曾经设夜宴款待宾客，其间特意唤出家妓佐酒侍宴。宾客胡师文酒酣半醉之际，“狎侮（杨）绘之家妓，无所不至”。此举被杨氏之妻于屏风后面窥见，即刻呵斥家妓，引入屏风之后鞭挞斥责。胡师文闻听响动之后离席，让主人呼家妓出面，一时之间场面颇为尴尬。主人无奈“遽欲彻席”，胡师文则不依不饶，狂怒不已，奋拳殴打主人，一众宾客拉扯止住，疲惫不堪。对于杨氏开设席间所发生的这一冲突事件，宋人魏泰颇有微词，认为“近臣不自重，至为小人凌暴”，当时士大夫也是议论纷纷，舆论“尤鄙之”，[145] 饱受非议。

类似事件在南宋孝宗淳熙十一年（1184）再次发生。当年五月，朝臣雷世贤与苏谔在宴饮中产生矛盾，雷氏当场被苏氏扇打耳光。事件影响恶劣，引发了朝野内外的极大关注。舆论发酵之下，朝廷特意委派周必大予以调查，“密切体究，请径自闻奏”，[146] 算是专事专办。

宴饮中醉酒失态，行止言语无度，尤为时人所忌讳。宋代社会，世人对醉酒失态乃至失德行为普遍心存鄙夷。官员僚属之间参加较为正式的官方宴集，尤其需要注意饮酒适度，避免失态，严重者甚至会遭到弹劾。

北宋时期，官员雍元规在僚属宴集之际饮酒过量，宴席上言色失度，“曳裾离席而游”，体统尽失。待到清晨酒醒之后，幡然醒悟，“愧畏不胜”，[147] 幸得上司宽宥才得幸免于弹劾追责。名臣韩缜任太常博士之际，官僚宴饮集会，宴席上酒行无算，盏空则酒来，场面颇为热闹。宴席开始不久，邻座一名朝士已经饮酒数杯，近乎酣醉。韩缜随即以“今万一为台司所纠”[148]为说辞进行劝诫，意在避免其醉酒失态遭到责罚。

当然，宴饮聚会既是群体性的饮食活动，过分拘谨、顾忌太多又未免失去宴饮聚会中樽俎流传、宾主欢笑的酣畅意趣。现实生活中亦不乏类似极端事例。朝臣钱明逸平日行止严谨，即使筵席上宾客无数，也只是酒一巡、食一味而已。如果宴席上宾客不过三五人，则更显简率。席上酒数斗，瓷盏一只，青盐数粒，一众宾客席地而坐，终日不交谈，寡淡无趣，亦属世所罕见。

第三节　地方宴会礼俗与饮食风尚

一　地方特色宴会礼俗

民间俗语有言“十里不同风，百里不同俗”，地域不同，宴饮聚会中所展示的地域饮食文化风尚与礼俗传统自然充满差异。其中，时代变迁、宗教信仰、国家政策、地方风俗、民族特色、个人理念、自然环境、风物特产等主客观因素无一不对饮食特色和礼俗风尚产生深刻的影响。与此同时，人口迁移、商业贸易、交通发展、对外交往等又促进了区域之间饮食文化的交流与互动。各种因素共同作用，使这一时期以宴饮为主体的饮食文化生活丰富多彩，格外引人注目。

宴饮与区域礼俗　宴饮作为一种集体性的饮食活动，不同地方展示的饮食风尚与礼俗传统难免充满差异性。古人所谓“广谷大川异制，民生其间异俗，俗诚有异也”，[149]就是这个道理。具体到各个地方，世人宴饮聚会活动，所呈现出的饮食风貌与礼俗特色更是千差万别。

宋代两浙地区以奢靡为尚，民众不喜积聚资财，而是厚于口福滋味，崇尚饮食享受。杭州一带更是崇尚轻靡，宴游之风盛行。吴越地区同样是“务以华靡相驰逐”，推崇奢侈之风。两浙地区之外，其他地区也不乏类似者。北宋真宗时期，恰逢国家太平无事，洛阳地区游宴风尚盛行，以车载酒食声乐，游于通衢，当地民俗谓之“棚车鼓笛”。

西南川蜀地区，民众自古崇尚游宴之风。《隋书·地理志》就曾记载：蜀地“士多自闲，聚会宴饮，尤足意钱之戏”。[150]时代发展到宋朝，民俗风尚依然如此，并且呈更加风靡之势。宋朝时期，蜀地奢侈之风盛行，民众喜好游荡，而家无积蓄，但凡有余资，大多用于购买酒肉以为声伎之乐。其中，尤为突出者莫过于成都。成都当地崇尚嬉游，民众家多宴乐。北宋仁宗庆历年间，朝臣文彦博出知成都府，深受当地风俗影响，常常举行宴饮活动，并且乐此不疲。《岁华纪丽谱》中描述成都民众之游赏风尚，指出“成都游赏之盛，甲于西蜀”，[151]认为此种风尚之形成大约与川蜀地区地大物繁有着密不可分的关联。

不仅普通民众喜好游赏娱乐，当地官员同样沉迷其中。成都当地，由太守引领，每年都会举行游宴活动。每逢此时，大队人马簇拥太守浩浩荡荡出游。太守所到之处，身后骑从杂沓，车服鲜华，歌吹声闻于郊野。四方奇技杂戏，幻怪百变，序进于前，以从民乐。类似此种游娱活动每年都有固定的举行日期，当地谓之“故事”。到了指定日期，除太守等人之外，当地百姓也赶巧成群出游，士女栉比，轻裘炫服，扶老携幼，阗道嬉游。有人以坐具列于广庭，以待观者，谓之“遨床”，而谓太守为“遨头”，呈现出一派欢闹景象，游赏风尚之盛可见一斑。对此，诗人陆游同样感触颇深，诗中有“久住西州似宿缘，笙歌丛里著华颠。每嗟相见多生客，却忆初来尚少年。迎马绿杨争拂帽，满街丹荔不论钱”[152]的吟咏，印象不可谓不深刻。

同一时期的北方地区，却有着截然不同的风尚。北方民俗以节俭朴实、勤劳敦厚为突出特征，以好逸恶劳为耻，类似川蜀地区的游乐风尚更是少见。例如，河朔之俗“不知嬉游”，山东潍州一带风俗“不好奢田器贵”，而陵川地区更是如此，“其民盖有唐晋之余风，俭朴而敦本”，集中展示了北方地区的文化风貌与民俗特色。南北区域风尚差异十分鲜明。宋祁就认为东南地区“靡食而偷生”，西北一带“食淡而勤生”。[153]

不仅宋祁有这种印象，明朝时期，时人张瀚同样感叹“至于民间风俗，大都江南侈于江北”。[154]传承与转变之间区域民风民俗之特色一目了然。南北异俗表现在宴饮与饮食生活中，最突出的就是食俗特色与礼俗风尚的迥然不同。

首先，食俗特色。不同区域，受地缘因素及自然环境的影响，所出物产有所不同。由此对所在区域食物品类、烹饪技艺、品味习惯和饮食特色等产生了巨大而深刻的影响。

从地域上来看，尤以南北饮食差异最为明显。明人谢肇淛在《五杂俎》中详细列举了南北物产之间的差异。从饮食结构上来看，东南之人食水产，西北之人食六畜，这是显而易见的饮食习惯。食水产者，龟蛤螺蚌以为珍味，不觉其腥臊；食六畜者，狸兔鼠雀以为珍味，不觉其膻也。除此之外，在更偏远的地方，如南方之南，日常饮食中烹蛇酱蚁、浮蛆刺虫也是习以为常；而北方之北，茹毛饮血、拔脾沦肠并不以为异常。南北异俗极其鲜明地反映出专属于某个地域的特定饮食风貌与食物特色。

宋代社会，各地饮食十分丰富。南宋时期，孝宗与一众臣子宴饮聚会。席间孝宗兴起，询问起在座臣子家乡所出特产，众臣子纷纷应声而答。其中，番阳人洪迈答道：“沙地马蹄鳖，雪天牛尾狸。”庐陵人周必大则曰：“金柑玉版笋，银杏水晶葱。”另有浙江人某侍从说：“螺头新妇臂，龟脚老婆牙。”[155]仔细观察，可见三人所指均为水产类美食，充满了浓郁的地方特色。

烹饪方法和口味也充满了区域特色。例如，万州地区的百姓售卖杏子，往往先剔取其内核，取杏仁作为药用材料。当地所产的茶味甚苦，炊茶时不剪枝叶，仅仅掺杂茱萸煎服。以茱萸煎茶的习俗并非万州地区所独有，秭归地区的民众“蚯蚓祟人能作瘴，茱萸随俗强煎茶”，[156]同样有如此喜好，与常见的以茶叶入饮的做法有所区别。

除地方物产之外，从饮食口味及偏好上来看，南北地区同样充满明显的差异，所谓“南食多盐，北食多酸，四夷及村落人食甘，中州及城市人食淡”，[157]即是这方面最显著的反映。体现在日常饮食及烹饪方法上，又有所区别。北方地区民众喜好用麻油煎制食物，“不问何物，皆用油煎”。而关于南方地区民众的饮食习惯，欧阳修曾经概括指出，“南方精饮食，菌笋比羔羊。饮以玉粒粳，调之甘露浆。一馔费千金，百品罗成行”，[158]感叹南方人饮食精致细腻，品种更是丰富多样。

具体到各个地方，区域特色饮食同样丰富多样。秦、陇一带地区民众在冬日里喜好制作一种名为“回汤武库”的节令美食。每逢冬季大寒之后，当地家家户户即着手制作，多方搜集羊、豕、牛、鹿、兔、鸽、鱼、鹅等百珍，预期大约十天办造，到了元旦之日方能完成。此道美食以所掺杂羊、豕之类食味种类多者为上。制成之后，搭配汤饼，盛筵而荐之，因此命名为“回汤武库”。类似于掺杂各类食材混合烹制的臊子，品尝之下犹如“大豆加以汤液滋味”。这种食物在当地相当盛行，“时人以为节馔，遂以老室儿女辈举饮食”，[159]是秦、陇地区特有的节令美食，深受当地民众喜爱。

陕西人陶穀就曾记载，腊日里家宴，作腊“四方用种种轻细，不拘名品，治之”，与“回汤武库”的制作方法颇为类似，同样是掺杂各类食物而成的腊日珍馐。西北地区民众大多“以羊为贵”。因此，对于陶弘景在《本草经注·蒲萄》中所载“北人多肥健，谅食此物”，宋人张舜民提出了质疑，认为此种说法是不知当地“有羊肉面也”，[160]意即食羊肉才是北方人多肥健的重要原因。关中一带民众则喜食驴肉，风味爱好独特。

北方女真所在地区，生长着一种野生的白芍药花，人们采摘芍药芽为菜，掺杂面粉进行煎制，味道脆美，并且可以长时间保存。当地居民常用这道芍药花芽菜款待宾客、吃斋素，同样不失地方风味。与此类似，金人日常饮食中，尤其喜好研磨芥子，与醋掺杂，伴肉而食。而心血脏瀹羹，通常则是芼韭菜而食。由于当地不产生姜，因而十分珍贵，只有在设宴款待宾客之际才用，日常不肯妄用。贵客临门，缕切数片姜丝置于碟子中，单放摆盘，以为待客之珍品。不似宋境民众，喜尚以姜为调料杂于饮食中食用。

文州地区的羌人，常见制作一道牦牛酥美食，美味异常。河朔一带民众日常饮食中喜好一种“油汤”，搭配酸浆粟饭食用，在当地颇为流行。江南人则多喜食黄独，即芋魁中之小者，名曰“土卵”，当地土俗称为“黄精”。

具体到各个地方，饮食更是丰富多样。江南及沿海一带物产丰富，食物种类及其制作技艺充满地域特色。宋代有谚语云：“不到长安辜负眼，不到两浙辜负口。”[161] 即是对当地美食的赞誉与叹赏。江南地区众多食材中，尤以鱼、鳖等水产为特色。江南人喜好制作一种盘游饭，食材中脯鲊、鲙炙，无所不有，食用起来颇为独特，“皆埋之饭中”，故而名为“盘游饭”。吴兴地区民众以鲙为盛馔，在贵客登门、新婚庆贺等宴集聚会之际，席面上必然会摆设这道美食。宴席之上盘饤罗列，更无别味，满目皆为鲙，也是相当独特。宋人何薳也曾指出，吴兴所产溪鱼之美，冠绝于其他地区。当地人宴饮会集，必以斫鲙为勤，属于宴席中的上品美食。

除了以鲙为待客美食之外，其烹饪技艺与制作方法同样充满了地域特色。当地街市，凌晨即有数十位鲙匠，站立于市场鱼肆之前，视买家所买鱼数之多寡，选择裁红缕白，铺成花草鸾凤或诗句辞章，切割手法相当精妙。另外，当地人还擅长制作一种蘸料的“齑”，因而有“金齑玉鲙”的说法。切割片取鱼片之后，以剩余的鱼骨头熬制羹汤，味道清淡，自有其鲜美滋味。此汤一般在席末呈上，宾客食鲙之后各食用一杯，吃法颇为别致，称为“骨淡羹”。长兴一带民众制鲙尤其轻薄，犹如蝉翼，手艺超群，为他处所不及。

靖州风俗，居丧期间不能食用酒、肉、盐、酪，而只以鱼为菜蔬，湖北称为“鱼菜”。除了鱼类之外，其他水产也是十分丰富。杭州人“嗜食田鸡如炙”，即尤其喜食蛙肉。南宋高宗时期，朝廷一度下诏禁止烹制和食用蛙肉，但是直到南宋中期，当地民众仍“习此味不能止”。卖蛙者剖刳冬瓜用来盛放活蛙，将其置于食蛙者之家门口，土俗谓之

“送冬瓜”。浙江地区民众以牛肉为珍馐上味，而秀州青龙镇一带民众，凡是举行盛大宴会，必要杀牛取肉，巧为庖馔，恣啖为乐。

岭南、川蜀一带饮食风俗同样颇为引人注目。钦州地区风俗，亲人去世则不食鱼肉，而以螃蟹、车螯、蚝、螺为食，谓之“斋素”，以其无血也。此种饮食风俗与湖北地区民众居丧期间只食“鱼菜”迥然不同。海南一带黎族人，亲人去世则不食粥饭，只饮酒、食生牛肉，土俗以此举为至孝。江南、闽中居民不好食醋，酿红曲酒，即红糟。每到秋天当地民众尽食红糟，蔬菜鱼肉无不以红糟拌和。信州地区风俗，冬月里以红糟煮鲮鲤肉售卖，鲮鲤即穿山甲。川蜀人每食有剩余，不论何种食物，皆投于同一器皿之中。如此，过三个月之后方取食用，俗称为“百日浆”。当地民众认为此种浆食极为贵重，“非至亲至家，不得而享也”。[162]

琼州一带民众食味独特，凡是草虫、蚯蚓尽可捕食，捕获之后放入截竹中炊熟，破竹而食。广西人则喜食巨蟒，每每遇到，即口诵“红娘子”三字，巨蟒辄静止而不动，其人且行且诵，以藤蔓击打蟒首于木，刺杀之。广东民众喜食一种名为“蚁子酱”的美食，即从山间掘取大蚁卵为酱制作而成。

英州碧落洞一带产有一种极其珍贵的乳羊，此羊因常年饮用钟乳涧水而体白如乳，因此有“乳羊”之美称。湖州人朱彧记载，其于北宋末年游历至广州，当地蕃坊所献食物多以糖蜜、脑麝为调料增香，有鱼虽甘旨，而腥臭自若也，唯烧笋菹一味可食。[163]

对于岭南地区的食俗特色，宋人周去非颇多感慨，指出深广及溪峒人，不问鸟兽蛇虫，无不食之。遇蛇不问短长必捕，遇鼠不别小大必执，蝙蝠之可恶、蛤蚧之可畏、蝗虫之微生，悉取而燎食之。蜂房之毒、麻虫之秽，悉炒而食之。蝗虫之卵、天虾之翼，悉鲊而食之。其间异味“有好有丑”，不能一概而论，也可见岭南地区食风特异之一斑。[164]

除此之外，不同民族之间的饮食习惯与口味特色也存在十分明显的差异，即宋人所谓的“羌汉丛会，俗尚不一”。[165]吐蕃民众饮食习惯相当独特。宋人邵伯温指出，吐蕃族在唐代最为繁盛，到宋朝开始呈现出衰落趋势，青海、甘肃、四川部分地区，皆为吐蕃族遗民聚居区域。吐蕃人喜欢生食，日常饮食没有蔬茹醯酱等调味料，只用盐调和滋味，尤其喜好饮酒和茶。但是不同区域的吐蕃族群饮食习惯也有所区别，如灵州境内的蕃落就喜尚以牛、酒款待宾客，而吐蕃民众日饮酥酪，嗜茶为命。不同民族及地区都有其独特的饮食习惯与口味特色，以上所见就极具典型意义。

有趣的是，这一时期，南方地区有些部落民众之间还盛行一种特别的饮食方法，即“鼻饮之法”。仡佬族民众饮不以口而以鼻子吸取，自取其便，名曰“鼻饮”。鼻饮之际，拿出陶器当作杯碗使用，旁边有一小管，如同瓶嘴，以鼻就管吸酒浆。夏季暑月里喜好以此法饮水，认为水自鼻中缓缓流过而入咽，个中妙处不可言状。

邕州地区民众同样盛行鼻饮之法。辰、沅、靖州有仡伶、仡僚、仡榄、仡偻、山瑶，即当地居民，饮酒也喜尚用鼻饮之法，一饮至数升，名曰“钩藤酒”，醉酒之后男女聚集踏歌欢乐。农闲之际一二百人会聚一处，手相握而歌唱，又有数人在前吹笙导引，相当热闹。同时，又在树荫下放置一大缸酒，饥饿时不吃食物，仅就缸取酒恣意畅饮，已而复歌，疲倦则夜宿野外。如此狂欢不断，一直持续五天或七天方才散场归家。

邕州溪峒与钦州村落居民也盛行鼻饮风俗，其鼻饮之法同样相当独特。饮用之际，用瓢盛装少量清水，将盐及山姜汁数滴放入水中，瓢上有小孔，拿一小管如瓶嘴，插于鼻孔中，导水升脑，循脑而进入喉中。富贵人家则用银器为盛水器皿，次以锡，再次以陶器，最次为瓢。饮用时必要吃一片腌鱼鲊，如此水才能顺利流入鼻中，不与气息相激。鼻饮之后必要吐气，“以为凉脑快膈，莫若此也”，[166]颇为畅爽。当地鼻饮之法仅用于饮水，而不饮酒。另外，海旁人则习惯截取牛角，用以饮酒。瑶族风俗，盛行使用竹釜，截大竹筒来做烹煮锅具，食物煮熟而竹筒却不熸。

礼俗风尚　不同区域、民族之间，饮食所见礼俗风尚同样充满了明显的差异，有些现象十分引人注目。

北宋太宗太平兴国年间，朝臣王延德等奉命出使高昌，到达西州一带，体察当地风土民情。西州出产五谷，唯独不见荞麦，富贵人家常食马肉，此外也不乏吃牛肉及凫雁的。当地乐器多用箜篌，喜尚骑射，民众更是喜爱游赏，出游必携带乐器。尤其是春暖时节，民众多出门游玩，群聚欢乐。一众游乐者骑马持弓矢射物，民俗谓之曰“禳灾”。

除此之外，吐蕃民众也有不少特殊风俗。吐蕃一带有者龙族，者龙族内共分为十三族。其中，有六族归附于迷般嘱及日逋吉罗丹，以厮铎督为首领。厮铎督本人生性刚决平恕，每次集会宴见诸戎首领，设觞豆饮食之际，必让位卑者首先享用。

女真民众的饮食风俗也颇具特色。早期女真族并没有贵贱之分。邻人酿酒欲熟之际会烹鲜击肥，邀请众人会聚饮宴于其家。众人不分贵贱老幼，团坐而饮。酒酣之际宾主轮流歌舞以相夸尚。之后，随着时代的发展，族人稍微知晓尊卑礼节，则不复如此。东海女真民众聚居于极边远而近东海的地区。当地女真内部有人设宴聚会，宾客则会尽携亲友赴宴，与东道主相近之家不召而皆来。宾客落座，主人则站立侍奉，食罢，一众宾客方邀请主人就座，酒行无算，宾主尽欢而散。契丹及女真富贵家庭子弟常常在月夕饮酒聚会。每逢此时，则“相率携尊，驰马戏饮”。[167] 妇女听闻其人到来，则多聚集围观。众人欢闹之余又令女子侍坐，给其酒则饮而不拒，也有起舞唱歌以侑觞佐欢者。

蒙古人因久住燕地，沿袭金人风俗遗制，同样喜好饮宴为乐。其中有摩睺国，当地居民饮食风俗很有特色。民众多不好洗手，每次抓食完鱼、肉等食物，如果手上沾有脂腻，则会在衣袍上擦拭，直至衣袍破损丢弃，也不会浣濯洗净。民众凡是宴饮聚会，无一不用席。

北宋时期，京师富贵之家有事宴请宾客，多会选择在每月上旬举行，即月半之前。民间风俗以为月望之后，气候渐弱，行事全不中用。

湘西五溪一带风俗，秋冬之交盛行聚饮欢乐，当地俗语称为“吃乡”。黎峒居民有亲人故去，聚会之际，击鼓而歌舞，饮酒三杯之后，去除周身设备，只以弓刀置于身侧。

值得一提的是，某些地区居民宴饮聚会之际，还盛行夸耀炫富之风。例如，巴巫地区，当地民众多积聚黄金，每有聚会，即于宴席上罗列三品以炫耀夸尚。西南地区的仡佬居民，富裕人家多以白金仿制成鸟兽形状并为酒藤器具，尤以牛角、鹈鹕形状居多。每当聚会饮宴，则盛列诸品以夸耀于一众宾客面前。广州地区的蕃坊人家，以岁事开宴之际，“迎导甚设，家人帷观”。[168] 筹办宴会更是挥金如粪土，无论贵贱皆然。宴饮聚会中，喜尚将众多珠玑、香贝堆砌于座席之上，用以炫富，当地风俗以此为“其常也”，相当普遍。

这一时期，还常见略具“验客”刁难性质的宴饮风俗。例如，深广、溪峒民众款待宾客，其甚者则煮羊胃，混杂不洁之物以为羹汤，民俗谓之“青羹”，用以试探宾客心意诚恳与否。宾客如果能忍耐而选择食用，主人则大喜；不食用，则认为其人多猜忌。黎峒民众招待宾客，当地土俗亦多盛行猜疑之风。有客人来访，主家不遽然接见，而躲藏于隙间暗中观察宾客。观察之后，遣奴婢出来迎接设席，客即席坐定，一段时间之后，主人才缓缓出来相见。置酒待客，先以污秽劣食请客人品尝，客人食用不疑，主人则无比欢欣。继而以牛酒盛情款待。如果客人拒绝食用，主人则会遣客出门。湘湖地区的瑶人款待宾客同样流行此种风俗。有客人临门，主人出迎却不交一言。置酒待客，先呈上“真臭味”食物，客人如果不推辞而食用，主人则欢喜。客人若稍有嫌弃之意，则会被主家驱逐出门。

蒙古人饮酒风俗也很有特色。众人饮酒之际，邻座相互尝换，“若以一手执杯，是令我尝一口，彼方敢饮；若以两手执杯，乃彼与我换杯，我当尽饮彼酒，却酌酒以酬之”。凡是见到宾客醉中喧哄失礼、或吐或卧，主人则大喜曰：“客醉，则与我一心无异也。”[169] 以上种种，地域色彩相当浓郁，是不同民族饮食习俗中颇为引人注目者。

二　往来之间：区域饮食文化的交流与互动

受人口迁移、交通运输、商业贸易、对外交往等各种因素的影响，宫廷内外、不同区域及民族之间饮食文化交流不断。其中，既有饮食的交流与融合，也有风俗的影响与互动，使这一时期饮食生活更加丰富多彩。

饮食交流　饮食文化之间交流最直观的体现即是饮食的互动与融合。宋代社会，不同区域、民族间饮食的交流互动十分普遍，在民众日常饮食生活中处处可见。

以海鲜产品为例，北宋初期，京师汴梁地区各类海物“亦未尝多有”，蚬蛤成为京师居民眼中的珍馐佳肴，十分珍稀。仁宗时期，秋日里蛤蜊初次运送到京师，宫廷内宴上有人献食，统共仅有二十八枚。仁宗得知蛤蜊每枚价格高达千钱，心中颇不乐意，最终以戒除侈靡为理由断然拒绝食用。之后，随着时代的不断发展，京师市面上可以见到的海鲜产品渐渐丰富起来，士人稍食之，蚬蛤也因此日益增多，并不像宋初那般珍贵异常。但是京师人对于海鲜产品的认识、制作、食用依然处于不甚成熟阶段。直到仁宗庆历年间，京师地区尚有庖厨对海鲜产品不得烹饪之法。

沈括在《梦溪笔谈》中讲述了一件相当有趣的奇闻逸事。当时一群文人学士在玉堂宴饮聚会，有人特意买来一篑生蛤蜊让庖厨烹饪以备享用。宴饮之际，众人等待许久却不见蛤蜊端上桌，一时之间都颇为疑惑。焦急之下，遣人进到后厨进行催促检视，厨师颇为无奈地回答道：“煎之已焦黑，而尚未烂。”[170]方才探知庖厨不懂烹饪海鲜方法，由此闹出一段笑话。沈括还分享了一段亲历的饮食趣事。他曾受人邀请前去赴宴，宴席上有一道油煎鱼，鳞鬣虬然，全然没有下筷子的地方，主家这道煎鱼的烹饪方式也是相当令人费解。

北宋仁宗嘉祐年间，欧阳修在京师初食车螯，感慨万千，作《京师初食车螯》一文，文中描写了宴席上宾客品尝车螯的情形。其中有言："累累盘中蛤，来自海之涯。坐客初未识，食之先叹嗟。"感叹自从宋朝一统海内之后，随着四方交通运输的便捷，南产、西珍各种奇珍异物纷至沓来，京师地区所见物产随之丰富起来。"岂惟贵公侯，闾巷饱鱼虾"，鱼虾之类海鲜产品已不再是富贵人家的专属，寻常闾巷百姓也能享受到此类美食，然而，"此蛤今始至，其来何晚邪"，海产品中的车螯却依然少见，宴席上众宾客"共食惟恐后，争先屡成哗"，[171] 争先恐后品尝这道海鲜美味。

但是无论如何，南北饮食交流已然十分繁盛，与宋初相比，已经是大有改观了。大约是受到运输和储存条件的限制，车螯在很长一段时期都是京师地区民众餐桌上的一道珍馐佳肴。宋哲宗绍圣三年（1096），朝廷还规定，福唐与明州岁贡车螯肉柱五十斤，是供应朝廷的贡品，属于极南地区海产之珍品。随着时代的发展，到了徽宗时期，已然形成"会寰区之异味，悉在庖厨"的饮食风貌，富贵人家餐桌上常见的饮食种类也日益丰富起来，甚至出现了"富有小四海矣"的盛况。四方所产南蝤蛑、北红羊、东虾鱼、西粟无一不有，可谓相当丰盛。北宋宣和年间，徽宗与一众近臣饮宴，有臣子赋诗进献，诗中有"海螯初破壳，江柱乍离渊。宁数披绵雀，休论缩颈鳊。南珍夸饤饾，北馔厌烹煎"[172] 的吟咏，宴席所见南珍北味可谓应有尽有，已经不似仁宗初期海鲜尤为珍异的情况了。

与车螯类似的水产美食还有仔鱼。宋初，京师开封民众以仔鱼为天下珍馐美味，异常稀罕。即使是贵为朝廷大臣，如有馈赠，也不过数尾而已。随着时代的发展及交通运输的日趋便捷，为了满足京师民众对于仔鱼的消费需求，市面上的仔鱼逐渐增多。北宋中期以后，京师民众之间馈赠仔鱼已经不再是仅有数尾，"遗人或至百尾"，仔鱼的价格也因此骤降，已然成为寻常所见的水产美味。

为了满足民众对水产海鲜等食物的消费需求，京师开封城里市面上所见贩卖海鲜等水产品者比比皆是。街市上常见有"鱼行"，鱼行售卖各类活鱼。为了保持鲜活，用浅抱桶盛装，以柳叶间串，置于桶内清水中浸泡，也有循街出卖零售的鱼贩。每日清晨，有多达数千担的活鱼从新郑门、西水门、万胜门运入城中，数量相当可观。冬季里，有从各地远道而来售卖的鱼商，谓之“车鱼”，所贩卖的鱼每斤不到一百文，价格颇为便宜。为了满足往来各地民众的饮食需求及口味选择，京师市面上还常见开设有南食面店、川饭分茶之类的饮食店铺。

部分地区受经济发展水平、交通运输条件、区域饮食习惯等因素的限制，饮食文化交流依然稍显滞后。例如，宋神宗元丰中期，关中地区还有人不认识螃蟹为何物。秦州一带有人家收得一只风干螃蟹，当地人害怕其形状而以为是怪物，“不但人不识，鬼亦不识也”，[173] 这种状况又与京师民众遍吃南珍北味的状况不同。

南宋时期，杭州地区以其独特的地理位置和优越的自然环境，在食物种类及饮食文化交流上占据得天独厚的优势地位。宋室南渡之初，为了满足南迁而来的北方民众饮食及日常生活需求，以获得丰厚的销售利润，商贩经营手段也是颇为灵活。杭州城里街市上售卖的年节物品，皆沿袭都城开封遗风，“名色自若，而日趋苟简”。与此同时，为了迎合北方人“嗜甘”的独特饮食口味，市面上售卖的鱼蟹常添加糖蜜。随着时代的发展，南北饮食交流与融合日盛，南北界限逐渐混同难辨。对此，生活在南宋后期的吴自牧就曾感慨道：“南渡以来，几二百余年，则水土既惯，饮食混淆，无南北之分矣。”[174] 南北地区人口的不断迁移与互通往来，极大地促进了饮食的交流与融合，南北饮食风味融合，饮食文化日趋丰富多彩。

除了饮食的交流互动之外，饮食器物的融合也是相当明显。据传，宋初绿髹器之流传始于朝臣王钦若家。王家每回设宴聚会，都盛列绿髹器，设计形制出自江南，颇为朴素。仁宗庆历年间以后，“浙中始造，盛行于时”，绿髹器开始逐渐流传开来。襄州一带擅长制造漆器，受到民众追捧，各地继而仿照其样式进行制造，谓之“襄样”。[175]

南宋时期，临安城里街市遍布青白碗器铺、温州漆器铺等店铺。在当时的海外贸易中，番商用漆器、瓷器等博易售卖，海外需求同样十分旺盛。南海地区民众，海舶贸易以酒、米、面粉、纱绢、漆器、瓷器等为大宗货物，岁末或正月发舟出海售卖，到五六月间方回舶返航。海外贸易往来中各类饮食器物属于常见货卖产品，不同区域之间相互交流，相互融通。

北宋末年，宋廷派遣出使高丽的使臣受到热情接待，使臣见到高丽宫廷宴席上所用盘盏之制皆效仿中国，但是具体设计细节又存在些许差异。例如，宴席所见盏深而扣敛，舟小而足高，“以银为之，间以金涂，镂花工巧”，[176]形制颇为精巧。宋徽宗宣和年间，在金朝宫廷的御宴上，宋方使者观察到金朝皇帝使用的饮食器物，果碟以玉，酒器以金，食器以玳瑁，箸以象齿，彰显特有的王者风范，与宋朝境内以金银器物为贵重的风俗别无二致。

礼俗互动　不同历史时期，区域间、民族间、宫廷内外饮食风尚和礼俗文明不断交流融合。其中，以宴乐之类饮食娱乐活动颇为典型。

宋代社会，宫廷内外包括饮食文化在内的礼俗风尚相互影响，沿袭成风，所谓“贵近之家，放效宫禁，以致流传民间”，[177]成为这一时期十分普遍的现象。反过来，民间礼俗风尚对于宫廷的影响同样不可小觑。宋徽宗政和年间，有郎官朱维擅长音律，尤其擅长吹笛，技艺堪称一绝。曲艺流传到宫廷内苑之后，受到教坊的一致推崇，朱维因此被朝廷任命为典乐。

北宋著名词人柳永流连于东都南北二巷，所作新乐府词，骫骳从俗，天下咏之，广受民众的追捧。后来词曲传入宫廷中同样大受欢迎，仁宗皇帝就颇喜爱柳词，每每置酒对饮之际，“必使侍妓歌之再三”。一直到南宋时期，宫廷内苑仍然流传柳永词。宋高宗时期，七夕之际宫廷内举行节日宴饮活动，至晚忽起大风，雨下如倾。宴会上命教坊进词以娱乐佐欢，其间有应制《鹊桥仙》词一阕，词中有言“柳家一句最著题，道‘暮雨芳，尘轻洒’”，[178]高宗皇帝听后“为之一笑”，小词算是应时应景之作。

随着时代的不断发展，市民文艺逐渐渗透到宫廷内部，呈现出日益融合的发展趋势。南宋时期，宫廷内部宴乐之类娱乐活动的演出人员就有从民间临时召集者，具有浓郁的市井风格。宋高宗绍兴年间，朝廷废除教坊职名，凡是遇到国家举行大朝会、圣节贺寿等盛大活动，御前宴设以及驾前导引之类奏乐演出事宜，一并指派临安府衙前乐人，令修内司教乐所集定姓名，“以奉御前供应”。“百戏蹋弄家”等杂戏演出班底，每逢国家大朝会、圣节贺寿等活动，同样“宣押殿庭承应”，临时应召，负责相应的演出活动。市民艺术与宫廷宴乐相互影响，内外互动之中展现着属于这一时期独特的艺术生活画卷。

不同区域和民族之间文娱艺术的交流与交融同样十分频繁。南宋时期，临安城里名噪一时的商业化音乐组织“清乐社”，每社内部有成员不下百人，所演绎的名目就包括鞑靼舞老番人、耍和尚等。仅“福建鲍老”一社，演出成员就有三百余人，而“川鲍老”也有一百余人。单从节目名称上来看，就具有十分明显的地域特色。

除此之外，唐朝时期西北地区流行的梁州舞，到宋代依旧盛行。北宋中期，著名文人晁补之经过彭门，在当地与友人饮宴聚会之际，宴席上即有歌伎舞梁州舞曲来佐酒助兴。

南宋高宗皇帝时期，掖庭中有一名歌舞伎号称“菊夫人”。菊夫人能歌善舞，并且妙于音律，为仙韶院众人之冠首。菊夫人演绎的梁州舞曲就深受高宗皇帝的青睐。词人赵长卿在《水龙吟》小词的序文中讲述道，众人在江楼饮宴聚会，宴席上有歌伎名盼盼，宴饮中盼盼翠鬟侑樽，酒行之际，弹琵琶曲、舞梁州，赵长卿欣赏之余，饮酒酣醉中作词以赠之。以上种种，都是区域和民族间文艺交流互动的典型表现。

第五章　宋代宴会中的各种娱乐活动

古人有所谓“佐酒，助饮酒也”[1]的说法，助饮的方式名目不一。宋代社会，民众的饮食生活丰富多彩，宴会中常见用来娱乐佐欢的活动更是层出不穷。不仅有常见的音乐、歌舞、杂剧、幻术等各类演出，还包括博戏、酒令、赋诗填词等。王国维先生在《宋元戏曲史·古剧之结构》中讲述了宋元时期的戏曲：“盖古人杂剧，非瓦舍所演，则于宴集用之。瓦舍所演者，技艺甚多，不止杂剧一种；而宴集时所以娱耳目者，杂剧之外，亦尚有种种技艺。”[2]即是这一时期宴饮聚会中所见娱乐活动丰富多样的一种反映。

第一节 乐舞及杂艺

《诗经·唐风》中有“子有酒食，何不日鼓瑟？”[3]一句，《乐图论·王日食一举》中同样有“以乐侑食，使闻和声则心平而气行也”[4]的说法，都极其深刻地反映出古代社会人们饮食以乐的特殊需求和普遍现象。时代发展到宋朝，世人对于饮食生活中娱乐活动的需求同样如此，甚至认为“乐以侑食，不可废也”，[5]强调了娱乐佐欢的必要性，宴饮聚会中娱乐的大众化需求和趋势也在不断增强。

一 宴会中演奏的音乐和特色歌舞曲艺

音乐 音乐是宴饮聚会中极为常见的娱乐活动，在宋代社会民众的日常饮食生活中具有不可替代的重要作用，运用范围相对广泛。这一时期，世人宴饮聚会，以音乐助兴的现象比比皆是。

北宋初期，少卿冯吉因擅长弹奏琵琶而闻名于世。冯吉弹奏琵琶美妙动听，技艺更是超出宫廷乐府，举世无双。凡是宴饮聚会，酒酣即弹，弹罢起舞，舞罢作诗，诗罢昂然而去，自谓曰“冯三绝”。

宋代类似冯吉这般技艺超群的乐人还有很多。宋仁宗庆历年间，欧阳修出任滁州通判，幕僚中有一人名为杜彬，擅长弹琵琶。每逢饮酒，欧阳修都会让杜氏弹奏琵琶以娱乐佐欢。曲动乐进之下，宾客往往酒行无算，颇得其乐。欧阳修也曾作诗予以吟咏，有“坐中醉客谁最贤，杜彬琵琶皮作弦”[6]一句，对于杜氏的琵琶演艺赞赏有加。

宋朝时期，音乐佐欢并非富贵阶层专属，普通百姓宴饮聚会中同样相当盛行。广西一带民众多能合乐，城郭村落里凡是祭祀、婚嫁、丧葬等较为正式的场合无一不用乐，即使是耕种劳作，亦必口乐相之，“盖日闻鼓笛声也”。在秋收后闲暇之余，村民通常招乐师以教习一众子弟。相传宫廷中有教坊官于离乱之际流落到浔州平南县，教习当地人合乐，音律声韵“甚整”，一时间颇受欢迎。南宋时期，天台市居民吴医为及笄之女择婿，为了延接新婿，家里更是大摆筵席，“呼倡乐，罗陈于堂”，场面热闹非凡，相当壮观。陈州人段少连晚年致仕之后，退居乡里，常与一众乡老宴饮聚会。酒酣之际，自吹笛以助兴，在座宾客中有知音律者，亦皆以乐器和之，气氛融和而不失欢洽意趣。

宋人诗词中诸如“美人低按小秦筝，坐中劝酒一再行”[7]、“弦管沸欢筵，筵欢沸管弦”[8]等，再现了人们宴饮聚会中以音乐佐欢的生动场景。同样是宴饮奏乐，唐人诗词中所见吟咏却是“四方骚动一州安，夜列樽罍伴客欢。觱栗调高山阁迥，虾蟆更促海声寒。屏间佩响藏歌妓，幕外刀光立从官”[9]的热烈喧闹景象，与宋人宴席间的音乐风格迥然不同。

单从乐器上来看，达达乐器，如筝、秦琵琶、胡琴、浑不似之类，所弹之曲，与汉族所尚曲调截然不同。以鼓为例，唐朝时期，杖鼓原本谓两杖鼓，两头皆用杖。而宋代社会的杖鼓，仅仅是一面以手拍打，与唐代的汉震第二鼓无异。到了南宋时期，杖鼓又有所变化，常时只是打拍，鲜有专门独奏之妙，日常所见用者趋于鲜少，以至于“古曲悉皆散亡”。[10]

吴自牧在《梦粱录》中描述了当时社会世人选择宴乐的情形，指出士庶百姓为图简便，举行宴会之际，都用融和坊、新街及下瓦子等市面上常见的散乐家。表演之际，以女童装末，加以弦索赚曲，只应场面而已。但凡需要细乐，则不用大鼓、杖鼓、羯鼓、头管、琵琶等乐器，只选用箫、笙、筚篥、嵇琴、方响等，其音韵清雅且动听。以上种种，是不同历史时期世人审美品位及时代发展的产物，在满足人们宴饮娱乐需求的同时又很好地反映了特定的时代文化特色。

歌唱　唐朝诗人李白有一首颇为著名的诗《寄王汉阳》，该诗生动

图 5-1　河北宣化下八里出土《辽朝散乐图》壁画

地再现了众人夜宴的欢闹情景，有“锦帐郎官醉，罗衣舞女娇。笛声喧沔鄂，歌曲上云霄”[11]的描绘，即是宴饮中以歌舞娱宾遣兴，尽得宾主欢醉之效。唐诗《听歌鹧鸪辞》序言中，讲述了夜宴将罢之际，有歌伎登场唱鹧鸪词，“词调清怨，往往在耳”，诗中更是以“响转碧霄云驻影，曲终清漏月沈晖”[12]来盛赞歌伎演唱技艺的高妙，令人回味无穷。宋代社会，世人宴饮聚会中以歌唱助兴同样非常盛行。

宋代的歌曲，按照艺术形式来划分，大体上有叫声、小唱、嘌唱、唱赚、鼓子词等几种主要类型。例如嘌唱，就是“上鼓面唱令曲小词”，这种唱法大致上与叫果子、唱耍曲儿为一体，一般在私人宅院中较受欢迎。南宋时期，杭州街市上常见有三五乐人为一队，“擎一二女童舞旋，唱小词，专沿街赶趁”，还有小唱、唱叫、慢曲、执板、曲破等，“大率轻起重杀”，正谓之“浅斟低唱”，演绎风格颇具特色。[13]

值得一提的是，宋代社会人们宴饮欢乐之余，对于歌曲和歌者同样颇为挑剔，对席间歌唱演绎效果的要求往往较高。歌者必须是“玉人，檀口皓齿冰肤。意传心事，语娇声颤，字如贯珠”。若非朱唇皓齿，无以发其要妙之声。如若歌唱令曲小词，则要求歌唱者声音软美，还要与唱耍曲儿、叫果子“不犯腔一同也”，欣赏品位可见一斑，对歌唱者本身的技艺要求相对较高。古人“善歌得名，不择男女”，歌唱优美可听即可。但宋人的审美意趣及欣赏品位却是相当独特，当时社会“独重女音，不复问能否。而士大夫所作歌词，亦尚婉媚”，[14] 以女性歌者为尚。要求词曲风格婉约柔美，正适合人们宴饮欢乐之际尽享浅唱低酌意趣。因而，在实际表演中，世人更是对“女音”情有独钟。

宋徽宗政和年间，士人李方叔在阳翟期间，听闻一位老翁善于歌唱，因此戏作《品令》一阕，有“老翁虽是解歌，无奈雪鬓霜须。大家且道，是伊模样，怎如念奴？”的咏叹，字里行间流露出调侃之意，对于歌唱老翁未见其面不闻其声，却有“怎如念奴”的偏见，对“男声”有些许挑剔。[15]

念奴是唐代的著名歌伎，诗人元稹在《连昌宫词》中有注解：“念奴，天宝中名倡，善歌。”唐时，朝廷常在城门楼下举行声势浩大的赐酺活动，届时四方百姓云集响应，一拥而入城内观看，场面异常热闹壮观。活动持续几天之后，万众喧隘，侍卫辟易依然不能禁止，喧闹之下各种乐器不得不罢奏。对此，唐玄宗采纳了朝臣的建议，派遣高力士在城门楼上大呼曰：“欲遣念奴唱歌，邠二十五郎吹小管逐，看人能听否？”围观百姓听闻有念奴出来歌唱，“皆悄然奉诏”。念奴歌声悠扬动听，具有“万籁俱寂”的神奇效果，诗人元稹更是以“飞上九天歌一声，二十五郎吹管逐”的夸张描写来盛赞其歌声精妙绝伦。后世尚有“念奴每执板当席，声出朝霞之上”的赞美之辞。[16]

以上李方叔直言老翁之声远不及念奴之歌唱美妙，流露出偏爱女音的柔美圆润之喜好。欧阳修在《减字木兰花·歌檀敛袂》中生动描写了宴席上所听之歌声，“歌檀敛袂，缭绕雕梁尘暗起。柔润清圆，百琲明珠一线穿。樱唇玉齿，天上仙音心下事。留住行云。满坐迷魂酒半醺”，[17] 歌声婉转动听，令人回味无穷，动人之处甚至有“满坐迷魂酒半醺”的完美体验。

当然，这一时期，也不乏因歌声优美而闻名的男性歌者。宋人王明清就指出，其舅氏曾宏父出身于富贵家庭，风流蕴藉，闻名于官僚士大夫之间。其人尤其擅长歌唱诗句。但是在普遍推崇女音的社会风尚影响之下，与唐朝时期男性歌者不断涌现相比，则相形见绌。

唐代社会，以歌唱而闻名于世的男性歌者不胜枚举，尤为著名者莫过于李八郎。唐玄宗时期，李八郎“能歌，擅天下时新”。在为新科进士举办的曲江盛宴上，酒行乐作之际，李八郎宴前献歌，“及转喉发声，歌一曲，众皆泣下”，[18]歌唱水平之高可见一斑。同样因擅长歌唱而名留史册者还有李龟年。相传李龟年曾经流落到江南，每逢良辰胜赏，即为人歌唱数阕，座中一众宾客闻之，“莫不掩泣罢酒”。著名诗人杜甫“岐王宅里寻常见，崔九堂前几度闻”的吟咏便是描绘李龟年颇受时人欢迎的盛况。[19]宋代社会诸如李龟年、李八郎之类名动一时的男性歌者所见寥寥，又与不同历史阶段民众欣赏品味及审美意趣的差异密切相关。

宴饮聚会之际，为娱宾遣兴而演绎的歌曲具有其场合的特殊性。《新唐书·礼乐志》中就记载，宴乐“从浊至清，迭更其声，下则益浊，上则益清，慢者过节，急者流荡”，[20]指出宴乐需要注意把握韵律的跌宕起伏，富于变化。歌唱同样如此，演唱技巧对于歌曲演绎效果影响至深。

对于歌唱艺术，宋人沈括有一套独特的见解。古之善歌者，大多认为歌唱“当使声中无字，字中有声”。凡曲只是一声，清浊高下，犹如萦缕，字则有喉、唇、齿、舌等音律变化的不同，歌唱者当使字字举本皆轻圆，皆融入声音中，使其转换处无磊块，此即所谓的“声中无字”，古人谓之“如贯珠”，而今人谓之“善过度”。譬如宫声字，而曲调则合用商声，能转宫为商而歌之，此即“字中有声”也，善于歌唱者谓之“内里声”。而不善于歌唱者，声音韵律无抑扬顿挫的变化技巧，谓之“念曲”；声无含韫，谓之“叫曲”。因而，若不能娴熟地把握声律变化的技巧与奥妙之处，就极难成为一名优秀的歌唱者。[21]

宋代社会，世人对于女性歌者的一致偏爱及喜好，不单单是因为女性声音柔婉动人，还在于女性心思更加细腻精巧，对于声律的掌握具有先天优势。宋代描绘宴饮聚会之际女性歌者席间献歌的诗词比比皆是，如“天真雅丽，容态温柔心性慧。响亮歌喉，遏住行云翠不收。妙词佳曲，啭出新声音能断续”，[22]“舞态因风欲飞去，歌声遏云长且清”，[23]无一不流露出赞叹欣赏之情。对女性歌者情有独钟，很好地反映出宋人独特的欣赏品位与审美意趣，日常生活所见之处不乏雅致细腻的艺术追求。

舞蹈　宴饮聚会中以乐舞助兴是古代社会较为普遍的现象，所谓“古人饮酒，皆以舞相属，献寿尊者，亦往往歌舞”，[24]即是如此。为了增强娱乐性，常见又有以奏乐、歌唱相结合而为舞蹈伴奏。

古人有“乐以舞为主，舞为乐之容”的说法，强调了乐舞相伴的密切关系，乐声袅袅中舞之蹈之，极尽欢娱之意趣。相较而言，舞蹈比歌唱更具有夺人耳目的演绎效果。我国著名的音乐教育家杨荫浏先生指出，从音乐的结构形式上来看，宋代的歌舞音乐大致包括曲破、大曲、缠达、单曲等四种类型。[25]无论是富贵人家还是普通百姓，宴饮聚会中以乐舞娱宾遣兴都是颇受欢迎的娱乐方式。宴乐舞蹈形式不一，有特设的歌舞表演，也有即兴表演，或是歌舞伎表演，或是宾主联袂献舞，总之为席间助兴所喜尚。

宋代社会，世人宴饮聚会之际以乐舞表演助兴十分普遍，也是颇受欢迎的席间娱乐活动形式。苏东坡就拥有歌舞伎数人，每回留客饮酒，必云“有数个搽粉虞候，欲出来祗应也”，[26]即唤出歌舞伎樽前舞蹈以助兴。

北宋名臣寇准尤其喜好柘枝舞，宴饮会客之际，必舞柘枝，且每舞必尽日方尽兴，时人因而谓之“柘枝颠”。北宋名臣钱惟演任职淮宁府期间，在城中种植有一种所谓的莎草，每逢宴请宾客之际，即命一众官妓分行排列，脱鞋划袜，步于莎草之上，传唱踏莎行，且歌且舞，风雅

图 5-2　禹州白沙宋墓乐舞图

之至，一时间广为流播，成为一方风雅盛事。

陆游在诗中描述乡间民众聚饮的欢乐情景，有“野歌相和答，村鼓更击考”，[27]“村豪聚饮自相欢，灯火歌呼闹夜阑”，[28]不难想象地方乡里百姓饮宴欢聚的热闹场面。湘西地区民众饮宴会聚，醉酒之后，以长柄木杴跳舞，形式自由，节奏欢快，亦有音乐节拍，颇具地域色彩。

唐人段安节在《乐府杂录·舞工》中详细介绍了耳闻目睹所及风格各异的舞蹈类型。段氏认为，舞者，即乐之容也，有大垂手、小垂手，或如惊鸿，或如飞燕。婆娑，舞态也；蔓延，舞缀也。古之善舞之人，不可胜记。各类舞蹈风格不一，包括健舞、软舞、字舞、花舞、马舞等。健舞曲有《棱大》《阿连》《柘枝》《剑器》《胡旋》《胡腾》等名目，软舞曲则有《凉州》《绿腰》《苏合香》《屈柘》《团圆旋》《甘州》等不同的风格类型。其中，字舞，是一种较为新颖的舞蹈形式，以舞人亚身于地，布成字样；花舞，即舞者着绿衣偃身，合成花字也；马舞，拢马人着彩衣，执鞭于舞床上舞蹈，马蹄皆附和节奏而动也。

唐开元年间，有公孙大娘因善舞《剑器》而闻名于世。僧人怀素观赏公孙大娘舞剑之后，草书技艺大有长进，大约窥察到了蕴含于其间的顿挫姿态也未可知。开成末年，有乐人名为“崇胡子”，善软舞，腰肢软绵灵巧，舞姿丝毫不异于女郎，是颇为少见的舞蹈能手。

唐诗中有众多关于舞蹈、舞姿的描述，如“雷捶柘枝鼓，雪摆胡腾衫。发滑歌钗坠，妆光舞汗沾”，“金衔嘶五马，钿带舞双姝”，“合声歌汉月，齐手拍吴歈”，“急破催摇曳，罗衫半脱肩”，[29] 热闹喧嚣里尽显舞姿的迅疾与优美。宋人诗词中所见舞蹈给人以截然不同的感观体验，如“淡黄弓样鞋儿小，腰肢只怕风吹倒。蓦地管弦催，一团红雪飞”，“急管哀弦，长歌慢舞，连娟十样宫眉”，“微呈纤履，故隐烘帘自嬉笑。粉香妆晕薄，带紧腰围小。看鸿惊凤翥，满座叹轻妙”。[30] 细细品味，两者之间的差异一目了然，很好地诠释了唐宋两个时期世人欣赏品味与审美风格的迥然不同，一定程度上彰显了两个不同历史时期文化发展的特点。

宋代乐舞自有其独特的风格与演绎特色。关于此，宋人赵彦卫曾经指出，“今之舞蛮牌即古武舞，舞三台与调笑即古文舞”，自《大曲》《柘枝》之类胡舞传入中原以后，古舞日渐消亡。而在当时，世人认为古舞中的“三台”风格过于“简淡”。[31]

关于宋代乐舞的类似讨论不在少数。江少虞在《宋朝事实类苑·歌舞》中论及古今歌舞异同时，认为古人性情淳质，以舞尽欢欣之意趣，跳舞之际不必苛求节拍韵律臻于极致，故而人人皆可以舞为乐，不羞不及也。而现如今，舞者精益求精，曲则益尽其妙，非有专业的舞蹈师傅传授教导，皆不可观，因而士大夫不复任性起舞。古人歌唱，同样如此，节奏十分简洁。而近世乐府，好为繁声不已，又增加重叠之处，谓之“缠声”，促数尤甚，不能从容一唱三叹矣。与前代相比，日趋烦琐，失去了古时人人皆可乐而舞的率真意趣，蕴含于原始乐舞中的古朴纯粹之娱乐意义随之不复存在，取而代之的则是颇具观赏意味的精致舞姿，专业性更强，但即兴参与性却远不及古人之舞。[32] 由此也可见宋代社会舞蹈风格的变化与发展趋势之一斑。

宋代社会，乐舞在承袭前代发展基础上更多地表现出改进与更新，风格变化愈发明显。以当时所见的柘枝舞为例，相传柘枝舞分为健舞、软舞两类，健舞曲有《柘枝》，软舞曲有《屈柘》。《乐府诗集》中转引《乐苑》指出，羽调有《柘枝曲》，商调则有《屈柘枝》，此舞因曲得名。舞蹈之际，用二女童，帽施金铃，抃转有声，乐作舞兴，在二莲花中隐藏身形，花拆开而后见舞伎，二人对立而舞，如此，则实属舞蹈中之雅妙者也。唐朝贞元十八年（802），骠国王进献乐舞十二曲，大多演绎佛家之词。演出之时，每为曲皆齐声唱，舞者各以两手十指齐开齐敛为节拍而舞动，一低一昂，相互对称，与唐朝的柘枝舞颇为类似，反映出其舞姿柔美灵动的特色。宋朝时期，柘枝舞的舞蹈细节发生了一些变化。宋人葛立方认为，柘枝舞“于二莲花中藏，花拆而后见，则当以二人为正”，而宋代社会，柘枝舞则有五人同舞的状况，与前代所见有“小异矣”，[33] 是时代发展过程中舞蹈细节发生变化的一种表现。

北宋名臣寇准性情豪奢，常常大摆筵席，宴会上酒行之数往往多达三十盏。每回饮宴，必然盛张宴乐，十分隆盛。他尤其喜好《柘枝舞》，舞者需二十四人，每舞则需接连饮酒数盏方毕。寇准所推崇的柘枝舞大约属于健舞的一种。凤翔地区有一位老尼，曾经是寇准府第跳柘枝舞的歌舞伎，她指出当时的《柘枝》，尚有数十遍，而今日所舞《柘枝》，与当时相比，则十不得二三。较好地说明柘枝舞包括舞蹈动作在内的细节发生了明显变化，与往日相比动作趋于简单。

柘枝舞中的健舞迅疾激烈、矫捷雄健，与软舞所呈现的灵巧柔媚相比更具扣人心弦之震撼效果。唐朝时期，柘枝舞颇为盛行，唐人诗词中常见观赏舞蹈之后的吟咏，如“平铺一合锦筵开，连击三声画鼓催。红蜡烛移桃叶起，紫罗衫动柘枝来。带垂钿胯花腰重，帽转金铃雪面回”，“画鼓拖环锦臂攘，小娥双换舞衣裳。金丝蹙雾红衫薄，银蔓垂花紫带长。鸾影乍回头并举，凤声初歇翅齐张。一时欻腕招残拍，斜敛轻身拜玉郎”，[34] 展现出了柘枝舞的迅疾灵动特色。而宋人诗词中关于柘枝舞的描述却是别样风格，如“相迎垂手势如倾，障袂倚歌词欲吐。最怜应节乍低昂，便转疾徐皆可睹”，[35] 传承唐代柘枝舞迅疾灵动特色的同时又具有宋代舞蹈柔媚的风格。宋人“老妓舞柘枝，剩员呈武艺”之类讽刺说法恰是对这一时期柘枝舞蹈风格的一种最佳诠释。

除了柘枝舞之外，其他各种类型的舞蹈莫不是在继承前代风格的基础上有所变化，也是时代发展过程中以舞蹈为代表的艺术之间传承和发展的必然结果。宋代社会为世人所推崇的席间舞蹈丰富多彩，对此宋人诗词中多有展示，如“金缕歌残红烛稀，梁州舞罢小鬟垂”的梁州舞，“满酌流霞看舞袖。步步锦裀红皱。六么舞到虚催”的绿腰舞，“教展香裀，看舞霓裳促遍。红飐翠翻，惊鸿乍拂秋岸”的霓裳羽衣舞，等等，[36] 大多属于唐代盛行一时而入宋之后依然颇受欢迎的席间舞蹈类型。

图 5-3　河南荥阳淮西村朱三翁石棺宴乐图

二　席前助兴佐欢的各类杂戏技艺

古代社会，人们宴饮聚会中用于娱宾遣兴的娱乐活动，除了唱歌、跳舞之外，杂戏技艺也是相对常见的类型。杂戏一般包含幻术、杂手艺、杂剧等名目，具有极强的娱乐演绎效果。王赛时先生指出，古代的百戏类似现代的杂技，但包括的范围比现代杂技更为广泛，凡正声乐舞之外的艺术或技巧表演，都可以包含于百戏之内。由于百戏表演需要相对宽阔的场地，因而始终无法进入小家宴席。[37]

杂戏具有极其独特的娱乐观赏性，在宋代社会是颇受广大民众喜爱和欢迎的娱乐活动。仅《宋史・乐志》中记载的百戏就包括蹴球、踏跷、狮子、藏擫、杂旋、弄枪、毡龊、铃瓶、茶碗、碎剑、踏索、上竿、透剑门、筋斗、拗腰、擎戴、打弹丸等不同类型，内容丰富多样。

宋朝时期，各地所见百戏类型不尽相同。每年上元至四月十八日，是成都地区民众游赏极盛的时期。使宅有后花园名为西园，春天开放，任由百姓行乐游赏。开园首日，酒坊两户各自邀请优人中技艺高超者，在府会之上竞技，以比较技艺之高下。参与竞技的优人，以骰子置于盒子中摇撼，视骰子点数多者得先，土俗谓之“撼雷”。府会上优人竞技，从早到晚只有杂戏一色。列坐于演武场，环庭周围皆是府宅看棚。看棚外设置高凳，庶民百姓以男左女右的秩序，悉数站立于高凳上围观，拥堵如山。优人竞技，以博人哄笑为获胜之关键。表演逗乐之下必须使筵中百姓悉数哄堂大笑方才为算。观众每浑一笑，即以青红小旗各插于塾上以为标记，一旦上下不同笑者，即不算数，不予标记。竞技表演一直持续到晚上，以得旗多者一方为胜，大众娱乐色彩极强。

南宋宁宗庆元年间，福建漳州地区城乡百姓盛行以杂戏取乐。每年秋收后农闲之际，“优人互凑诸乡保作淫戏”，集聚到一处开展杂戏演出活动，当地称之为“乞冬”。少年集结社会上浮浪无赖闲散之徒数十人，引领演艺活动，号曰“戏头”。一众戏头逐家挨户裒敛钱物，以资优人做戏，或者舞弄傀儡戏。演出之际，或是在民众集聚的村落，或是于四通八达、人员往来密集的郊外，择地搭建戏棚，吸引、招徕观众。有时甚至争相在市廛近地、四门之外择地搭建戏棚，极力营造出声势浩大的热闹氛围，一时之间受到当地百姓的热烈追捧与欢迎。

当然，以上所见杂戏属于民间常见的大型集体性娱乐活动，对于演出场地的要求较高，需要视野开阔之处，以便集聚和吸引民众围观。相比较而言，宴饮聚会中用于娱宾遣兴的杂戏则稍有不同，不仅规模较

图 5-4　河南登封黑山沟宋墓伎乐图

小，并且持续时间远不及户外演出长。例如，北宋时期，名妓潘琼儿开设华宴，盛列美酒佳肴以款待士子华氏。为了达到娱宾遣兴之效果，周边凡是隶属官府乐籍之妓，一应居住于潘琼儿家附近，一呼而纷至沓来。宴席上每举盏次，皆有乐色百戏演出以佐酒助兴。歌吹杂作、百戏尽呈，可谓热闹隆盛之至。

宋代社会，宴饮中常见用于娱乐助兴的杂戏种类丰富多样，以下择取具有代表意义者进行介绍。

傀儡戏与杂剧　傀儡戏即是利用傀儡进行表演的一种特殊表演形式。宋人认为“傀儡戏，木偶人也”，[38] 即明确了傀儡戏的大致表演形式和特点。

对于傀儡戏的起源，古人有几种不同的看法。唐人段安节认为起源

图 5-5　北宋杂剧演出壁画

于汉高祖平城之困。据传，汉高祖曾被冒顿单于围困于平城，城的一面为冒顿妻阏氏所围守。其妻生性善妒，为了脱身，陈平献计刻木为美人立于城上，冒顿妻遥遥望见，误以为冒顿必纳此女，心中嫉恨难平，愤而退军，汉高祖遂得解困逃脱。后世史家对于陈平献计解救高祖之事褒贬不一。有人认为陈平以诡计得胜，鄙视其手段之卑劣下作。大约正是这个缘故，后世乐家"翻而为戏"，模仿其事进行表演，此即为傀儡戏起源之一种。

宋人高承则有另外一种看法。高承认为傀儡戏与《列子》一书所记周穆王之逸事密切相关。当时有一位心灵手巧的艺人名曰偃师，制作出一个木头人。木头人动作灵巧，能歌善舞。周穆王便与盛姬一同观赏木头人舞蹈取乐。岂料，木头人舞蹈结束，竟然能眨巴眼睛，并且以手招引周穆王之左右。此举激怒了周穆王，欲杀艺人偃师以泄愤。偃师惊惧万分之下毁坏木头人。仔细观察，原来木头人皆以丹墨胶漆制作而成，难怪动作如此逼真。由此，高承认为"此疑傀儡之始矣"，[39] 推测傀儡戏始于周穆王观木人舞。明人谢肇淛对傀儡戏的传播路径及演绎特色方面进行归纳，认为"南方好傀儡，北方好秋千，然皆胡戏也"，[40] 将傀儡戏列入胡戏的范畴之内。

宋代社会傀儡戏的种类十分丰富，常见为世人所推崇者大致包括悬丝傀儡、药发傀儡、杖头傀儡、肉傀儡、水傀儡等几种主要类型。以上傀儡戏风格各异，产生的娱乐效果也不尽相同。

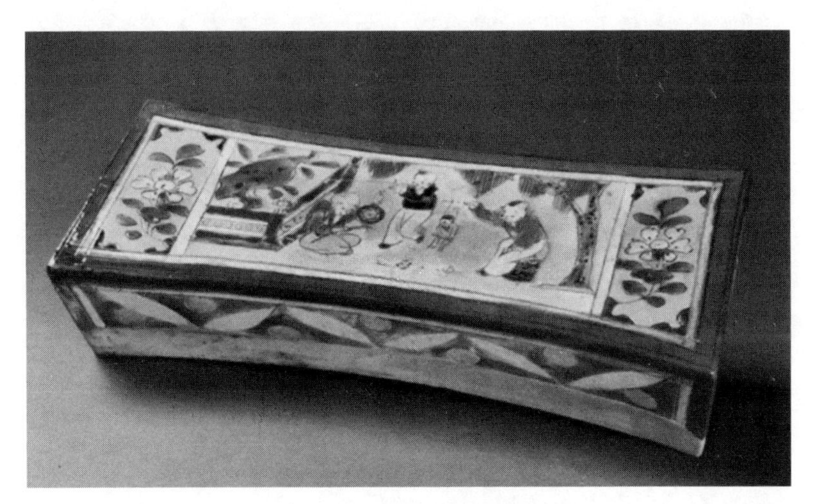

图 5-6　童稚木偶戏图瓷枕

例如，肉傀儡即是“以小儿后生辈为之”，表演特色十分鲜明。常见傀儡造型形态各异，诗词中所见描述如“刻木牵丝作老翁，鸡皮鹤发与真同。须臾弄罢寂无事，还似人生一梦中”，[41]“外眩刻琱，内牵缠索。朱紫坌并，银黄煜爚。生杀自古，荣枯在握”，[42]较好地反映了傀儡戏演出之时由人进行操纵，表演以资嬉笑的典型风格和鲜明特色。

常见傀儡戏表演内容主要包括敷衍烟粉、铁骑公案、灵怪故事之类。演出话本“或如杂剧，或如崖词”，大抵都是虚多实少，如巨灵神、朱姬大仙之类，故事奇巧，夺人耳目，以“语俚而意切，相传以为笑”为突出特色，深受广大民众欢迎。宴饮聚会中的傀儡戏演出，尤以轻松愉悦取胜，是席间用以娱乐佐欢的一种方式，具有活跃宴会气氛的娱乐效果。北宋著名文人杨亿在《傀儡诗》中有“鲍老当筵笑郭郎，笑他舞袖太郎当。若教鲍老当筵舞，转更郎当舞袖长”[43]的描述，生动再现了当筵表演傀儡戏以供宾客嬉笑取乐的情形。诗中提及的郭郎是傀儡滑稽戏的一种代称。

《续家训》一书中就有关于此种滑稽戏的大致介绍。书中写道：有人问俗名“傀儡子”即为“郭秃”，有故实乎？回答称：《风俗通》中有“诸郭皆讳秃”之说法。当是指前代有人姓郭而病于秃者，滑稽戏调，故后人以此为形象，呼之为“郭秃”。现实生活中，在傀儡戏常见的表演角色里，就有以郭郎为装扮而引领歌舞者，领舞的郭郎“发正秃，善优笑”，“凡戏场必在俳儿之首也”，是傀儡戏中供众人取笑戏乐的一种典型角色，所谓“古有秃人姓郭，好谐谑，今傀儡郭郎子是也”。[44]

以上所见诗中涉及的另外一个角色鲍老，也是以滑稽取乐为突出特征的形象。鲍老动作滑稽夸张，形似傀儡，但是又与傀儡戏中常见的肉傀儡有所差别。鲍老演出之时，一般着假面，以扮相和动作的夸张、滑稽取胜。宋人宴席中常见的傀儡戏种类不一，但是嬉笑以资取乐的根本目的具有一致性。

南宋权臣韩侂胄春日里在西湖大摆筵席，邀请一众族人，席间用土为偶，名曰“黄胖”。演出时“以线系其首，累至数十人”，牵线为戏，极具娱乐性。宋人周必大曾提及一种颇为新颖的席间演绎活动。某年冬至之时，有僚友路过洛阳，恰逢花开一朵，众人置酒赏花。席间王南剑命令矮人出场献笑取乐，“以开闭长短为戏”，不失为一种颇具趣味的宴席助兴手段。

与傀儡戏的娱乐效果类似者还有杂剧，同样以滑稽取笑为突出演绎特色，所谓“杂剧全用故事，务在滑稽”。在实际表演过程中，人们对杂剧的关注点亦集中于“滑稽”二字。如“一场杂剧也好笑，来时无物去时空”，[45]作杂剧“打猛诨入，却打猛诨出也”，[46]“譬如弄杂剧，徒取傍人笑。道我是风癫，知我已明了”[47]等描述，无一不是如此。

有时杂剧又称为优戏。宋人赵彦卫曾经指出，优人杂剧，必装扮成宫人，号为“参军色”。其名称来源于一段颇为有趣的故事。据传，宋真宗景德年间，臣子张景因事被贬为房州参军。张景心有戚戚，作《屋壁记》一文记载被贬之事，文中讲述道：新近初到房州，方才知晓参军并无固定员数，亦无职守，全部都是由“旷官败事违戾而改教者”充当。每逢月初、月中飨宴，则允许参军参加宴席。宾客一见到参军赴宴，必然指手画脚曰“参军也”。倡优杂戏演出，亦假扮参军以资戏玩取乐，因而有“参军色”之说。

图 5-7　宋代杂剧砖雕

到了南宋时期，杂剧优伶则多装扮成状元、进士。杂剧故事情节更加曲折、丰富，与北宋时期专门插科打诨、戏谑取笑相比稍有不同，但是本质上都是以供人娱乐为主要目的。因而，宋代社会有“观优戏，一笑可也”的说法。关于宋代的杂剧，杨荫浏先生指出，杂剧所含内容一般包括三段：艳段（日常生活中熟悉场景）、正杂剧（较复杂的故事情节）、散段或杂扮（一种滑稽戏）。演出前后伴有奏乐，为“断送”。两宋杂剧演出段数有所不同，南宋时期杂剧独立出来，不一定与歌舞相间演出，地位明显提高。[48]

宋代社会，世人宴饮聚会中用于娱宾遣兴的杂剧表演内容丰富多样，除了戏谑取乐之外颇有可观者。有些杂剧甚至借古讽今，颇引人深思。宋人洪迈就曾指出，俳优、侏儒之类杂剧，虽然是技艺中最不足道的微贱把戏，但能以戏语箴刺讽谏时政，符合古人蒙诵工谏之大义。宴饮聚会之际，杂剧演绎中讽谏时事是这一时期较为普遍的现象。

北宋真宗大中祥符、天禧年间，士人作诗大多以唐代著名诗人李商隐（字义山）为典范，后进的士人甚至多有剽窃义山语句者。在一次宴会上，有杂剧演出，优人装扮成李商隐模样出场。但见其衣服败裂，告人曰：“吾为诸馆职挦扯至此。”[49]意指诗作被人剽窃割裂，极具讽刺意味，一众宾客听闻之后无不俯仰欢笑。

南宋时期，权臣史弥远任宰相期间，一次于府第中设宴，席间有杂剧演出。演出时，有优人装扮成一名士人，念诗曰：“满朝朱紫贵，尽是读书人。”旁边一名士人应声附和曰：“非也，满朝朱紫贵，尽是四明人。”[50]史弥远为明州人，杂剧演出中优人暗指史氏权倾朝野，党羽遍布朝堂内外。当众在史弥远面前如此表演，可谓“艺高人胆大”。

类似讽喻性质的宴席杂剧演出还有很多。宋仁宗景祐末年，朝臣范雍自侍郎而出任淮康节钺，受权镇守延安。当时边境羌人袭扰戍边军士，以延安最为猖獗。一日军府设宴，宴席上有军中伶人演出杂剧。一伶人声称参军梦见得一黄瓜，长达丈余。旁边另一伶人贺喜道：“黄瓜上有刺，必作黄州刺史。”该伶人则愤而打其一个嘴巴，呵斥道：“若梦见镇府萝卜，须作蔡州节度使？”一来一回之间，刻意讽刺守领范氏戍边无能，官职将会一变再变。范氏闻之大怒，“取二伶杖背，黥为城旦”。[51]伶人因演出内容不当而惨遭杖责刑罚，受到了极重的打击。

图 5-8　北宋铜贴金杂耍人像

当然，除讽喻时政之外，寻常宴饮聚会中演绎的杂剧大多用于活跃宴席气氛，以愉悦宾客为主要目的。例如，南宋时期，永嘉士人诸葛贲之叔祖母戴氏在生辰之际，设宴邀请一众邻里亲朋聚会贺寿。寿宴当天，宅院“门首内用优伶杂剧”，此时的杂剧表演就是活跃寿宴气氛、娱乐宾客的一种方式。

当时社会常见的各类杂剧演出中，蜀人因善于援古入今、演绎经史故事而受到民众的普遍欢迎。对此，宋人周密就曾指出，川蜀优伶尤其擅长涉猎古今、援引经史，“以佐口吻资笑谈”。岳珂也有同感，认为蜀伶大多能文，演绎中所说俳语大多会穿插一些经史故事，妙趣横生。因而，制帅幕府之类官方宴集聚会中，大多选用川蜀伶人演出杂剧。

随着时代的发展，宴饮聚会中为世人所喜爱并推崇的娱乐活动日益丰富起来，常见滑稽戏之类娱乐演出层出不穷。南宋中后期，优人作杂班，杂班似杂剧但稍显简略。实际上，杂班也属于一种杂扮优戏，其名称源于金朝的官制。金廷除了文班、武班之外，医、卜、倡优之类则谓之杂班。每当宴饮聚会中进入表演环节，伶人就会进前，报幕曰“杂班上”，杂班因此得名。

图 5-9　四川广元南宋墓杂剧伎乐图

除杂班外，类似的滑稽戏演出还有舞讶鼓。朱熹在论及写作成文时，以舞讶鼓为比喻，指出，今人作文，却似胭脂腻粉装扮而成一般，自是不壮浪，读来毫无骨气。作文与舞讶鼓相类似，扮相有男儿，有妇女，也有僧、道、秀才，“但都是假底”。从朱熹的比喻中又可见舞讶鼓的表演特色。王国维先生认为，宋代所谓的杂剧，初始之时大概专指滑稽戏。到南宋时期，如《武林旧事》所载的官本杂剧段数，多以故事为主，与滑稽戏截然不同，而亦称之杂剧，盖其初本为滑稽之名，后扩而为戏剧之总名也。[52] 以上，突出了时代发展过程中，杂剧由专门的滑稽戏演变成戏剧的总称，也是宋代社会世人饮食娱乐生活丰富多彩的一种表现。

幻术　幻术是奇门异能的一种艺术类型。宴饮聚会中席间表演幻术，以奇巧魔幻的技艺吸引宾客，手法新颖奇特，往往能够起到意想不到的娱宾效果。

相传幻术之类奇幻技艺起源于域外。汉安帝时，有天竺人前来献伎，能当众“自断手足，刳剔肠胃”，自此以后历代有之。唐朝时期，唐高宗憎恶域外人士演绎幻术骇人耳目，遂下令西域关隘津口，不得放行进入唐朝境内。因而当时社会流传有“大抵散乐杂戏多幻术，皆出西域，始以善幻人至中国”[53]的说法。

宋朝时期，世人宴饮聚会中使用幻术者亦不乏其例。北宋初年，名臣夏竦在盛暑天里宴请宾客。设宴当天，选择于一处温室置办宴席，并且提示赴宴宾客备置夹衣以保暖。一众宾客听闻之后，纷纷窃笑而不以为意。众人进屋入座之后，不觉间体寒战栗，仔细一看，才发觉是漆斛中浸渍龙皮所致。酒半微醺之际，主人更是取瓦砾蘸药水变成黄金娱乐宾客，令人耳目一新。

当时类似的奇门幻术还有很多。据传，玄真观有一位术士，名为叶法善，颇有道术。一次宴请数位朝士，却不见上酒。入席之后满座宾客无一不思饮酒，法善私底下以小剑敲击，应手坠地而化为酒瓶，瓶中装有美酒，一众宾客遂共饮之。

北宋仁宗嘉祐年间，昭州恭城人氏安昌期同样因善幻术而闻名。安氏常常在宴席杯酒间隙表演一些嬉戏小技，以娱在座宾客。他曾在席间将纸打结成数纽，覆盖之后施咒语，不一会儿纸结幻化成一群老鼠，咀嚼动作与真老鼠无异，众人十分惊异。

宋徽宗宣和年间，南安一吏人董璞设宴款待宾客，特意邀请岭外道人表演幻术，聊以愉悦宾客。饮宴表演之际，道人取一如豆般大小的泥丸纳入口中，应每位宾客所愿，一一变出各种实物。演绎千变万化，无有穷极，而口中一丸泥自若也。幻化奇巧，令席间宾客惊叹不已。

北宋末年，铁城地区寓居一士人，酷好道术。曾经在江亭上与众人置酒开宴。宴饮过程中适逢大风乱作，以至于日晚之际灯烛无法陈设。座席上更是墨黑一片，一众宾客不辨眉目。士人见机从舟中取出篮杓，忽而一挥，则月光燎而亮焉，见于梁栋之间。如是，连续挥舞数十下，一座遂尽如秋天夜晴，月色潋滟，则秋毫皆可睹。众人惊异大呼，痛饮至四鼓方才尽兴罢散而去。

除以上各类幻术之外，宋人宴席上所见奇门幻术层出不穷。例如，新安人氏洪中孚尚书，其门下有一道人，声称要远去游历。临别之时，道人提出宴请宾客观赏道术。宴饮之际，道人于腰间探取药丸一粒，置于李树根部，再填埋泥土，以幕布掩盖。少时揭开探视，李树已经开花。又将幕布掩盖好，等到再次揭开时，李树已然结实累累。于是第三次将幕布覆盖，令座间宾客遍行杯酒，又揭开幕布，则一树李子全部熟透，青黄交枝。满座宾客摘取而食，果实香味胜于常种。

与洪尚书门下道人类似者还有术士马湘。马氏同样擅长道术，曾经在江南刺史马植举行的宴席上，以酒杯盛土种瓜。须臾之间，杯中即引蔓开花结实，众人食之滋味甚美。

另有徐州人朱彪于宿迁赴任，有一宾客鲁氏来访，逢人就要弄小把戏以资欢笑。朱彪聚会族人亲友饮宴于后圃，鲁氏探取一片鱼鳞，找来大瓮一口，注入满满一瓮水，将鱼鳞投放于大瓮中。之后用青巾覆盖，时时揭视一观。良久之后揭开青巾，数尾鱼扑腾跃出，一众宾客大惊失色。庖人将鱼取来治脍烹饪，味道鲜美异常，非寻常市面上售卖之鱼可以媲美。

以上种种，都是宋代社会世人宴饮聚会中席间常见以幻术娱宾遣兴的例子。幻术因其奇异新颖的演绎效果而受到众人的喜爱，属于席间佐欢的小巧技艺。

杂手艺　杂手艺即所谓的“使艺”，类似于杂耍技艺，是颇具技术难度的表演形式。杂手艺以惊险刺激的动作、娴熟多变的演出技艺博人眼球，演绎手法充满了挑战性，与现代社会常见的杂技颇为相似，演绎效果相当震撼。

宋朝时期的杂手艺名目繁多，常见的就包括踢瓶、踢磬、踢缸、弄碗、踢钟、踢笔墨、弄花钱、花鼓槌、壁上睡、虚空挂香炉、拶筑球、弄斗、弄花球儿、打硬、教虫蚁、弄熊、藏人、藏剑、烧火、吃针、射弩端、亲背、攒壶瓶、撮米酒、撮放生、绵包儿等，丰富多样。现实生活中，常见的杂手艺更是千奇百怪。

例如，北宋名臣晏殊罢相之后，出守颍州。其间，有岐路人前来献杂手艺“踏索”。演绎之际，其人向空中抛掷踏索，踏索直立于空中，艺人遂缘索攀爬而上，速度快若风雨，最终飞空而去，竟不知所踪。演出效果非常震撼，给人以极其深刻的印象。

当然，宴饮聚会中用于助兴佐欢的杂手艺与一般的技艺有所不同，更加突出席间的娱乐观赏效果。北宋前期，朝臣丁谓颇富才智，然而素喜阿谀奉承，天下公认其为人奸邪。真宗皇帝在位期间，丁氏因引导皇帝兴起崇神仙、建造玉清昭应宫等道教相关事宜而受到特别青睐。一次，丁氏与朝臣夏竦等人饮宴于斋厅，席间即有杂手伎，俗谓“弄碗注”者，献艺于庭以助兴。夏竦欣赏杂技之余即席赋诗一首，诗曰：“舞拂挑珠复吐丸，遮藏巧便百千般。主公端坐无由见，却被傍人冷眼看。”[54] 诗句借杂艺演出，嘲讽丁氏诡计多端，阴险狡诈，丁氏阅后骤然变色，颇为不悦。

南宋时期，临安地区还有专门的杂戏演出团体，即当时俗称的“百戏踢弄家”。杂剧团除了在国家大朝会、圣节宣押殿庭之际承应演出之外，平时最常见的则是赶赴各大公私宴饮场合进行商业演出，如官府公筵、府第宴会，点唤供筵，“俱有大犒”。此外，还有各种规模较小、无固定组织的闲散流浪艺人。这些艺人拖儿带女，就近于街坊桥巷演出百戏技艺，以赚取铺席宅舍钱酒之类零散生计小钱，赖以谋生。

还有一种大型的杂技艺术，即所谓的藏舟术。传说唐朝乾符年间，有绵竹艺人王氏，其人力大无穷。每逢府中劳军犒宴之际，王氏就演出杂手艺以娱乐宾客。演出时腰背一船，船上装载十二人，舞《河传》一曲，而王氏则略无困乏。类似王氏的藏舟技艺到了宋朝时期仍见有流传。宋神宗元丰年间，有一艺人善藏舟，演出时把数十人举而置之，众

图 5-10　敦煌莫高窟 61 窟杂伎图

目睽睽之下竟不见影踪。一次，在御楼前演出藏舟术，舟船经过之后，朝臣上下观赏之人莫不骇异。神宗皇帝诧异之余则留心观察，继而对身边臣子说道："其人但行往来舟上耳。"揭秘机巧之所在，但不知其真实与否。杂手艺因其奇巧变化的特殊演出技巧而受到追捧，蔡絛就认为"百戏诸伎甚精者，皆挟法术"，[55] 强调蕴含于其间诡变无穷的表演技艺和夺人耳目之效果。

第二节　宴会与文化活动

宋代社会士人宴饮聚会中常见的文化活动尤以赋诗填词最为典型，

是文人士大夫之间长盛不衰的遣兴方式，也是樽俎流传之际常见的娱乐活动。一般情况下，赋诗填词并无严格的限制，有即席应景而作、代人创作或提前准备等多种形式。宴饮聚会中赋诗填词，不仅能够展示在座宾客的个人才华，还是席间用于助酒佐欢不可多得的娱乐方式。尤其是宴乐演奏之下用来传唱的诗词作品，更能凸显席间娱宾遣兴之效果，对诗词创作与传播具有一定的促进作用。

一　文人雅士的心头好：赋诗填词

宋代，赋诗填词是宴饮聚会中较为常见的一种遣兴方式。早在唐朝时期，世人就对宴饮中赋诗表现出了极大的热情。唐人宴集“必赋诗，推一人擅场”，[56] 生动地反映了这种现象。到了五代时期，宴饮中依然流行赋诗以乐。五代时期著名的文人王仁裕，暮春时节曾经与门生五六人一起登临繁台，饮酒题诗，抵夜方尽兴散场。

宋代沿袭前朝遗风，人们把酒言欢之际，赋诗填词已然是十分常见的现象，尤其在文人雅士之间蔚然成风。这一时期世人宴饮中常见的赋诗填词活动，大致有劝酒诗词、宾主酬唱、歌伎索作等不同的类型。

劝酒诗词　宋代，世人宴饮聚会中席间用以劝酒的方式不一。宋人叶梦得就曾指出，官方公务宴请中诸乐合奏，席间每一巡酒结束之后，伶人必唱“嗺酒”一句，然后乐作。此种方式是唐人送酒之辞，“嗺”本作“碎”音，而叶梦得所见当时宋代社会多为平声，文士有时也会用到。五代王仁裕诗中所见“淑景易从风雨去，芳樽须用管弦嗺”之句就展现了这种现象。[57] 宴饮之际因席间佐酒助兴需要而催生的劝酒诗词较为常见，尤为文人雅士所喜爱。

北宋著名文人杨亿所作《劝石集贤饮》就是一首劝酒诗，诗中有“芸省翻经终寂寞，柳堤飞鞚好追随。灵均不醉真何益，千古离骚怨楚辞”[58] 一句，字里行间流露出浓郁的劝酬之意。所谓“西园赏牡丹，寿圣（宋高宗赵构尊号）亲见双花，臣下皆未睹，折以劝酒，词亦继成”，[59] 即是对这种现象的描述。

在实际宴饮过程中，从劝酒诗词所包含的内容及创作情况来看，又可以细分为劝客人、劝主人、宾客互劝等不同的类型。主人殷勤筹设宴席，热诚之至，一众宾客在酒酣耳热之余，通常会频频劝酒以表谢意。王庭珪在《醉桃源》小词中有“主人新著绿袍归，天恩下玉墀。凭翠袖，捻花枝。劝教人醉时。请君听唱碧云词。倒倾金屈卮”，[60] 字里行间流露出的劝酒之意不言而喻。与此同时，为了更好地调节宴会气氛，尽东道主之谊，主人同样会殷勤劝酒。邵雍有《东轩消梅初开劝客酒二首》，就是劝酒诗词中的佳作，其中一首曰：

> 春色融融满洛城，莫辞行乐慰平生。深思闲友开眉笑，重惜梅花照眼明。况是山翁差好事，可怜芳酒最多情。此时不向樽前醉，更向何时醉太平。[61]

诗中频频劝酒，一再流露出“莫辞行乐”之意，言辞恳切，可谓热诚殷勤备至。另有诸如“稍开襟抱使心宽，大放酒肠须盏干”，[62] 同样是诗词中所见劝酒的典型。

除宾主相互劝酒之外，宾客之间的劝酬与互动也十分普遍。诗词中如“金盏莫辞琼液满，宝檠休嫌灯焰短。圆荷翻雨碧云香，小妓近人红玉暖。百年流转能几时，一日相逢须款款。扁舟明发下前滩，此会清吟应亦罕”[63] 就是如此。后世还流传有宋人沈瀛所作《减字木兰花・竹斋侑酒辞》，其词曰：

> 头劝：酒巡未止，先说一些儿事喜。别调吹风，佛曲由来自普通。长鲸吸酒，面对沈香山刻寿。吸尽如何，吸了西江说甚多。
>
> 二劝：酒巡未止，听说二疏归可喜。随意乘风，拄杖深村狭巷通。渊明漉酒，更与庞公庞媪寿。切莫讥何，唤取同来作队多。

三劝：酒巡未止，更号三般杨氏喜。上苑春风，宝带灵犀点点通。听歌侑酒，富贵两全添个寿。人少兼何，彭祖人言只寿多。

四劝：酒巡未止，说著四并须著喜。好月兼风，好个情怀命又通。明朝醒酒，起看佳人妆学寿。定问人何，昨夜何人饮最多。

五劝：酒巡未止，更说五行人听喜。康节淳风，说道诸公运数通。乞浆得酒，更检戊申前定寿，亥子推何。甲子生年四百多。

六劝：酒巡未止，鼓吹六经为公喜。也没《回风》，只有村中鼓数通。长须把酒，自当长头杯捧寿。问得穷何，一坐靴皮笑面多。

七劝：酒巡未止，且听七言余韵喜。弹到《悲风》，醒酒风吹路必通。休休避酒，末后茶仙来献寿。七碗休何，不独茶多酒亦多。

八劝：八巡将止，八节四时人贺喜。汉俗成风，薛老之言贵尚通。妻儿设酒，更得比邻相庆寿。虚度时何，只恐妻儿怪汝多。

九劝：九巡将止，留读《九歌》章句喜。尽溘埃风，发轫苍梧万里通。楚歌发酒，读到人生何所寿。试问原何，尔独惺然枉了多。

十劝：十巡今止，乐事要须防极喜。烛影摇风，月落参横影子通。粗茶淡酒，五十狂歌供宴寿。敬谢来何，再得寻盟后日多。[64]

整个词作共有十首，是为十劝。所列劝酒缘由不尽相同，大多以人生在世喜乐为上作为劝酒说辞，极力劝导席间宾客饮尽杯中之酒，给人难以推托之感。

在劝酒过十巡之后，整个劝酒活动接近尾声，词中又笔锋一转，劝谕一众宾客饮酒适可而止，以防乐极生悲。在词中表达出谦虚之意，直言宴席所设饮食为粗茶淡饭，又殷切表示希望来日再聚，寄意后会有期。整个劝酒词语言通俗易懂，劝谕充满了诙谐意趣。每首词起首都以数字作为标志，劝客饮酒之际又意在提醒酒巡之数，觥筹交错里传递出热诚的待客之意，盛情难却，再聚可期，堪称这一时期劝酒诗词中的佳作。

宾主酬唱之作　宴席上赋诗填词最普遍的方式是众人意兴大作，互相酬唱，也是饮席间宾主酒酣耳热之际用以助兴佐欢的方式。此外，宾主酬唱既包含志趣相投的深厚情谊，又有礼尚往来的礼仪成分。从实际开展形式上来看，有分韵赋题、赠送、罚作、即席应景而作等几种基本类型。

一种是分韵赋题，即分题与唱和。

为了充分调动饮宴的热闹气氛，达到宾主尽欢的良好效果，宴席之上赋诗填词一般会采取人人参与的方式扩展开来。在宋代历史上久负盛名的欧阳修颍州分题赋诗活动即属于这种类型。欧阳修在谪守颍州期间，曾经与时任太守吕公著等僚友宴饮聚会于聚星堂。众人饮宴欢乐之余，席上分韵赋诗以助兴。席上宾客分别得“松”“雪”“风”“春”“石”“酒”“寒”等七字为题赋诗。诗罢意犹未尽，又赋室中物、席间果、壁间画像等，诗成之后，汇编成一集，流行于世，可谓一时之盛事。当时四方天下凡是能文之士，兼及国家馆阁诸公，十分艳羡，皆以未能参加此会为一大憾事。欧阳修等人聚星堂赋诗填词颇负盛名，被后人不断记述传颂。

苏东坡在出守汝阴期间，一日忽逢天降小雪，与一众宾朋饮宴会聚于聚星堂。宴饮中，众人追忆起昔日欧阳修等人于雪中约客赋诗之风雅韵事，“辄举前令，各赋一篇”。追忆前贤，分题赋诗，不胜其美。陈起有一首诗序，讲述众人夜饮颐斋，席间以灯前细雨檐花落为韵，得花字赋二首。诗文酣畅淋漓，一幅欢闹景象跃然纸上。

分韵赋题是宴席间常见的一种唱和形式。相对而言，不作题韵限制的自由式发挥往往更得酬唱之意，妙趣横生而又不失挑战性。北宋哲宗元祐初年，朝臣滕元发帅守定武期间，曾经与郡僚饮宴聚会，宴席上兴起而作诗，宾客皆唱和以为回应。苏东坡守杭州时，马中玉恰巧为浙漕，之后东坡受召赴阙，众人设宴饯别。马氏即席作诗一首，诗曰:“来时吴会犹残暑，去日武林春已暮。欲知遗爱感人深，洒泪多于江上雨。欢情未举眉先聚，别酒多斟君莫诉。从今宁忍看西湖，抬眼尽成肠断处。”言辞恳切，字里行间流露出深沉的依依惜别之意。东坡颇受感动，即席唱和一首，诗中以“明朝归路下塘西，不见莺啼花落处”[65]一句聊以回应，一唱一和之间饱含着深情厚谊。

词人曾觌在一首《南柯子》小词序文中讲述作词之缘由。述及众人宴饮聚会中，席上有人出新词，且即兴命令侍宴歌伎歌唱以侑觞佐欢，自己亦是“次韵奉酬”，因而有此词作，实际上属于一种应酬之作。宋敏求搜集唐代著名书法家颜真卿之遗文十五卷，另外还有新近诗作共十八首。此十八首诗大多都是湖州宴会聊句诗，其中宋敏求所作就有《大言》《小言》《滑语》《乐语》《谗语》《醉语》等，也是宴饮聚会中赋诗填词的典型之作。

值得一提的是，宴饮聚会中席间诗词酬唱，并非单纯为了娱乐佐欢，还有展示才华、互相竞争逞能的潜在意味。因此，受到宾主的普遍重视。南宋著名诗人范成大曾与众人饮宴聚会，席间座客谈论刘婕妤事，范公与一众宾客约定以此事进行赋诗填词。幕僚游氏次于范公，作文先成。词作精绝无比，以至于“公不复作，众亦敛手”。游氏才华横溢，满座宾客皆为其人之才思敏捷所深深折服。除了参加宴席的宾客之间酬唱往来之外，常见还有宾客与歌伎、妾室等进行唱和。

宴席之上赋诗填词，除常见形式之外，还有联句而作，类似于一种接龙游戏。宴会中，席间一众宾客各对出一句，最终连接成一整首诗词，也是常见的一种娱乐活动。北宋时期，王钦臣曾与秦观（字少游）约定拜谒僚友，众人在闲燕堂开宴畅饮。宴饮中众人约定作即席联句诗，起首有云“黄叶山头初带雪，绿波尊酒暂回春”，已而接续“已闻璧月琼枝句，更看朝云暮雨人”之句，另用“老愧红妆翻曲妙，喜逢嘉客放怀新”续作，最后以“天明又出桃源去，仙境何时再问津”来结束联句活动。[66] 形式灵活多变而又不失欢畅意趣，是宴席上不可多得的娱宾遣兴之举。

另外一种则是即席应景之作。

宴饮聚会中即席赋诗填词不仅是对宾客个人才思的一种考验，也是极具挑战性和欢快意味的娱乐活动，颇受文人士大夫群体的欢迎。北宋仁宗嘉祐年间，郓州太守王氏于春暖花开时节在后花园宴饮聚会。预宴宾客中有濮州士人杜默，席间即兴赋海棠诗一首，其中有“倚风莫怨唐工部，后裔宁知不解诗”一句，受到在座宾客的交口称赞，众人“皆称为奇句”，[67] 杜默也因此给人留下了深刻印象。

即席应景创作，除了对周边环境的吟咏书写之外，席间美食往往也会成为宾客俯仰之间吟咏叹赏的对象。苏轼、黄庭坚、张耒等人宴集会聚，所设菜肴中有一道骨䭔儿血羹，有宾客略觉油腻，索要薄茶以消解腻味。主人随即拿来所碾名茶“龙团”遍赠在座宾客。有人调侃道：“使龙茶能言，当须称屈。”东坡同样颇为感慨，提议“是亦可为一题”。兴之所至，以“俾荐血羹龙团称屈”为韵，[68] 提笔戏作律赋一首，聊以娱宾遣兴。

南宋时期，辛弃疾帅守浙东期间，与人宴饮聚会。席间新上一道菜肴羊腰肾羹，士人刘改之有感而发，即席以“流”字为韵赋诗一首，文思俱佳，因而受到辛弃疾的赏识。姑苏有官妓名为苏琼，颇富才学，会文辞。苏州太守大摆筵席招待朝臣蔡京，席间苏琼应邀以“九”字为韵即兴作诗词，词中有“金炉玉殿瑞烟浮，高占甲科第九”的吟咏，[69] 夸赞蔡氏才学过人之余，更将自身的才思展露无遗，属于即席应景中娱宾遣兴的佳作。

歌伎索作与赠作　宴饮聚会中歌伎侍宴佐欢是宋代社会较为常见的现象。宴会中宾主兴起之余赋诗作词以尽欢乐，歌伎捧觞在侧，适时向侍宴宾客索取诗词作品也十分常见。如此，不仅具有烘托宴会气氛的作用，还是宣扬宾客才华的良好时机，大多情况下宾客都乐而为之，尤其是颇负盛名的名流雅士更是备受推崇。

苏轼在黄州期间，每逢宴饮聚会则“醉墨淋漓，不惜与人”，至于官妓供侍，“扇书带画，亦时有之”。[70] 离行黄州前夕，一众僚友设宴饯行，侍宴歌伎李琪趁东坡酒酣之际，捧酒奉觞再拜，取领巾乞书。苏轼意兴大发，作诗赠予李琪，众人尽醉而散。黄庭坚在《定风波》词序中讲述与众人饮宴，有两名新来歌伎擅长歌唱，席间请作送汤曲，因而作词以戏，即为应歌伎索取之作。

北宋哲宗皇帝时期，文人叶梦得初登第，盛名颇负。调任丹阳途中，在西津务亭偶遇慕名前来拜访的真州官妓数十人。众人就亭设宴，官妓意兴颇高，“迭起歌舞”。饮酒数行之后，官妓魁首奉花笺请叶梦得作词。叶氏略加思索，“命笔立成，不加点窜”，[71] 即成《贺新郎》词一首，词曲脍炙人口，流传于世。

类似状况在宋代相当普遍。例如，都尉王诜饮宴会客，有侍儿辈上前侍香求诗、求字，就属于席间索作之举。卢祖皋在《临江仙》小词序中提及众人市船招饮，宴会中女乐颇盛。宴饮至夜深时分，出来一名为胜胜的十二岁小歌伎，独自吹笙，声调清婉悠扬，四座叹赏不已。演奏罢，小歌伎再拜乞词，因而赋《临江仙》小词一曲。南宋时期，宋理宗淳祐年间，丹阳太守重新修缮多景楼，落成之际大会宾朋，湖海名流毕至。酒酣兴起之余，主人命一众侍宴歌伎持红笺求取席间宾客词作，雅兴颇高。

以上种种，皆是歌伎索作的典型。值得一提的是，席间歌伎索取诗词的现象虽然极为普遍，但需要十分注意场合与时机的掌握，否则即有破坏饮宴气氛之嫌。苏轼出守定州期间，一次僚友宴会上有官妓贸然上前索取词作，而此时东坡正与一旁宾客热烈讨论穆天子事，“颇讶其虚诞”。苏轼为了避免尴尬，最终只能“资以应之”，勉强作《戚氏词》一首。

宴席上除歌伎索作之外，常见还有宾客主动赠予诗词作品的现象。北宋前期，名臣张咏在宴饮中即席赠送官妓小英歌词，词曰：“我疑天上婺女星之精，偷入筵中名小英。又疑王母侍儿初失意，谪向人间为饮妓。”[72] 字里行间无不流露出赞美之意。另有一歌伎名为赵降真，其人“善谈谑，能文词”，常为饮筵诸伎之最。有文士郑生曾于席上赠诗称赞道：“丽质如何卜太清，玉肌无暑五铢轻。虽知不是流霞客，愿听流霞瑟一声。”[73] 属于寻常所见应景诗作。著名词人郭祥正曾作有《郑州太守王龙图出家妓弹琵琶即席有赠》，即是赠送歌伎的典型诗作。郭祥正在诗文中盛赞东道主所设之筵席，尤其对歌伎琵琶之弹奏、檀板之演艺、舞姿之灵动等赞不绝口，再现了宴席上歌伎捧觞劝客饮酒、东道主殷勤备至、宾客欢畅尽醉的生动景象，酒酣情切之意跃然纸上。

当然，宴饮聚会中佐酒助欢的歌伎也不乏才华出众者，宴席上常常涌现出诗词唱作的佼佼者。江浙地区传承“京都遗风”，路岐伶女“有慧黠，知文墨”，[74] 常常能于宴席之上指物题咏，诗词应命辄成，文思慧捷可见一斑。

二　一曲新词酒一杯：诗词与宴乐的传唱

宋朝时期人们宴饮聚会，所见诗词通常以娱宾遣兴为主要目的和特色，尤其是词，具有独特的传唱功能。王国维先生曾经探讨宋元时期的词曲，指出宋代的歌曲实际上就是词，也叫近体乐府或者长短句，肇始于唐中期，到晚唐及五代开始逐渐流行开来，至宋代臻于鼎盛。[75] 宋代社会宴饮活动中，不少会伴有歌曲以助兴佐欢，形成“风暖繁弦脆管，万家竞奏新声”[76] 的热闹景象。

诗词的传唱功能　唐宋时期，词又可以分为两个组成部分，即歌词与乐调。[77] 词的产生乃至盛行与妓乐传唱密不可分，在宴饮聚会中扮演着重要角色，是人们樽俎流传之际丝竹管弦伴奏下用以歌唱佐欢的重要形式，属于歌词。对此，宋人陈应行就指出，“自古诗颂皆被之金竹，故非调五音无以谐会”，“若置酒高堂上，明月照高楼”，则当为入韵之首，[78] 即突出了宴乐词曲传唱与意境结合的协调之美。因而沈松勤先生就认为，词之应歌是词坛的主旋律。[79]

当然，用于谱曲传唱的词对韵律有严格要求，并非所有词作都能歌唱。宋人沈义父在《乐府指迷》中指出，前辈所作好词有很多，可惜往往不协律腔，以致无人传唱。而诸如秦楼楚馆中歌伎伶人所唱之词，大多出自教坊乐工及市井做赚人之手，词作内容虽然一般，但是音律协调，适合谱曲传唱，因而坊间“多唱之”。南宋著名词人张炎对于词的歌唱也有着类似的心得体会，认为作词“当以可歌者为工，虽有小疵，亦庶几耳”，[80] 同样强调词曲的韵律协调之美，以适合歌唱为宜。

如此，就对词作者提出了较高的要求，至少要对词曲的韵律及传唱有相对准确的把握，否则不能广为传唱与流播。晏几道的《小山词》就因歌词韵律协调，易于传唱而流播开来。在《小山词》词集序言中，晏几道提及作词之经过，指出陈十君家有莲、鸿、蘋、云四名歌伎，尤其擅长以清讴娱乐宾客。他每得一解，即以词草授诸歌伎，众人则持酒听之，为一笑乐。因而，后人对晏几道词作的评价相当高，认为其词“字字娉娉袅袅，如揽嫱施之袂，恨不能起莲、鸿、蘋、云，按红牙板唱和一过”。[81]

宋代社会，诸如晏几道一类擅长创作词曲的词作家还有很多，柳永就是其中之一。柳永因善为歌词而闻名于世，当时教坊乐工每得新腔，必请求柳永作歌词。柳词流传开来，声名远播，以至于形成了“凡有井水饮处，即能歌柳词”的空前盛况。

在柳永之后，号称“苏门四学士”之一的秦观同样因擅长为乐府歌词而著称。秦观所作歌词“语工而入律”，通晓乐律者谓之“作家”，所作歌词在宋神宗元丰年间盛行于淮楚一带。除晏几道、柳永、秦观等著名词人之外，宋代社会擅长作词的文人还有很多。例如，范仲淹之侄孙范周，其人年少而负不羁之才，尤其工于诗词，一时之间颇受士林推崇。范周曾经在元宵佳节之际作《宝鼎现》一词，作成之后广为流播，闻名天下。每遇元宵灯夕，诸郡皆歌之，受到民众的广泛追捧。北宋仁宗时期，苏州人吴感也以会作文辞章句而广为人知，尤其是《折红梅》一词，传播于人口，春日郡宴上，必使伎人演奏歌唱。

《折红梅》词作精致工巧，其中“三弄处、龙吟休咽。大家留取，倚阑干，闻有花堪折，劝君须折”[82]一句备受推崇，时人称赏不已。

韵律协调、词句工整的歌词在丝竹管弦伴奏之下演绎传唱，广为流播，历久不衰。南宋时期，文人张世南就指出，词人刘过所作《贺新郎》一词，“至今天下与禁中皆歌之”，其受欢迎程度可见一斑。活跃于宋末元初的文人刘埙曾经记载，著名词人吴用章去世之后，其词依然盛行于世，不仅仅是伶工歌伎以为首唱之选，文人士大夫等风流文雅者在酒酣兴发之际更是动辄歌唱。由此，吴用章所作之词与姜夔的《暗香》《疏影》，李邴的《汉宫春》，刘一止的《夜行船》并喧竞丽长达百十年。直至南宋末咸淳年间，永嘉戏曲出，形成“淫哇盛，正音歇”的歌咏娱乐新局面，而州里遗老依旧歌唱传颂吴用章词不止。

宋代著名词人李清照曾经对歌曲的创作、传播以及当时诸位名人的词作进行一一对比和评价，颇为耐人寻味。李清照认为柳永变旧声而作新声，出《乐章集》，名声大噪，得称于世。柳词虽然音律协调，但是“词语尘下”，略显不足。之后又有张子野、宋子京兄弟、沈唐、元绛、晁次膺辈相继涌现，以上各位词人所作词曲虽时时现出妙语，但较为破碎，不足以冠称为名家。至于晏元献、欧阳永叔、苏子瞻等文人，虽然学际天人，而创作小歌词，直如酌蠡水于大海，皆是句读不葺之诗尔，并且往往音律不协。后来晏叔原、贺方回、秦少游、黄鲁直等词人辈出，始能通晓词作音律。但是晏叔原“苦无铺叙”；贺方回“苦少典重”；秦少游专主情致而少故实，譬如贫家美女，虽然极妍丽丰逸，终究缺乏一种富贵姿态；黄鲁直崇尚故实，而多疵病，譬如良玉有瑕，价自减半矣。

以上种种，李清照历数诸位词作名家创作之优劣，精于评判而言辞略显挑剔。对此，宋人胡仔颇不以为然，指出李清照历评诸位词作家之歌词，皆指摘其短处，无一幸免者，“此论未公，吾不凭也”，并且以“蚍蜉撼大树，可笑不自量”之语予以回击，个中态度一目了然。[83]

词曲的传唱，音律协调是最基本的要求，宴饮聚会中对娱宾遣兴的词作要求更高。南宋理宗时期，皇太子设宴邀请两殿驾幸清霁亭，以观赏芙蓉、木樨等花木，宴席上有韶部头陈盼儿捧牙板，歌唱李清照小词“寻寻觅觅”一句，理宗皇帝听后颇不乐，说其为“愁闷之词，非所宜听”。因此当席令词臣陈藏一即景撰写快活《声声慢》一曲，“先臣再拜承命，五进酒而成，二进酒数十人已群讴矣”。如此一来“天颜大悦”，[84] 赏赐一应乐人，可谓上下皆尽欢乐。在宴饮聚会相对热闹欢洽的场合中弹唱“声声慢”之类曲调哀婉低沉的曲子确实不合时宜，无怪乎理宗皇帝嫌其愁闷而颇有微词。

另外，词作本身篇章或词句的长短也对歌词的传播和流行产生一定程度的影响。北宋时期，词人晁元礼作有《绿头鸭》一词，词曲“殊清婉”，属于众多小词中的佳品。但是宴饮聚会中，樽俎间歌讴唱曲，“以其篇长惮唱”，故而沦落至湮没无闻的境地，就是词曲篇章过长而遭到淘汰的典型。

东坡词所具有的传唱功能在当时乃至后世都颇具争议。东坡自称平生有三不如人，即“着棋、饮酒、唱曲也”。《苕溪渔隐丛话》中转引《遁斋闲览》所记原文：“子瞻之词虽工，而多不入腔，正以不能唱曲耳。”[85] 指出东坡词多不入腔，是东坡本人不能唱曲所致。而陆游则对“世言东坡不能歌，故所作乐府词多不协”的说法充满了质疑，并举例进行回护。北宋哲宗绍圣初年，东坡与晁说之别于汴上，东坡酒酣之际，自歌《古阳关》一曲。由此，陆游认为东坡词“非不能歌，但豪放不喜裁剪以就声律耳”。[86]

事实上，东坡词并非完全音律不协调，相当一部分在当时社会还颇受推崇。东坡任职定州期间，在一次宴会中即席创作《戚氏词》一曲，席间随歌随写，歌竟篇就，才点定五六字，而座中宾客随声击节并附和歌唱，“终席不问它词，亦不容别进一语”，东坡词在此次宴会中大受欢迎。宋人胡仔甚至认为中秋词自东坡《水调歌头》小词一出，“余词尽废”，对东坡词给予了极高的评价和赞誉。南宋高宗绍兴年间，曾宏父守黄州期间，身旁有一双鬟小鬟，颇慧黠灵巧，曾宏父令小鬟诵读东坡所作《赤壁》前后二赋，“客至代讴，人多称之”，[87] 亦是东坡词可歌可唱的典型。

东坡曾以自己的词作与柳永词进行对比，并询问他人其与柳永词作的区别。有人答道：“柳郎中词，只合十七八女郎，执红牙板，歌‘杨柳岸，晓风残月’。学士词，须关西大汉，铜琵琶，铁棹板，唱‘大江东去’”。[88] 由此观之，二者曲调风格的差异一目了然，东坡词的独特性也尽现眼前。

宴饮中的歌曲　宴饮聚会等群体性娱乐活动极大地促进了宋词的传唱，是众人把酒言欢之余浅唱低吟、助宴佐欢的重要内容。

诗词佐以丝竹管弦等乐器用于歌唱的传播模式，早在唐朝时期就已经日益拓展开来。唐中宗景龙年间，春日里中宗皇帝与一众臣子宴饮聚会于桃花园。学士李峤等臣子献桃花诗以助宴，宫女即兴歌之，“辞既清婉，歌复绝妙”，具有不可多得的娱乐遣兴效果。唐朝中期以后，诗词就已经形成“《六幺》《水调》家家唱，《白雪》《梅花》处处吹”[89] 的生动景象。时间演进到宋代，诗词的传唱与唐朝相比产生了较大的变化。关于此，宋人胡仔指出，唐初歌词多是五言诗或七言诗，初期并无长短句。自唐朝中叶以后直至五代，歌词逐渐演变成长短句。及至宋朝，则尽为长短句。

由此，不难看出，歌词韵律随着时代发展和世人需求的转变而不断变化，新曲代旧歌的现象已经十分普遍。但是，无论如何，宴饮聚会中以诗词为歌曲进行传唱的做法是一脉相承的，所谓“一曲新词酒一杯”即是如此。

宴饮聚会活动中常见的歌曲传唱，大体上可以分为清唱与伴乐而唱两种主要方式。清唱即去除乐器演奏而进行的歌曲演绎，为了把握歌曲唱作的节奏和韵律，一般会辅以牙板之类乐器，取歌者声音的纯粹与清丽之美。但是，单纯的清唱缺少宴乐伴奏下的热闹与欢娱意趣，也难以起到调动宴会气氛、激发宾客情致的良好饮宴效果。因而，大多数情况下，世人饮宴之际一般会伴乐而歌，甚者辅以舞蹈助兴。宋代社会，世人宴饮聚会中常见传唱歌曲，从创作的角度来看，一般包括即席作曲和提前预备两种基本类型。

即席作曲是宋代社会文人雅士宴饮聚会活动中十分常见的一种娱乐活动，调动宴会欢跃气氛的同时又能以曲示才，抒发情感与志趣，因而颇受宾主欢迎。

北宋名臣寇准有一次在早春时节宴请宾客，宴席上兴起之余，撰写乐府词，“俾工歌之”，也不失为一桩席间乐事。苏东坡出守密州期间，在上巳日举行的宴会上即席撰写《满江红》小词一曲，侍宴歌伎随即歌唱演绎，满座宾客“欢甚”，具有良好的娱宾遣兴效果。

南宋时期，这种即席作曲而歌的现象依旧盛行。南宋词人葛胜仲在一首《浣溪沙》小词的序文中指出：“少蕴内翰同年宠速，且出后堂，并制歌词侑觞，即席和韵二首。”[90] 也是即席助兴佐欢之作。周密也在《瑞鹤仙》小词自序中描述撰写词作的经过，提及与一众友人饮宴欢乐，“初筵，翁俾余赋词，主宾皆赏音”。[91] 酒方行，友人随即唤出歌伎侑尊侍宴，歌伎所唱曲目即是周密所赋小词，众人意兴颇高，宾主尽醉而归。

备歌而宴也很普遍。宴饮聚会中常见以歌曲娱宾遣兴，为了使宴会顺利开展，提前预备歌曲尤为必要，也是极为寻常的现象。南宋时期，著名词人仲并在一首词序中指出，《好事近》宴客七首，时留平江，“俾侍儿歌以侑觞”，预留有七首宴客曲目，专门用于宴饮待客之际娱乐佐欢。宋代众多文人词集中不乏此类作品。

南宋末年，著名词人吴文英提及与友人夜宴之际，侍宴歌伎歌唱小词以助兴，“连歌数阕，皆《清真词》”。此处所谓的《清真词》即为词人周邦彦所作的词集，音律和谐，曲风清婉，用于樽俎间演绎传唱颇为适宜，因而一时之间受到世人的极大欢迎，成为宴饮聚会中常见的预留曲目。对此，清人宋翔凤就明确指出，词实际上是诗之余音，遂名曰诗余。词有小令、中调、长调之分别，“以当筵作伎”，以字之多少，分调之长短，“以应时刻之久暂”。因而，在论及宋时著名词集

《草堂诗余》时，宋翔凤又指出,《草堂》一集,“盖以征歌而设”，故别题春景、夏景等名，便于随时即景，歌以娱客。以文人观之，适当一笑,“而当时歌伎，则必需此也”，[92]就强调了该词集的宴席传唱演绎功能，相当于歌谱，凸显了宴饮娱宾之际提前预备曲子的必要性和普遍性。

第三节　劝酒与酒令

宋代，世人宴饮聚会中，为了增强宴席的热闹气氛，活跃宾主的饮宴心情，达到宾客尽兴而归的饮宴效果，席间要有各类娱乐活动。在常见的歌舞等娱乐内容之外，人们喜爱的佐欢方式还有劝酒活动，类似于饮席游戏，趣味性较强。劝酒在调动宴会气氛之余，还能够调节宴会的整体进度，展示和考验宾主的才华与巧思，在当时社会受到人们的普遍欢迎。

宋代社会，相对常见的劝酒方式大致包括举杯相劝、器物相劝、歌舞酒伎侍宴劝酒等多种类型。而宴饮中所见的酒令，既是一种娱乐游戏，又属于席间的劝酒活动，与各类劝酒形式一样，同为宴席中不可或缺的佐欢类型。

一　歌伎佐酒与宴席劝酒

宋代社会，宴饮聚会之际，一众宾客在席间劝酒佐欢十分普遍。宋人诗词中如“歌楼醒醉客，灯市往来人。劝酒行杯促，联诗得句新。铜壶休见迫，欢笑正相亲。罗绮行歌夜，杯盘坐笑春。舞衫催急管，步障拥佳人”，[93]即生动呈现了众人夜宴之际劝酬不断、欢歌笑语连连的热闹景象，也是世人宴饮中常见场景的真实反映。

举杯相互劝酬饮酒是宴席上极为常见的劝酒方式，简单易行且意旨明确，是上至公卿贵族、下到平民百姓宴席劝酒中通行的做法。

在宴席中举杯劝酬的例子很多。包拯曾经与僚属观赏牡丹，继而饮宴聚会。宴席上包拯举杯劝酒，为了表达敬意，有客人“素不喜酒，亦强饮”。在包拯的不断强劝之下，在座的一众宾客中唯独王安石“终席不饮”，给人留下了极为深刻的倔强刚直之印象。宋人诗词中诸如“夜燃蜡炬宾醉舞，春风欹眠百花洲。各持一觞劝公饮，此行乐矣公何求”[94]、“看兰孙桂子，成团成簇，共捧金荷齐劝”[95]等，都是对宴席上众人把酒言欢、举杯劝饮的生动描绘。除这种方式之外，宋代社会为世人所喜爱并普遍欢迎的劝酒方式还有很多。

器物劝酒　宋代，世人宴饮聚会中常见的劝酒器物丰富多样，既有专属的劝酒器，也有临时设置或者东道主特别选取的劝酒物件，种类不一，都具有劝酬的特别功效。

专属的劝酒器造型各异，名称有所不同。唐代著名诗人白居易在《西凉伎》中极其详细地描述了西凉伎的特殊造型，“西凉伎，假面胡人假狮子。刻木为头丝作尾，金镀眼睛银贴齿。奋迅毛衣摆双耳，如从流沙来万里。紫髯深目两胡儿，鼓舞跳粱前致辞”，[96]诗中提及的假面胡人大约就是以胡人样貌为主要依据塑造的娱乐形象，专门用于席间娱乐佐欢、饮酒助兴。诗人元稹也在《和李校书新题乐府十二首・西凉伎》中再现了当时宴饮的生动场景，特别关注到席间的杂戏表演活动，用“哥舒开府设高宴，八珍九醖当前头。前头百戏竞撩乱，丸剑跳踯霜雪浮。狮子摇光毛彩竖，胡腾醉舞筋骨柔”[97]的诗句讲述宴饮中的欢乐活跃景象，同样提及假狮子、胡人舞蹈等内容。当时社会以胡人形象为主要素材塑造各种造型相当普遍。

相传，唐明皇时，有一群胡人心中愤愤不平，请求入内觐见。见到明皇之际，个个泣涕涟涟，述及缘由为“伶人讥其貌，不能堪”。[98]因伶人讥笑其样貌装扮而委屈万分，反映出当时胡人样貌充满浓郁的异域特色，引起了广大民众的浓厚兴趣，以至于仿照胡人形象制作出各种娱乐造型，其中就包括依胡人外形制作而成的劝酒器物——劝酒胡。

宋朝时期，这种现象依然存在，宋人张邦基就对类似的劝酒器物有十分详细的描述：宴席中刻木制造成人的形状，再将木偶下方削尖锐，放在盘子中，旋转木偶，木偶“左右欹侧，僛僛然如舞状”，时间稍久，木偶力尽倒下。人们检视木偶“传筹所至，酬之以杯”，即行饮酒，因此，木偶人又被称为“劝酒胡”。也有不摆放传筹，只看木偶旋转之后倒向所指之人而饮酒的情况。[99]根据张邦基的描述，劝酒胡大约就是类似于不倒翁之类的玩偶，作为人们宴饮聚会中席间劝酒的一种特有工具。劝酒之际，用劝酒胡旋转于席面之上，待其静止之后观察其具体指向，作为一种标志，用于劝宾客饮酒。

除此之外，席面上还有一种劝酒器物，与劝酒胡的劝酬功能颇为类似，即劝酒瓶。宋人赵彦卫就曾记载，“今人呼劝酒瓶为酒京”，针对《侯鲭录》中“陶人为器，有酒经”的记录，指出晋安人以瓦壶盛酒，所用瓦壶小颈、环口、修腹，容量为一斗。凡是馈赠别人“牲”，兼或以其置备酒水。便帖上书写“一经，或二经、五经”。外邦人游历到晋安境内，不知晓“一经，或二经、五经”的含义，听闻送五经，则束带迎于门口。由此，赵氏推测，酒京最初大约是指“酒经”，“盖自晋安人语，相传及今”。[100]由赵氏的推断可知，劝酒器物“酒京”源于晋安人所说的一种盛酒瓶子。宋代，人们用于宴席劝酒的“酒京”轻巧灵动，因而受到人们的特别喜爱和追捧。

南宋时期，每逢国家煮酒库开酒，一般会举行大规模的游行宣传活动。宣传之际，每库各用歌舞伎丫鬟五十余人，执“劝杯”之类器物沿街游行宣传，间或有一应官员子弟沿路用人“托诸色果木蜜煎劝酒”，进行游街活动，所用劝杯、诸色果木蜜煎示意劝酒的做法充满了宣传技巧和新意。

劝酒器的使用相对普遍，不独宋人使用。高丽也有一种劝酒器物，名为“酒榼”。酒榼造型精巧独特，“上为覆荷，两耳有流，连环提纽，以金间涂之”，“唯劝酒则特用”。[101]

此外，北境契丹也有不同类型的劝酒器物。契丹劝酒器大小不一，其最大者“剖大瓠之半，范以金，受三升”。在招待宋朝使臣之际通常用来劝酒以示情礼俱备，传递出热情好客之意。由于此种劝酒器容量太大，前后出使契丹的宋朝使臣无人能饮，唯独使臣方偕能“一举而尽”。之后，契丹人便将剖大瓠制作而成的劝酒器称为“方家瓠”。[102] 每逢宴请宋朝使臣之际，即出之以劝酒，形成了一种接待惯例，充满了独特的异域风情。

宋人所作诗词中也不乏关于宴席劝酒欢乐场景的描绘，诸如“林间暂系黄金勒，花下聊飞玛瑙钟”，“门前蹀躞金羁满，坐上连翩玉斝飞”，[103] 都生动地再现了宴饮聚会之际宾主劝酬不断的欢快热闹景象。

席间除常见专门的劝酒器之外，还有其他不同的器物类型，特别是东道主本人尤为珍视、把玩者。北宋朝臣韩琦曾经获得玉盏一只，晶莹剔透，表里无纤瑕可指。韩琦颇为珍爱，“尤为宝玩”。一次大开宴席，召集一众僚属前来观赏，开宴之际另外摆设一桌，用绣衣覆盖桌面以放置玉盏，“用之将酒遍劝坐客”，凸显了玉盏作为主人珍爱之物所具有的独特意义。

著名文人梅尧臣的好友刘敞（字原甫）有收藏古物的特殊爱好，曾经在宴席上出示两枚古钱币，劝在座宾客饮酒。刘氏用来劝酒的两枚古钱币并非俗物，其中一枚是“齐之大刀，长五寸半”，另外一枚是“王莽时金错刀，长二寸半”。大约因其稀罕少见，而成为独特的收藏品。宴席中用其劝酒，夺人耳目的同时也向众人展示了不同寻常的价值。为此梅尧臣特意作诗曰：“精铜不蠹蚀，肉好钩婉全。为君举酒尽，跨马月娟娟。”[104] 对席间用于劝酒的两枚铜钱赞赏有加，一众宾客饮酒不断，戴月尽兴而归。文彦博在任职洛阳期间，曾经设宴款待一众友人，宴席上特意出示四个玉杯用以劝酒。以上种种，都是区别于普通物件而被主人珍视用以劝酒者。

此外，蕴含某种特殊象征意义的器物也常常用于席间劝酒。南宋高宗绍兴年间，吴兴人徐大伦任职于南陵县，在一次宴席上当着众宾客之面，现场展示一种金觥，并且宣称“此吾家旧物”，是其父往日宴请之际劝酒的常用器物。著名诗人王十朋曾于重阳节与一众宾朋把酒言欢，特意取出好友寄送的锦石杯劝酒，在诗中更是以“呼儿满酌黄花酒，为子深倾锦石杯”[105]进行歌咏，表现出友人之间的深厚情谊。周必大曾与友人小集叠岫阁，恰逢雨天，当席即用“金鼎玉舟劝酒”，雅致而不失诗情画意。更有甚者以发簪劝酒。南宋初年，湖南总管辛永宗携诸位兄弟驻扎于邵州，一次宴饮聚会中当席出示一支簪子劝宾客饮酒，颇为新颖。

宋人诗词中“头上花枝照酒卮，酒卮中有好花枝”[106]的描写，或多或少蕴含着劝酒的意味。类似诗词还有很多，如“更饶雪里还清瘦。琳宫拟诏风流守。任折来、深醮金杯酒。欲赏一枝，樽前为寿”“窣窣珠帘淡淡风，香里开尊俎。莫把碧筒弯，恐带荷心苦。唤我溪边太乙舟，潋滟盛芳醑”等，[107]都生动形象地展现了以花或花枝劝酒的风雅意趣。

大体看来，宴饮聚会中常见用于劝酒之器物种类不一，或多或少都具有一定的特殊意义。除专门的劝酒器之外，用于席间劝酒的器物，或是主人珍视把玩，或是蕴含特定象征意义，或是随机即兴选择而为之。无论如何，无一例外都是世人饮宴中娱乐佐欢的一种工具，活跃宴会气氛的同时传递出主人的热诚与兴致所在，在樽俎流传之间展现着属于这个时代特殊的文艺气象和丰富多彩的饮食文化，再现了当时社会生活的鲜活景象。

歌舞与歌伎劝酒　宋代社会，世人宴饮聚会中以音乐歌舞助兴十分常见，而表演之余以音乐歌舞劝酒同样相当盛行，受到世人的普遍喜爱和欢迎。

唐代文人张鷟在其著名的《游仙窟》词中有“光前艳后，难遇难逢；进退去来，希闻希见。两人俱起舞，共劝下官”[108]的描述，展现了宴饮聚会中以乐舞劝酒的生动场景。宋朝时期，诗词中也不乏类似的吟咏与书写，如词人毛滂就在《剔银灯》小词序文中记述“同公素赋，侑歌者以七急拍七拜劝酒”，词中更是有“频剔银灯，别听牙板，尚有龙膏堪续。罗熏绣馥。锦瑟畔、低迷醉玉”[109]的吟咏，一派欢快热闹的饮宴景象跃然纸上。乐声缭绕不绝于耳，丝竹管弦喧嚣中劝酒促杯行，尽现宴饮中的欢畅意趣。

为了烘托宴席的欢愉气氛，通常情况下，在纯粹的奏乐助兴之外，也不乏歌者席前献唱，娱宾遣兴之余也是劝酒佐欢的一种重要方式。

词人曾觌在《南柯子》小词序言中记述，浩然与其同生于己丑岁，更加巧合的是，二人生辰月、日、时皆相同。秋日里饮宴，宴席上出有新词，浩然即兴命侍宴小歌伎歌唱以侑觞，词人自己则“次韵奉酬”。宴饮聚会中文人雅士作词谱曲，歌伎演唱以劝酒助兴的现象相当盛行，宋人诗词中类似的描述比比皆是，诸如“伴我语时同语，笑时同笑。已被金樽劝倒。又唱个新词故相恼”，[110]“妙词佳曲，啭出新声能断续。重客多情，满劝金卮玉手擎，”[111]不难想象宴饮之际席间欢歌笑语、妙音绕梁、举杯频劝的生动景象。在众多吟咏书写宴饮之际歌伎侍宴劝酒的诗词中，著名词人张先的一首《更漏子》小词尤为精彩：

> 锦筵红，罗幕翠。侍宴美人姝丽。十五六，解怜才。劝人深酒杯。黛眉长，檀口小。耳畔向人轻道。柳阴曲，是儿家。门前红杏花。[112]

小词生动形象，寥寥数笔勾画出酒筵席畔小歌伎侍宴劝酒的灵巧娇媚情态，鲜活而不失真实。虽然没有明确提及歌唱词曲以劝酒侑觞，但蕴含其间的意趣却具有异曲同工之妙，令人遐想无限。晏殊在《清平乐》小词中有“萧娘劝我金卮，殷勤更唱新词。暮去朝来即老，人生不饮何为”[113]的描写，记述宴饮中歌伎萧娘唱新词殷勤劝酒的生动场景，且不忘以“及时行乐”为劝酒说辞，在当时颇有代表意义，娱宾遣兴意味浓厚。

在实际宴饮聚会中，除了常见的歌唱演绎进行传唱以劝酒之外，诗词本身也可以作为一种劝酒形式。如“子又作诗劝我醉如泥，得非亦以惛惛为胜晓”[114]即是对此种形式的一种描述。

诗词劝酒形式不一，有即席创作劝酬、席间传唱劝酒，甚至还有朗诵以表达劝酬之意。五代末期，赵宣辅任职于江南地区，一时间名气颇盛。重阳节之际与友人邀约登高聚会饮宴，宴席上诵读杜甫之诗以劝酒。宋代社会，世人宴饮聚会中也不乏诵读诗词以劝酒者。

劝酒礼俗　宴饮聚会中宾主之间相互劝酒是活跃宴会气氛必不可少的一种方式，具有娱宾遣兴的效果，也是世人宴饮聚会中十分常见的娱宾活动。与此同时，为了更好地开展宴会活动，调节饮宴活动进度，席间劝酒也需要遵循一定的礼俗规范和秩序原则。

首先，劝别人饮酒，应当以自饮为先。关于劝酒，古人就有“俗人亦先自饮，而后劝人”[115]的说法，即是对此种情形的描述。宴席劝酒之际，为了表达内心的尊重态度，按照常见礼俗规范，一般不宜直接称呼被劝酒之人的姓名，特别是在较为正式的场合中。北宋初年，大将王景咸驻守邢州，使臣王班衔命至郡巡察。为此，王景咸特意设宴进行招待，宴席上景咸劝酒之际，厉声说道：“请王班满饮！”在座一众宾客相当诧异。事后，景咸恍然大悟，方才知晓王班是巡视官的姓名，却将王班误“以为官也”，以至于席间劝酒之时引发了些许尴尬，更透露出劝酒中某些为人所熟知的潜在规则。

其次，席间以杯盏劝酒之时所举酒杯应当盛满，以示十分的诚意。宋人诗词中即有所谓“劝酒樽罍应引满，题诗屋壁是亲书”。[116]当然也不能一概而论，还存在“浅深存斟酌，杯行不须满”的状况。席间劝酒杯盏内所见酒量直接表明了劝酒人所秉持的态度和诚意，又与劝酒人之间的关系亲疏远近有一定关联。

最后，出于礼敬态度，被劝酒宾客需要满饮。宴席劝酒普遍讲究“既满须持之，不持惧招损”的礼俗规则。北宋初年，太祖皇帝曾经与一众近臣宴饮聚会，宴席间劝酬不断，唯独大将王审琦以“性不能饮”为借口“但持空杯”。太祖皇帝见状颇为不满，酒酣耳热之际亲自举杯相劝。王审琦受诏而“不得已饮”，且“辄连饮大杯”，情切之下表现出了一种积极回应姿态。如此，既维护了太祖皇帝的颜面，也缓和了拒不饮酒的尴尬局面。

宴饮聚会中劝酬双方理应遵循必要的礼俗规范和原则，否则就会遭到相应的处罚。为此，宴席上常见有一种特定的杯盏，或是用于罚酒，或是用于劝酒，抑或是象征性的摆设，但大多以罚酒的形式出现。此种杯盏，古人称为“白”。

对此，宋人黄朝英在《靖康缃素杂记》中有较为详细的描写。黄氏述及宋祁的诗文中有“镂管喜传吟处笔，白波催卷醉时杯”的吟咏，而自己读到此处诗文，对于白波为何物疑惑不解。于是猜想，大约“白者，罚爵之名”，即席间罚酒的杯盏，但凡有饮酒不尽者，就用此爵惩罚之。因此，班固在《叙传》中说道：“诸侍中皆引满举白。”另有左太冲所作《吴都赋》，其中有云“飞觞举白”。并且注解道：“行觞疾如飞也，大白，杯名。”此外，魏文侯与大夫饮酒，事先约定：“不釂者浮以大白。”但凡饮酒不符合约定，即行惩罚，于是有“举白浮君”的说法。基于以上种种，黄朝英推断，所谓卷白波者，“卷白上之酒波耳”，用于描述人们饮酒的迅疾速度，十分生动形象。因此，黄朝英承认宋祁诗文中以白波对镂管，确实没有什么不妥之处。[117]

不独如此，《淮南子・道应训》中也有类似记载，即“蹇重举白而进之，曰：‘请浮君！’”许慎注解曰：“举白，进酒。”“浮，犹‘罚’也，以酒罚君也。”[118]此处所谓的“白”即杯盏之意，举白浮君可理解为举杯罚酒。宋人叶廷珪也曾指出“大白，杯名，犯令者饮之”，明确“白”就是罚酒所用杯盏的一种名称。[119]

宴饮聚会中一众宾客劝酬相当普遍，劝酬既是常见的宴饮礼俗，也属于宴会中人际交往不可或缺的重要环节和形式。对于席间劝人饮酒之举，世人的见解不尽相同。关于饮酒，古人有“三爵以退，而百拜成礼”的传统说法，蕴含着适可而止的意涵。由此，要求人们在宴饮聚会中劝人饮酒需要遵循相应的原则。其中，最基本的即如契丹人冯见善所谓“劝酒当以其量，若不以量，如徭役而不分户等高下也”，[120]强调“劝酒以量”的原则，是常规劝酒活动中颇为合理的类型。

宋人黄光大对于席间劝酒的做法有着颇为独到的见解和体验。他指出，宴饮聚会中为了更好地招待宾客、表达热情，席间“不以贵贱，未有不强人以酒者”，已然成为普遍现象。对此，黄光大进一步指出，强使人饮酒而使人失礼节、乱情性，甚至醉酒呕吐而后已，属于一种失礼行为，“实可耻也，实可丑也”，不为其所倡导。为了体现席间宾客的酒品和酒德，理应“随人之量以劝之，乃所以尽宾主之欢也”。提出劝酒应当依照被劝人之酒量量力而行，如此才能无愧于古人所谓“宾主百拜酒三行之礼也”。[121]

当然，劝酒和逼酒属于两个不尽相同的概念。宴饮聚会中劝酒不可避免，也难免存在劝酒过度的状况。如此一来，人们对于劝酒过度也存在不同的看法，以致引发了一系列争议。明朝著名理学家陈龙正对劝酒过度现象发表了一段颇为独到的见解。他认为饮宴中苦劝人醉，“苟非不仁，即是客气，不然，亦蠹俗也”。继而明确指出，君子饮酒“率真量情”，而文士儒雅“概有斯致”，都在可把控的合理范围之内。唯独市井仆役之类群体，在饮酒之际，“以逼为恭敬，以虐为慷慨，以大醉为欢乐”，不仅没有酒品风度，而且丑态百出，逼酒、虐酒成性。倘若世人中有效仿此类不雅习俗风气者，必然是“无礼无义不读书者”，不值得一提。陈氏对于宴席中劝酒逼醉的现象充满了鄙薄和非议，也暴露出实际宴饮聚会中此类风气的盛行。对于陈龙正的这一看法，清代人阮葵生十分赞成，认为此言论“可为酒人下一针砭矣”。[122]

相对而言，宋代社会人们对于劝酒逼醉的态度就显得缓和许多。南宋人周煇指出，饮酒是为了寻求欢乐，而自醉往往是毫无缘由的放纵行为。一般而言，经人劝酒则会沉湎于其中而不能自拔，劝酒成功与否“尤在乎劝侑辞逊之间”，劝酒言辞及态度又彰显了劝酒的诚意，决定了劝酬的成效。周煇回忆，大约五十年前，宴席中宾客劝酒只是一劝则止，而现如今“巡杯止三”。轮到劝酒环节则是“无算”，以至于宾客

“颠仆者相属，不但沉湎而已”。因而，周煇认为，从宴席饮酒、劝酒风俗的时代变化中亦可见社会风气奢俭嬗替之一斑。但是，转而又不得不承认，宴饮“一席欢洽，全在致劝辞受之际”，[123]坦言劝酒对宴席气氛的调动与人情关系的欢洽具有不可多得的重要作用。南宋著名词人张孝祥在《止酒》诗中陈述了关于饮酒、劝酒的态度，诗言：

> 饮酒见真性，此酒不可止。一饮病三日，止酒宁获已？饮酒有别肠，劝酒无恶意。既因酒成疾，那识酒真味！将军骂不敬，次公醒而狂。破面枨触人，不如持空觞。人言我止酒，似是遣客计。但使客常满，客醉我亦醉。[124]

从这首诗文来看，张孝祥的态度与周煇有着极为类似的地方。首先承认宴席间劝酒无算会带来身体上的损伤，不利于健康，转而又强调宴饮中倘若不劝酒，则会给人以“遣客”的消极印象，以致宴饮无甚欢乐可言。如此情境之下，又感慨“但使客常满，客醉我亦醉”，透露出及时行乐的思想观念和心境意趣。宋代社会诸如此类的态度和理念相当普遍，“不醉无归，不醉而出，是不亲也，其来不近矣”[125]就极具代表性。在实际宴饮过程中，“争先劝饮接殷勤，玉酒湛湛皆盈卮。使君千觞亦未醉，更听小儒前致词”[126]是颇为常见的现象，也较为生动地再现了世人宴饮聚会中的真实情景。

二　宴席上的饮酒游戏规则：酒令及行令礼俗

宋代社会世人宴饮聚会中常见行酒令以娱宾遣兴。“酒令”一词原本是对主酒吏的一种称呼。宋人窦苹在《酒谱·酒令》中援引《诗雅》的说法，其中有云：“人之齐圣饮酒温恭。”又云：“既立之监，或佐之史。”对此，窦苹提出了自己的看法，认为饮酒之际设立“监史”的做法，具有“所以已乱而备酒祸也”的功能和意图，因此后世才出现“酒令”。[127] 从这个意义上说，宴席上饮酒行酒令就具有规范宴会秩序、调节宴会进度的重要功能，因此，酒令有时又被人们称为“觞政”。

王赛时先生在《中国酒史》中指出，酒令是唐朝人首先发明并实施的佐觞活动，它以文学表达为底蕴，以游戏娱乐为形式，形成文化与品位相融合的智力游戏。酒令的出现，为中国饮酒文化开创了一种全新的游戏空间。[128] 由此，王赛时对酒令的出现给予了充分肯定。也正是在唐朝时期，酒令才逐渐演变成为宴席上决定宾客饮酒与否、斗酒胜负的一种方式，并且形成了对此种行为的专有称呼。[129]

宴饮中席间饮酒行令自有其发展演变的基本历程。按照宋人江少虞的记载，酒令最初缘起于饮酒中出现的“舞手”现象，大约起源于帝尧时代的广大百姓中间。人们醉酒昏昏然之际浩然陶情，便不自觉鼓腹手舞。大抵闲来无事而醉饱，兴起之至则会手舞足蹈。民间传言，饮酒如欲欢畅，毫无缘由的自醉才会酣畅淋漓，一旦被劝酒则往往会沉湎于酒中而无法自拔矣。为此，特意设置“舞手”这一环节，在即将纵酒欢畅之时，若想劝酬于人，则“舞手”招之，遭人辞谢，则舞手“拂”焉。又或者以手作“期刻”的姿势，以表达对其人不饮的愠怒。如果其人不接受劝酒，则作“叩头”之状。如此一来，则有“招”“拂”“期”“头”等动作环节，而后人却因此衍生出许多“机巧”来。通常用四个字合而为章段，等到出现手舞不及音乐节拍、不合律者，统统称为触犯“酒家令”者，主人则会以分数惩罚之。因此，古人饮酒，为了保证宴会气氛的活跃和饮酒进度的循序渐进，强调所谓的“三材”，即饮酒之际，挑选出特定的一人为“录事”，用来监督纠正在座饮酒的宾客。而对此人的要求也很高，需要具备“三材”，即“善令、知音、大户也”，[130] 善于饮酒行令是必备的素质。

宴饮聚会中饮酒行令不仅是一种劝酬行为，还是活跃宴会气氛的重要方式，充满了浓郁的娱乐色彩。关于此，宋人在诗词中有着相当丰富的描述，诸如“四筵高谈遏花漏，犀盘杂沓罗天酥。杯行过手如飞箭，座上愁无系欢线”，[131] “歌喉不作寻常唱，酒令从他各自还。传杯手，莫教闲。醉红潮脸媚酡颜”，[132] 无一不是对宴饮聚会中饮酒行令欢闹场景的生动再现。

宴饮中饮酒行令在唐朝时期就已经逐渐兴盛并且受到民众的普遍欢迎。唐朝时期，人们“饮酒必为令，以佐欢”。[133] 饮酒行令使宴会活动欢乐无限，并且具有相当的艺术成分，是古代民众饮食文化生活中不可多得的一种文娱活动形式。随着时代的发展变迁，宋代饮酒行令蔚然成风，并且日趋形成时代特色，至于酒席之间，专以文字为戏。文字游戏成为宴席中盛行的娱乐形式，其中不乏文字令。

宋代社会，宴饮聚会中常见的酒令形式纷繁复杂，并且随着时代的发展衍生出风格与类型不一的多种形式，在传承中发展变化。北宋时期，时人窦苹在《酒谱·酒令》中就明确强调“今之世，酒令其类尤多”。有捕醉仙者，“为偶人转之以指席者”，有流杯者，有总数者，有“密书一字使诵持勾以抵之者”，等等，诸如此类，不可殚名。这一时期，常见还有以文句首末二字相连而为酒令，谓之“粘头续尾”。

此外，窦苹还举了一个十分生动的酒令趣事。据说曾经有宾客饮酒行令之际提出“维其时矣”的文字令进行挑战，暗自确定文句中必定没有“矣”字居首者，想以此使接受挑战者窘迫惭愧无状。然而百密一疏，却不知有“矣焉也者”一句可对，真可谓绝妙词句也。此句出自唐代大文学家柳宗元的文章，宾客自叹折服，最终心甘情愿“浮以大白”。[134]

中国古代的酒令种类丰富多样，细分之下更是令人眼花缭乱。王仁湘先生在《饮食与中国文化》一书中，按照行令性质对中国古代出现的酒令类型进行了划分，大体上包括筹令、雅令、骰令、通令四种主要形式。[135] 这种分类标准，较为简单明了。因此，以下宋代社会酒令类型的介绍大体以此为例。

雅令　单单从字面意义上来理解，“雅”即包含雅致精巧之意，而饮酒行令中常见的雅令，就是充满智慧成分的一种酒令类型。雅令包含联句、拆字、对诗、藏头等在内的一系列极具挑战性的酒令形式，诗文中所谓“闲征雅令穷经史”即是如此。基于以上这些特性，雅令一般备受文人士大夫推崇，成为这一群体的席间雅好。

宋代社会文化氛围浓郁，尤其是诗词的盛行使宴席中饮酒行雅令者比比皆是。这一时期，雅令的实施形式同样丰富多样。有对诗而为雅令者，一般而言，对诗为令，要求令文对仗工整，且所指意涵须对称。

北宋初年，著名文人杨亿曾经与丁谓在宴席上举令为戏，杨对曰：“有酒如线，遇斟则见。”丁公随即对曰：“有饼如月，遇食则缺。”对仗堪称工整，可谓诗文雅令中的佳作。宴席间另有一则酒令曰：“马援以马革裹尸，死而后已。”在座宾客随即应声对曰：“李耳指李树为姓，生而知之。”[136] 属于一组颇为工整的对偶令。当然，常见也有援引诗词本身作为酒令者。著名词人贺铸在《变竹枝词九首》序文中就明确指出，该词是上巳日同友人在宴席上戏作而“以代酒令”者。

与一般诗词文字相比，作为酒令形式出现的诗词在形式上也有着相对明显的差异。上文提及的贺铸《变竹枝词九首》，从篇章上看分为九首，而这九首词的书写吟咏也是相当别致，分别以“但闻歌竹枝，不见迎桃叶”“但闻竹枝曲，不见青翰舟”“但闻竹枝歌，不见骑鲸客”“但闻竹枝曲，不见莫愁来”“但闻竹枝歌，不见行吟叟”“但闻竹枝曲，不见沧浪翁”“但闻歌竹枝，不见乘黄鹤”“但闻竹枝曲，不见胡床公”“但闻歌竹枝，不见题鹦鹉”等为主要描述对象，以嵌字令的基本形式写入酒令词中，不断循环往复进行吟咏。虽然每首词作相互独立，但是连接起来又是一气呵成、环环相扣、紧密结合，将酒令词逻辑的严密性展现无遗。

贺铸还曾在另外一首《渔歌》词的序文中，回忆一众友人在彭城东禅佛祠宴饮会聚的情形。宴席中兴起之余，众宾客分渔、樵、农、牧四题，代而为酒令。贺铸自己则分得“渔”字令，作文以记之。北宋著名诗人程俱也曾在一首赠予友人的小诗序文中，提及与友人徜徉于山川之间，游赏之余宴饮欢乐，席间“戏作叠韵诗为酒令”的有趣场景。

众多诗文词作酒令中，也不乏意境高雅、趣味清奇的佳作良品。据传，苏洵有一次与家人宴饮聚会，宴席间以诗文为酒令，规定需要举“香冷”二字一联作为酒令。行令开始，首唱有云：“水向石边流出冷，风从花里过来香。”而东坡续接有令云：“拂石坐来衣带冷，踏花归去马蹄香。”苏小妹亦有云：“叫月杜鹃喉舌冷，宿花蝴蝶梦魂香。”[137]观此诗文酒令，意境高雅而精妙，凸显了行令者极高的诗文造诣与文娱情致。

此外，还有一种类似于析字连诗的酒令形式，大体上是以汉字的笔画或构造为基础拆分组合，吟咏成对，按照相应规则组合而成诗词酒令。席间对于行此令者同样有着极高的要求。

北宋初年，陶穀奉命出使吴越，吴越国主钱氏大摆宴席盛情款待。宴席上兴起之余，举酒而行酒令曰：“玉白石，碧波亭上迎仙客。”陶穀听后应声而和曰：“口耳王，圣朝天子要钱塘。”[138]该酒令词读来朗朗上口，汉字拆合也是相当规整，同时又明确表达出王朝统一的主要意图，机巧而不失智慧。

王安石曾经举出一则酒令，有云：“有客姓任名稔，贩金贩锦。”关吏对之曰：“任稔任入，金锦禁急。”[139]不难看出，关吏面对王安石的酒令词，反应也是相当机敏。需要注意的是，宴席上必须严格遵循行令原则和标准。如此，展示才思敏捷的同时，也是表明参与酒令活动态度恭谨的一种方式。否则，可能会引起不快，甚至影响宾客相互之间的关系。

北宋徽宗时期，朝臣林摅奉旨北上出使契丹，恰逢契丹新建碧室，传闻有如“中国之明堂”。负责接待的伴使在宴会中借此行令曰：“白玉石，天子建碧室。”林摅听后对曰：“口耳王，圣人坐明堂。”伴使不甚满意，回应道：“奉使不识字，只有口耳壬，即无口耳王。”面对如此境况，林氏不知所措，词穷而稍显窘迫，竟至于“骂之”。[140]如此一来场面陷入尴尬，后果也是相当严重，造成“几辱命”的恶劣影响。

值得一提的是，宴饮聚会中席间饮酒行令需要十分注意场合以及分寸的拿捏。行令不可任意为之，尤其需要顾及席间宾客的感受，避免造成尴尬和不适。北宋哲宗元祐年间，赵挺之（字正夫）和黄庭坚（字鲁直）同在馆阁任职，赵正夫是山东人，乡音听起来十分质朴，黄鲁直因此“意常轻之”。当值之际，每逢庖吏前来询问食次，赵正夫必答曰：“来日吃蒸饼。”有一日，众人宴席间行酒令，黄鲁直云：“欲五字从首至尾各一字，复合成一字。”赵正夫沉吟思考良久，曰：“禾女委鬼魏。”黄鲁直听罢应声而对曰：“來力勑正整”。而此酒令正“叶正夫之音”。在座一众宾客听后大笑不止，赵正夫因此大囧，困辱之下对黄鲁直“衔之切骨”，日后更是“排挤不遗余力”。[141] 最终黄鲁直贬官宜州，教训可谓相当惨痛。

席间类似的行令事例还有很多。北宋时期，有一进士科举及第位于榜首，而其党人却心存芥蒂，有意轻侮之。宴席上出酒令，要求必须以汉字的偏旁部首为准则行令，类似于联边令。先出酒令曰：“金银钗钏铺。”宾客中有人接着对曰：“丝绵紬绢綱。”轮到其党人对酒令，则曰：“鬼魅魍魉魁。”[142] 暗含讥讽嘲弄之意，如此极易造成嫌隙，必须十分注意。

宴席上还有一种与酒令极为类似的戏谑游戏，生动有趣。宋人洪迈就曾指出，唐诗戏语士人于棋酒间，好称引戏语，以助谭笑，大抵皆唐人诗。唐朝时期高骈守任西川，在当地筑城抵御蛮夷。对此，朝廷颇有疑虑，继而将其调离，镇守荆南，高骈作《风筝》诗以见意，诗文有言：“昨夜筝声响碧空，宫商信任往来风。依稀似曲才堪听，又被吹将别调中。”宋朝时期，世人宴饮聚会中席间玩笑取乐之际“亦好引此句也”，[143] 以资欢笑。

通令　通令往往通过游戏娱乐的形式展开，是宴席中比较常见的一种酒令形式，大体上包括传花、划拳、抛球等多种类型。酒令中的通令相较于雅令的技巧性和智慧性而言简单易行，能够快速调动宴席气氛，行令形式也是相当活跃。宋朝时期，人们宴饮聚会中行通令十分常见。其中，传花令就是较为典型的类型之一。

欧阳修居处扬州时期，暑热天气里大会宾客。宴会当天，令人摘取荷花多达千朵，插于画盆中，围绕座席而设。宴饮过程中，一众宾客传花嬉笑娱乐，行传花令，乐趣无穷。事后欧阳修意犹未尽，并在小诗中回忆道："千顷芙蕖盖水平，扬州太守旧多情。画盆围处花光合，红袖传来酒令行。舞踏落晖留醉客，歌迟檀板换新声。如今寂寞西湖上，雨后无人看落英。"[144] 记忆颇为深刻，字里行间更是充满了无限感慨。欧阳修在扬州摘取荷花与众人传花为令也成就了一段史林趣话，后世传扬不已。

关于欧阳修扬州传花行令的具体施行规则，宋人叶梦得在《避暑录话》中有着相当详细的记述。叶氏指出，欧阳修在扬州时建造平山堂，十分壮丽，号为淮南第一。平山堂依靠蜀冈而设，下临江南诸山，方圆数百里内真、润、金陵三州，亦隐隐约约似若可见。前文述及，每逢盛暑天气，欧阳公通常会选择在凌晨携一众宾客往平山堂游赏，并遣人去邵伯湖中摘取荷花千朵，分别插于百许画盆中，荷花盆与宾客相间而设。席间但凡行酒，则遣一歌伎取一花传客，以次摘其叶，花叶尽处则需饮酒。如此游娱戏玩，往往侵夜载月而归。由此看来，欧阳修的传花令游戏不只游玩而已，更是一种消遣心性、游娱畅爽的交游方式，是士大夫群体的清玩雅趣。宴饮聚会中行传花令往往能够延长宴会时间，欧阳修与宾客传花为乐"往往侵夜载月而归"也就在意料之中了。

宋人诗词中也不乏对类似现象的描绘，例如，"诗令酒行迟，迟行酒令诗。满斟犹换盏，盏换犹斟满。天转月光圆，圆光月转天"，[145] 就再现了饮酒行令延缓进度、宾客迟迟而归的情形。南宋著名词人刘辰翁在《贺造花庵启》中写道，他建造花庵小圃，闲暇时光里约些许诗友携壶觞宴饮其下，众人座间行酒令，兴之所至摘取花朵以作传枚之用。如此往往月下醉归，时而乘兴折取鲜花簪戴帽边，浪漫而不失风雅情趣。

除此之外，常见还有击鼓传花、抛球传花等不同风格的行令形式。唐代诗人白居易诗中“香球趁拍回环匼，花盏抛巡取次飞”[146]的描述，即呈现了宴席上宾客抛球传花的欢闹场面。宋朝时期，宴饮聚会中以花枝行酒令依然相当盛行，且受到广大民众的普遍欢迎。宋人所作诗词中诸如“采药衔杯愁满满，折花行令笑迟迟”，[147]“自有婵娟待宾客，不须迢递望刀头。池鱼暗听歌声跃，莲蒂明传酒令优”，[148]或是明指，或是暗示，大体上描述了席间传花为令的欢快情景。

猜拳之戏也是这一时期宴席上常见的一种酒令娱乐活动，大致以手势为主而行令。相传猜拳之戏大约起于唐朝，根据明朝人李日华的记载，唐人皇甫松用手势行酒令。行令时，五个手指皆有特定名称。其中，大指名曰蹲鸱，中指名曰玉柱，食指名曰钩戟，无名指名曰潜虬，小指名曰奇兵，而手掌则名为虎膺，甚至指节也取名为私根，五个手指整体通称为五峰。因而，李日华推测“当时已有此戏矣”。[149]据此，李日华又对猜拳之戏进行了深入细致的介绍，指出俗世间饮酒一般以手指屈伸相互博弈，谓之“豁拳”，又名“豁指头”。行猜拳之戏时，通常需要以目遥觇人，为己伸缩之数，隐机斗捷。但是由于戏耍之时常常言语喧哗无状，因而世人“颇厌其呶号”。[150]在宋代，类似的猜拳之戏同样十分常见。宋人孙宗鉴就指出，唐人诗文中有“城头催鼓传花枝，席上抟拳握松子”[151]的吟咏，据此则知此戏大约由来已久。在《水浒传》第一百零二回中就有众人宴席间猜枚行令的场景。

筹令、骰令同样是宋人宴饮聚会中常见的酒令形式。其中，筹令即是在签子上标注清楚饮酒的规则，行令过程中通常以抽签的形式来决定饮酒之人或者饮量多少，即所谓的酒令签。宋人诗词中不乏对宴席上行筹令的描绘，如“落笔诗情放，飞觥酒令严。金丹呼胜彩，玉烛擢新签”，[152]“叹双鬓，飒惊秋。可惜等闲孤了，酒令花筹”，[153]等等。

骰令则是以投掷骰子的方式来决定饮酒与否或是行令胜负的一种酒令。骰令在唐朝时期就已经相当盛行。如唐朝诗人皇甫松在《醉乡日月·骰子令》中指出：“大凡初筵，皆先用骰子。”[154]

唐朝时期，骰令的行令方式也是相当简单明了。耍玩之际，聚集十个骰子一齐抛掷，自出手六人，依采饮焉。堂印，则本采人劝合席；碧油，即需劝掷外三人。如果骰子聚于一处，则谓酒星，依采聚散，寻常规则简单易行。唐代著名诗人白居易在一首诗中吟咏道："鞍马呼教住，骰盘喝遣输。长驱波卷白，连掷采成卢。"诗文中所提及的骰盘、卷白波、鞍马等，都是当时较为常见的酒令名称。而到了南宋时期，以上诸多酒令被新的酒令形式所取代。南宋人洪迈指出："今人不复晓其法矣，唯优伶家犹用手打令以为戏云。"[155] 骰令在时代变迁中呈现出衰落趋势，日益淡出人们的视野。

还有一种临场即兴酒令，即根据宴会中席间宾客或情境的特别需要而临时设置行令规则，并无固定的模式可循，灵活多变，同样充满了技巧和智慧。

一次苏东坡与姜潜（字至之）在宴席上行酒令，提出行令规则，即要求"坐中各要一物是药名"。至之略加思索，指向东坡，说道："君，药名也。"东坡疑惑不解，问其缘故，对曰："子苏子。"东坡随即应声道："君亦药名也。君若非半夏，便是厚朴。"姜氏同样充满疑惑，问其故，东坡答曰："非半夏厚朴，何故谓之'姜制之'。"[156] 两人的回答可谓机智而不失巧妙。

欧阳修曾与人行酒令，明确提出行令规则，要求"各作诗两句，须犯徒以上罪者"。在座宾客中有一人云："持刀哄寡妇，下海劫人船。"另一人云："月黑杀人夜，风高放火天。"欧阳修则接着答道："酒粘衫袖重，花压帽檐偏。"对此，宾客中有人颇为疑惑不解，问其缘故，则答曰："当此时，徒以上罪亦做了。"[157] 回答同样充满了诙谐意趣。

王安石平日里与宾客饮宴聚会，喜欢摘取经书中语句作禽言令。在一次宴席上兴起作酒令云："知之为知之，不知为不知，是知也。"刘攽急中生智，继而摘句取字以鹁鸪令应对，答曰："沽不沽，沽。"[158] 根据行令要求勉强应付，一众宾客听闻之后哄堂大笑。

图 5-11　唐代酒令筹

另有酒令要求在座的宾客“以诗一句影出果子名”。有宾客行令曰：“迢迢良夜惜分飞，是清宵离。”此处的清宵离，即青消梨。又有对曰：“黄鸟避人穿竹去，是山莺逃。”这里的山莺逃，就是山樱桃。再有对曰：“芰荷翻雨浴鸳鸯，是水淋禽。”[159] 水淋禽，即水林檎。以上都是根据宴席间宾客的行令要求而对酒令者，只是此类酒令相对通俗易懂，因此常常给人以“语太俗”的印象。

宋代社会酒令形式灵活多变，行令规则同样充满了挑战性和趣味性，其中不乏典型故事。

据传，一次乡民举办盛大婚宴，宴席上恰巧有秀才、曹吏、医人、巫者等不同职业身份者同席为宾客。宴会中几人饮酒兴起，继而约定行酒令。行令之前，明确规定“取本艺联句”为令。曹吏首先行令，对曰：“每日排衙次第立。”紧接着医人说道：“药有温凉寒燥湿。”秀才应声对曰：“夜深娘子早梳妆。”末了，巫者也答道：“太上老君急

图 5-12　唐代绿釉龟座酒筹筒

急急。”[160] 类似以职业身份为酒令规则又颇具幽默特色的酒令趣事还有很多。

例如，有儒、道、释、吏四位宾客在宴席上饮酒行令，酒令规则为“取句语首尾一字同”。儒者起首，对曰：“上以风化下，下以风刺上。”道士继续，答道：“道可道，非常道。”释人也不示弱，说道：“色即是空，空即是色。”吏人听后，也有令词，对曰：“牒件上如前谨牒。”[161] 以上种种，席间宾客按照约定规则行令，无一不机智敏捷，又可见酒令的竞技娱乐特色。

当然，也有一些临时兴起而设的酒令形式，与寻常所见无论在规则上还是行令方式上都迥然不同。南宋后期，有一人名为潘庭坚，其人性格豪放、跌宕不羁、傲侮一世。潘氏曾经于福建帅司机宜文字，一次，邀约同社人在瀑泉亭置酒高会。宴席上即有人行酒令，规定宾客中凡是“有能以瀑泉灌顶，而吟不绝口者，众拜之”。规则一出，潘氏应声而立，被酒豪甚，竟至于“脱巾髽髻，裸立流泉之冲，且高唱《濯缨》之章”，丝毫没有顾忌，满座宾客人人惊而叹之，只能按照行令规则进行罗拜。与此同时，又有人“举诗禅问答以困之”，面对如此情形，潘氏“气略不慑，应对如流”，[162] 表现出了傲岸不羁本色。

诸如此类，根据宾客提出的特别要求设定酒令规则的比比皆是。苏东坡曾经与湖州知州孙觉宴饮聚会。宴席上一众宾客饮酒行乐，提出饮酒规则，规定“如有言及时事者，罚一大盏”，并且进一步指出，“虽不指言时事是非，意言时事多不便，不得说也”。[163] 这从某种意义上来说，又属于一种宴席间的特殊游戏规约，与一般常见的酒令稍有差别，不过都是席间用于助兴佐欢的一种手段。

饮酒行令礼俗　在实际宴饮过程中，宾客酒酣耳热之际饮酒行令，除了常见遵循行令规则之外，还有一些约定俗成的礼俗传统需要特别注意，也是为人所普遍遵守的宴饮规矩。

唐人皇甫松指出：“大凡初筵，皆先用骰子，盖欲微酣，然后迤逦入酒令。”[164] 就比较明确地提出了宴席上宾客饮酒欢乐的常见规矩。即宴饮聚会中，首先要用骰子来活跃气氛，之后方才渐入佳境，开始行酒令，以助欢乐。

饮酒行令礼俗众多。宴饮聚会中饮酒行令，既是一种游戏和助欢方式，也是特定的饮酒规约。酒令对在座宾客的饮酒行为进行了严格规范，俗语中有云“酒令严于军令”，即是如此。具体而言，席间饮酒行令必须严格遵循事先约定的规则，所谓“盘牟入咏诗情壮，破的传觞酒令明。纵使腐儒东乡坐，不妨堂上有奇兵”，[165] 道出了酒令严明且必须遵循的饮宴习俗。

唐朝时期，这种行令规则就已经相当盛行。唐朝著名诗人元稹在《黄明府诗》的序文中讲述了宴席中饮酒行令的一则趣事。元稹回忆先前曾在解县连月宴聚饮酒，自己常常被推选为宴席上监管饮酒行令的人，即“觥录事”。一次在窦少府庭中饮宴聚会，有一名宾客后至，宴席上又频频触犯语令，以至于连飞十二觥，不胜其困，最终狼狈逃席而去。

与唐代社会宴席中酒令之严明相比，宋时世人宴饮聚会，酒令严苛同样毫不逊色，甚至更胜一筹。这一时期，宴饮中“酒令严”的感叹时时见诸笔端，宋人诗词中诸如“落笔诗情放，飞觥酒令严”，[166]“骤喜诗情浃，还增酒律严”，[167]无一不是如此。酒令既立，必须严守，是这一时期饮酒行令必须遵循的礼俗规范。

宴饮聚会中饮酒行令现象普遍，一方面，在于其能够很好地调动宴会气氛，调节宴会进度；另一方面，酒令规则的设立，本身就体现了游戏规则的公正性和严明性，人人遵循，不可偏私。诗词中所谓“词锋易破孤虚阵，酒令难欺赏罚权”[168]就生动反映了这一特性。如此，更能够调动在座宾客饮宴欢乐的积极性和主动性，也促使酒令规则的灵活多变。

第四节　新意迭出的博戏

博戏是游戏的一种，通常以计较输赢、较量胜负为特色，本质上又属于竞技性活动，具有一定的群体性和休闲娱乐性。《说文解字》中对“簙”的解释为：“局戏也，六箸十二棋也。”[169]而宋代人程大昌则进一步详细解释了“博”，他认为，博之流，为樗蒲、为握槊、为呼博、为酒令，形制虽不全同，但“行塞胜负，取决于投，则一理也”，[170]明确强调了博戏的游乐竞技特色。为了增强娱乐休闲体验，博戏常常和宴饮活动相结合，是人们宴饮聚会欢乐之余用以佐酒助欢的常见娱乐方式。

博戏古已有之，早在春秋战国时期就逐渐流传开来。李晓春在《中国古代博戏文化研究》一文中对中国古代博戏的大体发展和变化历程进行了勾勒，认为博戏从最初的六博，发展至汉魏时期的樗蒲、双陆，又至唐宋间盛行的骰戏、采选、叶子，乃至明清以后的骨牌、马吊、麻将等，一直处在不断发展变动之中。[171]唐人欧阳询就曾经在《艺文类聚》中记录了一首古老的诗歌，诗文曰：“玉樽延贵客，入门黄金堂。东厨具肴膳，椎牛烹猪羊。主人前进酒，琴瑟为清商。投壶对弹棋，博弈并复行。”[172]诗歌生动形象地展现了人们宴饮聚会中把酒言欢、博戏取乐的热闹欢畅场景。

三国时期，东吴的将领诸葛融尤其喜好博戏之类的娱乐游戏活动，每次聚会都会让在座的每位宾客陈述自己擅长的游戏。之后便会合榻促席，根据实力强弱挑选相应的游戏对手，或有博弈，或有樗蒱，投壶弓弹，部别类分。于是甘果继进，清酒徐行，诸葛融则在旁边周游观览，终日不倦。宴饮聚会中的娱乐形式可谓新颖别致，诸葛融等人对博戏一类游艺活动表现出了相当大的热情。唐宋时期，人们对于博戏的喜爱程度丝毫不减，并且博戏的耍玩手段、规则、种类更加丰富，盛极一时，是我国古代游艺活动发展史上不容忽视的重要历史时期。

宋代社会，人们宴饮聚会中不乏以博戏取乐者。这一时期，宴饮聚会中较为常见的博戏类型有投壶之戏、打马、骰戏、叶子格等，具有一定的娱乐竞技特色。

一　宴会中的一大乐趣：投壶之戏

投壶之戏起源于射礼。宋人吕大临曾在《礼记传》中记载，投壶，射之细也，“燕饮有射以乐宾，以习容而讲艺也”，[173]明确了宴饮中博戏“以乐宾”及“习容而讲艺”的娱乐效果和目的。宋人黄震同样认为，投壶之戏原本属于“射礼之细也”，是主人与宾客宴饮聚会之际“讲论才艺之礼”。随着时代的发展和人们对投壶之戏娱乐需求的不断增强，投壶也日渐演变成宴饮聚会中席间常见的一种游戏活动，所谓“投壶以为乐，犹击缶以为乐也”。宋人刘敞则更加明确了宴饮中选择投壶之戏的缘由，认为宴饮投壶是人们为了避免宴饮过程中肆意饮酒、放纵娱乐以致过度沉湎，而采取的一种折中节制手段，实际上是“为壶矢以节其礼，全其欢也”。

宋朝时期，宴席上常见的投壶之戏大体以娱宾遣兴为主要目的，更加注重活动本身所具有的娱乐特性。欧阳修《醉翁亭记》载，“酒酣之乐，非丝非竹，射者中，弈者胜，觥筹交错，起座而喧哗者，众宾欢也”，即生动形象地再现了一众宾客投壶娱乐以嬉戏的热闹场景。

南宋时期，郓府东阿人氏卫渊“嗜酒成疾”，在盛夏天气里与一众友人投壶聚饮，醉卧牖下，性情豪放，不拘小节。不仅如此，投壶之戏本身具有娱乐佐欢特性，又受到文人士大夫群体的特别喜爱与青睐。王禹偁在《黄州新建小竹楼记》中记述道：“宜鼓琴，琴调虚畅；宜咏诗，诗韵清绝；宜围棋，子声丁丁然；宜投壶，矢声铮铮然：皆竹楼之所助也。”[174] 他钟情于鼓琴、咏诗、下围棋、投壶等技艺娱乐，将投壶与以上稍显文雅的游艺活动并列，表现出一种特殊的喜好。宋人诗词中诸如“置酒何妨高会，投壶然后雅歌”[175] 之类的吟咏，闲情雅致中更加凸显了投壶之戏的别样游娱意趣，这也与《礼记集说·投壶》中所讲人们宴饮聚会选择投壶之戏“节文且用乐，以宣达其情”的基本功能和用意遥相呼应，更与宋代文人士大夫的品位格调在某种程度上达成了高度契合。

投壶之戏规则繁杂，玩法多样。在实际游戏过程中，人们常常会根据需要而设置投壶所用器物。有专门的投壶器物，讲究之人或以鹿，或以兕，或以虎，或以闾，或以皮树，“皆刻木以象其形，凿其背以盛算”。[176]

当然，也有临时设置用以娱乐者。所需器物准备妥当之后，依据事先拟定的游戏规则进行。一般而言，所设之筹“视其所坐之人以计多少也”，以游戏结果决定宾客饮酒与否、饮量多寡。

北宋时期，著名的理学家邵雍在一次宴饮聚会中与宾客玩投壶之戏。席间有一位宾客末箭射中，脱口而出：“偶尔中耳。”邵雍听后，应声对曰：“几乎败壶。”一来一回巧妙应对中反映出投壶未中，属于“败壶”，则宾客需要根据游戏规则饮酒的情形。古人认为，君子之于人，“有以欢之，必有以礼之”，“有以礼之，必有以乐之”，“有以乐之，必有以言之”。因此，投壶之类的娱乐游戏要体现出君子“彬彬有礼”的行为规范，讲究“不尚人以胜，不耻人以不能”的基本德行修养，总体上需以“礼”待之。

大体上来看，宋代社会诸如宴饮聚会等场合颇受人们推崇的投壶之戏，所蕴含的“娱乐化”色彩日益浓郁，这与古人所谓的“礼仪化”旨趣不甚相同。面对这种发展趋向，一些有识之士站在“施教化”的角度进行回护，呼吁重视古人设置投壶之类游戏的本意。

司马光撰写过一卷《投壶新格》，对投壶之戏的本意进行阐释，认为投壶之戏是“圣人制礼以为之节，因以合朋友之和，饰宾主之欢，且寓其教焉”的一种手段，属于节劳以乐的活动类型，具有寓教于乐的重要意义。因此，从这个角度来看，投壶之戏又“可以治心，可以修身，可以为国，可以观人”，是娱乐游戏之外修身观德的一种途径，具有不可多得的多重功效。投壶之戏在时代发展变迁中逐渐蜕变，被赋予更多的娱乐化因素，也因而受到了更加广泛的推崇，更有甚者成为世人投机取巧的一种手段，形成“小人之为之也，俯身引臂，挟巧取奇”的现象。对此，司马光感慨万千，不禁叹息“苟得而无愧，岂非观人之道欤？”[177]无论如何，个人呼声在时代发展和世人的游娱生活需求中湮没无闻，投壶之戏以大众化的娱乐活动姿态出现在诸如宴饮聚会之类公共场合中不可避免。

二　其他各种宴聚博戏

宋人宴饮聚会中常见的博戏，除投壶之戏以外，其他还有许多，诸如叶子格、骰戏、打马等，都是这一时期宴饮中颇受欢迎的娱乐活动，是宴席间娱宾遣兴的重要佐欢手段。

叶子格也属于博戏中的一种类型，是北宋前期人们宴饮聚会之际推崇一时的娱乐活动。叶子格在唐朝时期就风靡一时，“当时士大夫宴集皆为之”。宋代著名文人欧阳修就曾指出，“叶子格者，自唐中世以后有之”。唐代，士人宴饮聚会，盛行叶子格，到了五代、北宋初年依然盛行。但是随着时代的发展，叶子格“渐废不传”。[178]

对于叶子格及其起源，北宋人王辟之有着颇为详细的记述。他指出，唐朝太宗皇帝曾询问禅师一行世数，禅师制作叶子格以进献。所谓叶子，即“二十世李”也，之后又有柴氏、赵氏等不同类型，“其格不一”。当时川蜀地区以红鹤格为贵，而宫廷中则以花虫为宗。北宋前期，职方员外郎曹谷损益旧本，撰写《旧欢新格》，制定了极其详细而严密的游戏规则。大体规则为：用匾骰子六个，犀牙师子十事，自盆帖而下分为十五门。门各有其说法，分为名彩和逸彩，名彩一共有二百二十七种，逸彩则有二百四十七种，总共为四百七十四种。余家有其格，分类细致，规则复杂，彩头纷繁，以至于“世无能为者”，能够游戏的人更是寥寥无几。曹氏制定的新型叶子格也因此失去了其大众化娱乐的乐趣，最终遭到淘汰，成为留在前代人记忆中的一种游戏类型。

除此之外，打马也是宴席上比较常见的博戏种类。宋人刘昌诗在《芦浦笔记・打字》中提到，饮席有打马、打令、打杂剧、打诨，其中的饮席打马就是对宴饮中博戏的一种称呼。对此，李清照也曾指出，社会上常见的打马有两种：一种是“一将十马”，谓“关西马”；另外一种是“无将二十四马者”，谓“依经马”。北宋徽宗宣和年间，有人将这两种类型的打马游戏掺杂加减进行重新组合，形成一种新的玩法，又谓“宣和马”。李清照认为此类游戏“实小道之上流，乃深闺之雅戏”。[179]

掷骰子也属于一种席间博戏，宋朝时期人们常以之赌酒。北宋朝臣章得象守任洪州期间，“尝因宴客，掷骰赌酒”，作为席间宴客的一种消遣方式。北宋前期，宋辽澶渊之役期间，真宗皇帝特意派人暗中察看主战派大臣寇准的相关举动。据探听者报告，“相公饮酒矣！”“唱曲子矣！”“掷骰子矣！”寇准表现出了相当的泰然自若姿态，通过饮酒、唱曲、掷骰子等休闲娱乐活动很好地传递出了应战的信心和战胜的决心。

象戏同样也是宋人樽前佐酒颇受欢迎的一种游戏活动。宋代著名诗人梅尧臣曾经有一首诗，专门吟咏象戏，诗中有言："象戏本从棋局争，后宫龟背等人情。今闻儒者饱无事，亦学妇人闲斗明。堂上有奇谁可胜，樽中赌酒令方行。直趋猛兽如寻邑，何似升平不用兵。"[180]就是描述世人以象戏消闲娱乐的现象。还有宴饮聚会中以射箭娱乐者，如韩琦在《答孙植太博后园宴射》诗中就写道："花梢点红牙绿茁，宴亭爽垲堋云列。呼宾习射次序升，体裁人人矜勇挃。……分明角胜各记晕，将终或为一箭夺。当筵主筹令难犯，大白时举出正罚。"[181]生动再现了众人宴饮过程中射箭取乐的欢闹景象。

早在唐朝时期，博戏就以自身所具备的消闲娱乐特性受到世人的喜爱，成为当时社会上备受推崇的一种娱乐消遣活动。宴饮聚会中以博戏娱乐助兴者更是十分普遍，唐人诗词中类似吟咏比比皆是，诸如"借草送远游，列筵酬博塞"，[182]"隔座送钩春酒暖，分曹射覆蜡灯红"，[183]不难想见当时宾客聚集、博戏欢闹的喧嚣场面。

值得一提的是，唐代社会以博戏赌酒、赌钱的现象也很普遍。唐咸通末年，卢澄作为淮南节度使李蔚的从事，在宴席上恳请为一名舞妓解除妓籍。李公不予应允，卢澄因此愤怒不满，言语之间多有不逊。最终卢澄索取赌博彩具，邀请李蔚与之赌"贵兆"，以发泄心中愤懑情绪。

时人冯衮任职苏州郡守期间，优游暇日，动辄放纵饮酒、赌博。与宾客僚友宴饮聚会之际，掷卢博戏以取乐，冯衮获胜，兴之所至以所赢之物均分赠送满座宾客，尽现豪爽姿态。唐人张祜客居淮南幕中，席间即有歌伎索取骰子以赌酒取乐。另有郑儋，平日里喜好与宾朋好友嬉游饮酒作乐，饮酒必然极醉方休，酒酣耳热之余投壶博弈，穷尽日夜而极尽其乐。类似现象在唐朝颇为常见，饮酒博戏以资欢笑，成为人们闲暇之余消遣娱乐的一种风尚。薛恁还曾作《戏樗蒲头赋》一文以描绘此种现象，其中有言：

> 招邯郸少年，命诸葛新友，分曹列席，促樽举酒。犹贤博

弈，将取适于解颐；乃贵先鸣，故决争于游手。终日莫闲，连宵战酣。[184]

不难想象众人聚会饮酒之际争相博戏赌酒取乐的欢闹景象。博戏赌酒之外，宴饮中以博戏赌钱、赌物甚至赌气都是常见现象，带有浓郁的争强好胜之风习，深刻反映了唐人特有的精神风貌。

关于博戏及赌博现象，唐人李肇有一段颇为详细的记述。他指出，当时社会常见的各类博戏，以“长行”最为盛行。长行的耍玩器具主要有局、有子，子有黄、黑各十五个，掷采之骰子有两个。博戏中长行的玩法源于握槊，而变换于双陆，后来人们新意迭出，因此创设出了长行。

除长行之外，常见的博戏种类还有小双陆、围透、大点、小点、游谈、凤翼等，名称不一，玩法不同，但是其盛行范围和受欢迎程度无一能与长行相媲美。王公大人沉迷博戏娱乐者比比皆是，甚至有废庆吊、忘寝休、辍饮食而游戏不止者。而借博戏赌博的博徒之辈更是不乏其人，强名争胜谓之“撩零”，假借分画谓之“囊家”，囊家什一而取谓之“乞头”。为了赌博取胜，“有通宵而战者，有破产而输者”。[185]对博戏生发出了欲罢不能的沉湎心态，一旦沉迷其中便难以自拔，颇有赌瘾。

当然，宋朝时期人们宴饮聚会之际，借助博戏之类游戏活动的赌博欢乐也时常有之。但相对来说，与唐人的争强好胜、较量输赢有所区别，更多追求的是宴饮聚会过程中博戏带来的欢娱气氛，游戏娱乐的成分相对较多，计较输赢的成分相对较少。司马光在诗中有“金丹呼胜彩，玉烛擢新签”的博戏热闹场面之描述，一再强调“筋力虽无几，娱游亦未厌”[186]的欢畅体验。北宋前期颇为著名的文人杨亿，每当文兴大发，意欲作文之际，便与一众门人宾客饮博、投壶、弈棋，热闹非凡，语笑喧哗却丝毫不妨碍构思作文，闹中取静，意趣颇为独特。

欧阳修曾创设一种名为九射格的游戏，总体上以熊、虎、鹿等九种不同的动物图案作为标志。九种图案，熊居中，虎居上，鹿居下，雕、雉、猿居右，雁、兔、鱼居左，“物各有筹，射中其物，则视筹所在而饮之”。以投射中筹与否作为游戏规则，并且明确规定此种游戏“独不别胜负，饮酒者皆出于适然”，[187] 在宴饮聚会之类活动中主要用于娱乐助兴。如此一来，与常见的赌博计较输赢以赚取钱财有着本质上的区别。

在宴饮聚会中以博戏助兴、愉悦宾客的现象在宋人诗词中也十分常见，如“棋枰响止，胜负岂能全两喜。不竞南风，忽尔三生六劫通。客方对酒，一片捷音来自寿。甚快人何，大胜呼卢百万多”，[188] “酒酣博簺为欢娱，信手枭卢喝成采”，[189] 将人们以博戏赌酒欢笑的豪爽与快意展现于眼前。

图 5-13 《九射格图》

注　释

前　言

1　王鏊:《震泽长语》卷下《杂论》,《丛书集成初编》第222册，中华书局，1985，第44页。

第一章　宋代宫廷宴会

1　脱脱等:《宋史》卷113《礼志》，中华书局，1977，第2683页。

2　徐松辑《宋会要辑稿》礼45之29，中华书局，1957，第1462页。

3　黄淮、杨士奇编《历代名臣奏议》卷277《国史·汪藻奏》，上海古籍出版社，1989，第3621页。

4　脱脱等:《宋史》卷113《礼志》，第2693页。

5 强至:《祠部集》卷 10《依韵和道济秘丞集英殿秋宴作》,《丛书集成初编》第 1894 册，中华书局，1985，第 140 页。

6 李焘:《续资治通鉴长编》卷 352，元丰八年三月甲午，中华书局，2004，第 8447 页。

7 脱脱等:《宋史》卷 113《礼志》，第 2690 页。

8 脱脱等:《宋史》卷 113《礼志》，第 2683 页。

9 王明清:《挥麈录》前录卷 1，中华书局，1961，第 1 页。

10 赵彦卫:《云麓漫钞》卷 3，中华书局，1996，第 41~42 页。

11 赵升编《朝野类要》卷 4《贺表》，中华书局，2007，第 86 页。

12 徐松辑《宋会要辑稿》礼 45 之 15，第 1455 页。

13 吴自牧:《梦粱录》卷 3《皇帝初九日圣节》，浙江人民出版社，1980，第 20~21 页。

14 吴自牧:《梦粱录》卷 3《皇帝初九日圣节》，第 20~21 页。

15 周密:《齐东野语》卷 10《字舞》，中华书局，1983，第 189 页。

16 徐松辑《宋会要辑稿》礼 45 之 16，第 1455 页。

17 岳珂:《桯史》卷 8《紫宸廊食》，中华书局，1981，第 87 页。

18 孟元老撰，伊永文笺注《东京梦华录笺注》卷 9《宰执亲王宗室百官入内上寿》，中华书局，2006，第 834 页。

19 杨高凡:《宋代明堂礼制研究》，博士学位论文，河南大学，2011。

20 脱脱等:《宋史》卷 113《礼志》，第 2690 页。

21 脱脱等:《宋史》卷 113《礼志》，第 2686~2687 页。

22 脱脱等:《宋史》卷 113《礼志》，第 2685 页。

23 徐松辑《宋会要辑稿》礼 45 之 12，第 1453 页。

24 脱脱等:《宋史》卷 113《礼志》，第 2685 页。

25 脱脱等:《宋史》卷 113《礼志》，第 2685 页。

26 吴自牧:《梦粱录》卷 3《宰执亲王南班百官入内上寿赐宴》，第 18 页。

27 徐松辑《宋会要辑稿》礼 45 之 14，第 1454 页。

28 徐松辑《宋会要辑稿》礼 45 之 17，第 1456 页。

29 徐松辑《宋会要辑稿》礼 45 之 16，第 1455 页。

30 徐松辑《宋会要辑稿》职官 27 之 20，第 2946 页。

31 庞元英:《文昌杂录》卷 3,《丛书集成初编》第 2792 册，中华书局，1985，第 26 页。

32 孟元老撰，伊永文笺注《东京梦华录笺注》卷 9《宰执亲王宗室百官入内上寿》，第 831~835 页。

33 吴自牧:《梦粱录》卷 3《宰执亲王南班百官入内上寿赐宴》，第 20~21 页。

34 秦蕙田:《五礼通考》卷 160《飨燕礼》,《景印文渊阁四库全书》第 47 册，台湾商务印书馆，1986，第 583、587 页。

35 马令:《南唐书》卷 25《李家明传》,《丛书集成初编》第 3852 册，中华书局，1985，第 166 页。

36 魏收:《魏书》卷 19《南安王列传》，中华书局，1974，第 494 页。

37 刘昫等:《旧唐书》卷 154、卷 18，中华书局，1975，第 4108、617 页。

38 李焘:《续资治通鉴长编》卷 26，雍熙二年四月丙子，第 596 页。

39 脱脱等:《宋史》卷 113《礼志》，第 2693 页。

40 陆佃:《陶山集》卷 11《神宗皇帝实录叙论》，中华书局，1985，第 117 页。

41 王明清:《挥麈录》后录卷 1，第 55 页。

42 陈骙:《南宋馆阁录》卷 6，中华书局，1998，第 68 页。

43 程颐:《上宣仁皇后进经筵三札子》，赵汝愚编《宋朝诸臣奏议》第 50 卷，上海古籍出版社，1999，第 544 页。

44 杨业进:《明代经筵制度与内阁》,《故宫博物院院刊》1990 年第 2 期；曾祥波:《经筵概念及其制度源流商兑——帝学视野中的汉唐讲经侍读与宋代经筵》,《史学月刊》2019 年第 8 期。

45 邹贺:《宋朝经筵制度研究》，博士学位论文，陕西师范大学，2010。

46 脱脱等:《宋史》卷 113《礼志》，第 2688 页。

47 庞元英:《文昌杂录》卷 1，第 3~4 页。

48 欧阳修、宋祁:《新唐书》卷 132《柳芳传》，中华书局，1975，第 4537 页。

49 范晔:《后汉书》卷 95《仪礼志》，中华书局，1965，第 3130 页。

50　秦蕙田:《五礼通考》卷 160,《景印文渊阁四库全书》第 47 册，第 583、587 页。
51　欧阳修、宋祁:《新唐书》卷 19《礼乐志》，第 427 页。
52　《册府元龟》卷 107《帝王部》，中华书局，1996，第 13 册，第 1279~1287 页。
53　吴自牧:《梦粱录》卷 1《正月》，第 1 页。
54　赵升编《朝野类要》卷 1《大朝会》，第 29 页。
55　金盈之:《新编醉翁谈录》卷 3《正月》，辽宁教育出版社，1998，第 10 页。
56　姜锡东、史冷歌:《北宋大朝会考论——兼论“宋承前代”》,《河北学刊》2011 年第 5 期。
57　《中兴礼书》卷 223《宾礼二・正旦金国使人入贺》,《续修四库全书》第 823 册，上海古籍出版社，2002，第 82 页。
58　李心传:《建炎以来朝野杂记》甲集卷 3《总论南巡后礼乐》，中华书局，2000，第 92 页。
59　李心传:《建炎以来朝野杂记》甲集卷 3《大朝会》，第 93~94 页。
60　李心传:《建炎以来朝野杂记》甲集卷 3《大朝会》，第 93~94 页。
61　四水潜夫辑《武林旧事》卷 2《元正》，西湖书社，1981，第 28~29 页。
62　宋敏求:《春明退朝录》卷中，中华书局，1980，第 29 页。
63　脱脱等:《宋史》卷 113《礼志》，第 2698 页。
64　司马光:《涑水记闻》卷 14，中华书局，1989，第 290 页。
65　蔡絛:《铁围山丛谈》卷 5，中华书局，1983，第 92 页。
66　孟元老撰，伊永文笺注《东京梦华录笺注》卷 6《十六日》，第 597 页。
67　洪迈:《夷坚志》补卷 19，中华书局，2006，第 1729~1730 页。
68　四水潜夫辑《武林旧事》卷 2《元夕》，第 29~30 页。
69　《西湖老人繁胜录》，中国商业出版社，1982，第 1 页。
70　周密:《齐东野语》卷 11《御宴烟火》，第 208 页。
71　四水潜夫辑《武林旧事》卷 3《中秋》，第 44 页。
72　徐松辑《宋会要辑稿》礼 45 之 40，第 1467 页。
73　欧阳询:《艺文类聚》卷 4《岁时部中・七月七日》，汪绍楹注，上海古籍出版社，1999，第 75 页。

74 贾思勰:《齐民要术》卷 3《杂说第三十》，中华书局，1956，第 44 页。

75 叶梦得:《石林燕语》卷 2，上海古籍出版社，2012，第 22 页。

76 参考方建新《宋代国家图书馆——馆阁藏书》，张其凡主编《历史文献与传统文化》，兰州大学出版社，2003，第 22~39 页。

77 沈括:《梦溪笔谈》卷 3，岳麓书社，2002，第 16 页。

78 洪迈:《容斋随笔》四笔卷 1《三馆秘阁》，中华书局，2005，第 633 页。

79 郭若虚:《图画见闻志》卷 1《叙国朝求访》，人民美术出版社，1963，第 4 页。

80 脱脱等:《宋史》卷 164《职官志》，第 3873~3874 页。

81 江少虞:《宋朝事实类苑》卷 31，上海古籍出版社，1981，第 400 页。

82 陈骙:《南宋馆阁录》卷 6《故实 · 暴书会》，第 68 页。

83 王应麟辑《玉海》卷 34《圣文》，江苏古籍出版社，1987，第 645 页。

84 赵升编《朝野类要》卷 1《曝书》，第 10 页。

85 徐松辑《宋会要辑稿》职官 18 之 43，第 2775 页。

86 脱脱等:《宋史》卷 296《查道传》，第 9881 页。

87 脱脱等:《宋史》卷 202《艺文志》，第 5032 页。

88 程俱撰，张富祥校证《麟台故事校证》卷 5《恩荣》，中华书局，2000，第 185 页。

89 程俱撰，张富祥校证《麟台故事校证》卷 5《恩荣》，第 207 页。

90 王应麟辑《玉海》卷 26《帝学 · 建炎内殿讲读》，第 517 页。

91 文莹:《玉壶清话》卷 3，中华书局，1984，第 30 页。

92 李廌:《师友谈记》，中华书局，2002，第 17 页。

93 叶绍翁:《四朝闻见录》乙集《秦夫人淮青鱼》，中华书局，1989，第 80 页。

94 脱脱等:《宋史》卷 243《后妃传》，第 8654 页。

95 周密:《癸辛杂识》后集《济王致祸》，中华书局，1988，第 86 页。

96 李焘:《续资治通鉴长编》卷 94，天禧三年九月辛巳，第 2167 页。

97 范镇:《东斋记事》卷 1，中华书局，1980，第 11 页。

第二章　宋代公务宴请

1　张其凡:《宋代史》，澳门：澳亚周刊出版有限公司，2004，第1052页。

2　脱脱等:《宋史》卷119《礼志》，第2814页。

3　李攸:《宋朝事实》卷12《仪注二》，中华书局，1985，第199页。

4　徐松辑《宋会要辑稿》礼45之3，第1449页。

5　脱脱等:《宋史》卷113《礼志》，第2688页。

6　脱脱等:《宋史》卷485《夏国传》，第13999页。

7　李焘:《续资治通鉴长编》卷226，熙宁四年八月丙寅，第5504页。

8　脱脱等:《宋史》卷164《礼志》，第2808页。

9　吴自牧:《梦粱录》卷3《皇帝初九日圣节》，第20~21页。

10　李焘:《续资治通鉴长编》卷148，庆历四年四月壬寅，第3583页。

11　李焘:《续资治通鉴长编》卷274，熙宁九年四月辛卯，第6705页。

12　徐松辑《宋会要辑稿》礼45之33，第1464页。

13　洪适:《盘洲集》卷26《都亭驿记》，曾枣庄、刘琳主编《全宋文》第213册，卷4741，上海辞书出版社、安徽教育出版社，2006，第348页。

14　脱脱等:《宋史》卷119《礼志》，第2801页。

15　李焘:《续资治通鉴长编》卷209，治平四年春正月庚戌，第5073页。

16　徐松辑《宋会要辑稿》礼45之14，第1454页。

17　徐松辑《宋会要辑稿》礼45之18，第1456页。

18　李心传:《建炎以来系年要录》卷190，绍兴三十一年五月己未，上海古籍出版社，1992，第3702页。

19　徐梦莘:《三朝北盟会编》卷228，绍兴三十一年五月辛卯，上海古籍出版社，1987，第1636页。

20　徐松辑《宋会要辑稿》礼45之9，第1452页。

21　徐松辑《宋会要辑稿》礼45之19，第1457页。

22　王应麟辑《玉海》卷171《苑囿园·绍兴玉津园》，第3138页。

23 脱脱等:《宋史》卷 464《曹评传》，第 13574 页。

24 脱脱等:《宋史》卷 250《王师约传》，第 8820 页。

25 脱脱等:《宋史》卷 278《王德用传》，第 9468 页。

26 李焘:《续资治通鉴长编》卷 386，元祐元年八月辛亥，第 9402 页。

27 彭龟年:《止堂集》卷 17,《丛书集成初编》第 2025 册，中华书局，1985，第 208 页。

28 周密:《浩然斋雅谈》卷中，中华书局，1985，第 32 页。

29 梅应发、刘锡:《开庆〈四明续志〉》卷 1《科举》，浙江省地方志编纂委员会编《宋元浙江方志集成》第 8 册，杭州出版社，2009，第 3614 页。

30 周应合:《景定建康志》卷 32《儒学》，中华书局编辑部编《宋元方志丛刊》第 2 册，中华书局，1990，第 1878~1879 页。

31 高承:《事物纪原》卷 3《赐宴》，第 71~72 页。

32 王应麟辑《玉海》卷 73《礼仪》，第 1365 页。

33 徐松辑《宋会要辑稿》选举 2 之 14，第 4252 页。

34 叶梦得:《石林燕语》卷 1，第 4 页。

35 高承:《事物纪原》卷 3《赐宴》，第 71 页。

36 钱易:《南部新书》乙集，中华书局，2002，第 19 页。

37 王定保:《唐摭言》卷 3《散序》，上海古籍出版社，1978，第 25 页。

38 四水潜夫辑《武林旧事》卷 2《唱名》，第 28 页。

39 赵升编《朝野类要》卷 2《探花》，第 58 页。

40 彭大翼:《山堂肆考》卷 84《科第》,《景印文渊阁四库全书》第 975 册，第 512 页。

41 刘一清:《钱塘遗事》卷 10《赴省登科五荣须知》，上海古籍出版社，1985，第 221 页。

42 刘一清:《钱塘遗事》卷 10《置状元局》，第 237~238 页。

43 张邦基:《墨庄漫录》卷 9《徐遹过平康戏题》，中华书局，2002，第 245 页。

44 蒋一葵:《尧山堂外纪（外一种）》卷 43，中华书局，2019，第 673 页。

45 脱脱等:《宋史》卷 114《礼志》，第 2712 页。

46 徐松辑《宋会要辑稿》选举 2 之 17，第 4253 页。

47 吴自牧:《梦粱录》卷 3《士人赴殿试唱名》，第 23 页。

48 许慎:《说文解字・酉部》，天津古籍出版社，1991，第 311 页。

49 司马迁:《史记》卷 10《孝文帝本纪》，中华书局，1959，第 417 页。

50 王溥:《唐会要》卷 56《左右补阙拾遗》，中华书局，1955，第 971 页。

51 徐松辑《宋会要辑稿》礼 60 之 1，第 2097 页。

52 脱脱等:《宋史》卷 113《礼志》，第 2699 页。

53 脱脱等:《宋史》卷 113《礼志》，第 2700 页。

54 马端临:《文献通考》卷 146《乐考十九》，中华书局，1986，第 1284 页。

55 张鷟:《朝野佥载》，中华书局，1979，第 140 页。

56 李昉等编《太平广记》卷 164《名贤・严安之》，中华书局，2015，第 1193 页。

57 刘昫等:《旧唐书》卷 28《音乐志》，第 1051 页。

58 章如愚编撰《山堂考索》续集卷 45《财用》，中华书局，1992，第 285 页。

59 脱脱等:《宋史》卷 119《礼志》，第 2802 页。

60 徐松辑《宋会要辑稿》礼 45 之 19，第 1457 页。

61 马端临:《文献通考》卷 147《乐考二十》，第 1289 页。

62 庞元英:《文昌杂录》卷 3，第 23 页。

63 徐松辑《宋会要辑稿》礼 45 之 26，第 1460 页。

64 脱脱等:《宋史》卷 119《礼志》，第 2802 页。

65 徐松辑《宋会要辑稿》礼 45 之 27，第 1461 页。

66 陈元靓:《岁时广记》卷 35，中华书局，1985，第 390 页。

67 赵升编《朝野类要》卷 1《春宴》，第 37 页。

68 张邦基:《墨庄漫录》卷 4，第 121 页。

69 徐松辑《宋会要辑稿》礼 45 之 13，第 1454 页。

70 脱脱等:《宋史》卷 194《兵志》，第 4841 页。

71 徐松辑《宋会要辑稿》食货 35 之 46，第 5431 页。

第三章 宋代民间宴会活动

1 赵彦卫:《云麓漫钞》卷 2，第 21 页。

2 辛稼轩:《稼轩长短句》卷 10《鹊桥仙 · 为人庆八十席上戏作》，上海人民出版社，1975，第 129 页。

3 翁溪园:《踏莎行 · 寿人母八十三》，唐圭璋编《全宋词》，中华书局，1965，第 3320 页。

4 马永卿:《懒真子录》卷 3,《宋元笔记小说大观》第 3 册，上海古籍出版社，2001，第 3156 页。

5 蔡絛:《铁围山丛谈》卷 2，第 38 页。

6 叶梦得:《石林燕语》卷 6，第 88 页。

7 苏轼:《生日王郎以诗见庆次其韵并寄茶二十一片》，李之亮笺注《苏轼文集编年笺注（诗词附）》第 11 册，巴蜀书社，2011，第 238 页。

8 晏殊:《拂霓裳》，唐圭璋编《全宋词》，第 104 页。

9 张端义:《贵耳集》卷上，中华书局，1958，第 14 页。

10 彭□辑撰《墨客挥犀》卷 6，中华书局，2002，第 344 页。

11 洪迈:《夷坚志》三志壬卷 9《诸葛贲致语》，第 1538 页。

12 陈耆卿:《嘉定赤城志》卷 37《风土门 · 重婚姻》,《宋元方志丛刊》第 7 册，中华书局，1989，第 7577 页。

13 廖行之:《点绛唇》，唐圭璋编《全宋词》，第 1840 页。

14 庄绰:《鸡肋编》卷下，中华书局，1983，第 118 页。

15 吴自牧:《梦粱录》卷 20《嫁娶》，第 186 页。

16 洪皓:《松漠纪闻》,《宋元笔记小说大观》第 3 册，第 2797 页。

17 孟元老撰，伊永文笺注《东京梦华录笺注》卷 5《育子》，第 503 页。

18 彭□辑撰《墨客挥犀》卷 2，第 293 页。

19 庄绰:《鸡肋编》卷下，第 118 页。

20 钱仲联校注《剑南诗稿校注》卷 3《岳池农家》，钱仲联、马亚中主编《陆游全集校注》第 1 册，浙江教育出版社，2011，第 168 页。

21　王禹偁:《小畜集》卷 11《张屯田弄璋三日略不会客戏题短什期以满月开筵》，商务印书馆，1937，第 163 页。

22　范致明:《岳阳风土记》，中华书局，1991，第 42 页。

23　江少虞:《宋朝事实类苑》卷 63，第 839 页。

24　司马光:《司马氏书仪》卷 6《饮食》，中华书局，1985，第 65 页。

25　李焘:《续资治通鉴长编》卷 187，嘉祐三年七月癸酉，第 4516 页。

26　苏轼:《馈岁》，李之亮笺注《苏轼文集编年笺注（诗词附）》第 11 册，第 7 页。

27　梁克家:《淳熙三山志》卷 40《土俗・馈岁别岁守岁》,《宋元方志丛刊》第 8 册，中华书局，1990，第 8251 页。

28　杨无咎:《双雁儿・除夕》，唐圭璋编《全宋词》，第 1194 页。

29　朱东润编年校注《梅尧臣集编年校注》卷 12《岁日旅泊家人相与为寿》，上海古籍出版社，2006，第 195 页。

30　庄绰:《鸡肋编》卷上，第 20 页。

31　吴曾:《能改斋漫录》卷 2《冬年贺状》，第 27 页。

32　周密:《癸辛杂识》前集卷 1《送刺》，第 35 页。

33　叶隆礼:《契丹国志》卷 27《岁时杂记》，上海古籍出版社，1985，第 250 页。

34　陈元靓:《岁时广记》卷 7《祭瘟神》，第 71 页。

35　吴自牧:《梦粱录》卷 4《中秋》，第 26 页。

36　黄升辑《花庵词选・中兴以来绝妙词选》，辽宁教育出版社，1997，第 162 页。

37　叶隆礼:《契丹国志》卷 27《岁时杂记》，第 353 页。

38　朱辅:《溪蛮丛笑・富贵坊》，中华书局，1991，第 7 页。

39　金盈之:《新编醉翁谈录》卷 4《十月》，第 16 页。

40　施宿:《嘉泰会稽志》卷 13《节序》,《宋元方志丛刊》第 7 册，第 6950 页。

41　陈元靓:《岁时广记》卷 18，第 202 页。

42　田汝成:《西湖游览志馀》卷 10《才情雅致》，第 143 页。

43　孟元老撰，伊永文笺注《东京梦华录笺注》卷 6《十六日》，第 597 页。

44 四水潜夫辑《武林旧事》卷2《元夕》，第32页。

45 胡仔纂集《苕溪渔隐丛话》后集卷6，人民文学出版社，1962，第39页。

46 周密:《齐东野语》卷16《省状元同郡》，第295页。

47 钱仲联校注《剑南诗稿校注》，钱仲联、马亚中主编《陆游全集校注》第1册，第242、375页。

48 王明清:《挥麈录》后录卷7，第169页。

49 钱仲联校注《剑南诗稿校注》卷50《十五日》，钱仲联、马亚中主编《陆游全集校注》第6册，第9页。

50 朱敦儒:《点绛唇》，唐圭璋编《全宋词》，第859页。

51 朱敦儒:《蓦山溪》，唐圭璋编《全宋词》，第845页。

52 陶宗仪:《元氏掖庭侈政》，中华书局，1991，第6页。

53 陈元靓:《岁时广记》卷15，第166页。

54 孟元老撰，伊永文笺注《东京梦华录笺注》卷8《是月巷陌杂卖》，第771页。

55 欧阳澈:《轩前菊蕊将绽因书四韵示希哲约九日聚饮于此》，北京大学古文献研究所编《全宋诗》第32册，北京大学出版社，1998，第20679页。

56 洪迈:《容斋随笔》卷1《裴晋公禊事》，第12页。

57 冯贽:《云仙杂记》卷7《藏盘筵于水底》,《丛书集成初编》第2836册，中华书局，1985，第55页。

58 吴处厚:《青箱杂记》卷5，中华书局，1985，第50页。

59 彭汝砺:《鄱阳集》卷9《和庭佐酒船》,《景印文渊阁四库全书》第1101册，第275页。

60 蒋堂:《寄题望湖楼》,《全宋诗》第3册，第1707页。

61 欧阳澈:《游春八咏》,《全宋诗》第32册，第20687页。

62 邵伯温:《邵氏闻见前录》卷10,《丛书集成初编》第2749册，中华书局，1985，第67页。

63 杨慎编《全蜀艺文志》卷40《游浣花记》，线装书局，2003，第1230页。

64 洪迈:《容斋随笔》卷9《朋友之义》，第120页。

65　祁琛云:《北宋科甲同年关系与士大夫朋党政治》，四川大学出版社，2015，第 2~4 页。

66　苏轼:《与王文玉十二首之一》，李之亮笺注《苏轼文集编年笺注（诗词附）》第 10 册，第 419 页。

67　范仲淹:《范文正公文集》卷 2《滕子京魏介之二同年相访丹阳郡》,《四部丛刊初编》集部，商务印书馆，1919，第 7 页。

68　王安石:《临川先生文集》卷 21《和王司封会同年》，中华书局，1959，第 262 页。

69　厉鹗辑撰《宋诗纪事》，上海古籍出版社，1983，第 444 页。

70　苏轼:《范景仁墓志铭》，李之亮笺注《苏轼文集编年笺注（诗词附）》第 2 册，第 320 页。

71　龚明之:《中吴纪闻》卷 2《中隐堂三老》，上海古籍出版社，1986，第 36 页。

72　胡仔纂集《苕溪渔隐丛话》后集卷 22，第 154 页。

73　彭□辑撰《墨客挥犀》卷 2，第 298 页。

74　袁说友:《东塘集》卷 20《故太淑人叶氏行状》,《四库全书珍本初集》集部，商务印书馆，1935，第 27 页。

第四章　宋代宴会中蕴藏的饮食文化

1　陈元龙:《格致镜原》卷 51《日用器物类 · 诸饮器》，江苏广陵刻印社，1989，第 580 页。

2　庄绰:《鸡肋编》卷上，第 22 页。

3　欧阳修:《归田录》卷 1，中华书局，1981，第 2 页。

4　李觏:《李觏集》卷 16《富国策第三》，中华书局，1981，第 137 页。

5　司马迁:《史记》卷 12《孝武本纪》，第 455 页。

6　脱脱等:《宋史》卷 153《舆服志》，第 3575 页。

7　脱脱:《宋史》卷 66《五行志》，第 1437 页。

8 晁公溯:《嵩山集》卷 2《外舅卫尉持节于此作尽心堂时与亲戚会饮今三十年予复与卫尉内外属置酒堂上不减当时喜赋一诗》,《宋集珍本丛刊》第 45 册，线装书局，2004，第 594 页。

9 佚名:《道山清话》,《丛书集成初编》第 2785 册，中华书局，1985，第 15 页。

10 江少虞:《宋朝事实类苑》卷 74《梁迥》，第 983 页。

11 谢维新:《事类备要》续集卷 13《燕饮部 · 不好珍器》,《景印文渊阁四库全书》第 976 册，第 295 页。

12 戴埴:《鼠璞》卷上《琉璃》，中华书局，1985，第 7 页。

13 沈括:《梦溪笔谈》卷 9，第 85 页。

14 王谠撰，周勋初校证《唐语林校证》卷 8，中华书局，1987，第 732 页。

15 周羽翀:《三楚新录》卷 3，中华书局，1991，第 12 页。

16 孟元老撰，伊永文笺注《东京梦华录笺注》卷 9《宰执亲王宗室百官入内上寿》，第 835 页。

17 王鏊:《震泽长语》卷下《杂论》,《丛书集成初编》第 222 册，第 44 页。

18 段成式:《酉阳杂俎》前集卷 7《酒食》，上海古籍出版社，2012，第 39 页。

19 苏轼:《泛舟城南会者五人分韵赋诗得人皆苦炎字四首》，李之亮笺注《苏轼文集编年笺注（诗词附）》第 11 册，第 193 页。

20 陶宗仪:《南村辍耕录》卷 28《解语杯》，齐鲁书社，2007，第 376 页。

21 林洪:《山家清供》卷上《香圆杯》，中国商业出版社，1985，第 53 页。

22 陈敬:《陈氏香谱》,《宋代经济谱录》，甘肃人民出版社，2008，第 51 页。

23 洪刍:《香谱》卷下,《宋代经济谱录》，第 37~38 页。

24 脱脱等:《宋史》卷 185《食货志》，第 4537 页。

25 徐松辑《宋会要辑稿》职官 44，第 4221 页。

26 夏时华:《宋代香药业经济研究》，博士学位论文，陕西师范大学，2012。

27 陈敬:《陈氏香谱》(原序),《宋代经济谱录》，第 49 页。

28 戴埴:《鼠璞》卷上《香药卓》，第 11 页。

29 周嘉胄:《香乘》卷 11《香事别录 · 燕集焚香》，九州出版社，2014，第 260 页。

30 洪迈:《夷坚志》甲志卷1《张相公夫人》，第712页。

31 叶绍翁:《四朝闻见录》乙集《吴云壑》，中华书局，1989，第48页。

32 彭汝砺:《鄱阳集》卷6《翌日景繁察院公初叔明推直谦父主簿复会集某晚至即席用前韵》,《景印文渊阁四库全书》第1101册，第234页。

33 刘敞:《公是集》卷25《酒席赠钦圣提刑学士》，中华书局，1985，第292页。

34 叶绍翁:《四朝闻见录》乙集《宣政宫烛》，第83页。

35 张邦基:《墨庄漫录》卷2《宣和间宫中异香异物》，第66页。

36 参考程民生《宋代物价研究》，人民出版社，2008，第486~487页。

37 夏时华:《宋代香药业经济研究》，博士学位论文，陕西师范大学，2012。

38 林天蔚:《宋代香药贸易史》，台湾文化大学出版部，1986，罗香林序文。

39 全汉昇:《中国经济史研究·宋代广州的国内外贸易》，中华书局，2011，第16~19页；关履权:《两宋史论》，中州书画社，1983，第219页。

40 陈高华、吴泰:《宋元时期的海外贸易》，天津人民出版社，1981，第50页。

41 郑永晓整理《黄庭坚全集辑校编年·文集》卷12《子瞻继和复答二首》，江西人民出版社，2008，第410页。

42 《陆游集·放翁逸稿》卷上《焚香赋》，中华书局，1976，第2496页。

43 周嘉胄:《香乘》卷7《诸品名香》，第260页。

44 谢肇淛:《五杂俎》卷10《物部二》，上海书店出版社，2009，第221页。

45 陈起:《江湖后集》卷20《夜宴曲用草窗韵》,《景印文渊阁四库全书》第1357册，第962~963页。

46 苏颂:《苏魏公文集·丞相魏公谭训》卷10《杂事》，中华书局，1988，第1177页。

47 王明清:《投辖录》，上海古籍出版社，2012，第27页。

48 赵彦卫:《云麓漫钞》卷3，第44页。

49 蒲积中编《古今岁时杂咏》卷14《同锦州胡郎中清明日对雨西亭宴》，三秦出版社，2009，第185页。

50 周邦彦:《早梅芳·牵情》，唐圭璋编《全宋词》，第617页。

51 龚明之:《中吴纪闻》卷 1《蒋密学》，第 19 页。
52 朱敦儒:《水调歌头 · 淮阴作》，唐圭璋编《全宋词》，第 833 页。
53 邵博:《邵氏闻见后录》卷 24,《丛书集成初编》第 2751 册，中华书局，1985，第 191 页。
54 李之亮笺注《欧阳修集编年笺注》卷 40《有美堂记》，巴蜀书社，2007，第 108 页。
55 龚明之:《中吴纪闻》卷 1《木兰堂诗》，第 21 页。
56 刘复生:《插图本中国古代思想史 · 宋辽西夏金元卷》，广西人民出版社，2006，第 128 页。
57 《刘辰翁集 · 贺造花庵启》，江西人民出版社，1987，第 251 页。
58 洪迈:《容斋随笔》五笔卷 9《燕赏逢知己》，第 940 页。
59 《李纲全集》卷 30《咏怀十六韵》，岳麓书社，2004，第 397 页。
60 林永匡:《饮德 · 食艺 · 宴道——中国古代饮食智道透析》，广西教育出版社，1995，第 301 页。
61 彭定求等编《全唐诗》，中华书局，1960，第 1008、771、1644 页。
62 熊禾:《瑞鹤仙》，唐圭璋编《全宋词》，第 3415 页。
63 赵长卿:《鹧鸪天 · 月夜诸院饮酒行令》，唐圭璋编《全宋词》，第 1810 页。
64 施耐庵:《水浒传》，天津古籍出版社，2004，第 10 页。
65 周紫芝:《竹坡诗话》，中华书局，1985，第 34 页。
66 邵伯温:《邵氏闻见前录》卷 7,《丛书集成初编》第 2749 册，第 42 页。
67 赵与时:《宾退录》卷 7，中华书局，1985，第 77 页。
68 司马光撰，李之亮笺注《司马温公集编年笺注》卷 74《官失》，巴蜀书社，2009，第 471 页。
69 周煇撰，刘永翔校注《清波杂志校注》卷 6，中华书局，1994，第 235 页。
70 陆游:《老学庵笔记》卷 5，中华书局，1979，第 69 页。
71 李华瑞:《宋代酒的生产和征榷》，河北大学出版社，1995，第 39~42 页。
72 陆游:《老学庵笔记》卷 7，第 95 页。
73 叶梦得:《避暑录话》卷上，上海古籍出版社，2012，第 22~23 页。

74 范成大撰，严沛校注《桂海虞衡志校注》，广西人民出版社，1986，第36页。
75 李华瑞:《宋代酒的生产和征榷》，第39~42页。
76 苏轼:《东坡后集》卷8《桂酒颂》，中国文史出版社，1999，第693页。
77 董仲舒:《春秋繁露·天道施第八十二》，岳麓书社，1997，第300页。
78 王夫之:《礼记章句》卷9《礼运》，杨坚总修订《船山全书》第4册，岳麓书社，2011，第544页。
79 陈戊国点校《四书五经·诗经》，岳麓书社，2014，第375页。
80 吕友仁译注《周礼译注》，中州古籍出版社，2004，第242页。
81 朱熹注，王华宝整理《诗集传》，凤凰出版社，2007，第116页。
82 陈俊民辑校《蓝田吕氏遗著辑校·吕氏乡约乡仪·宾仪十五》，中华书局，1993，第572页。
83 赵彦卫:《云麓漫钞》卷4，第63页。
84 彭□辑撰《墨客挥犀》卷8，第371页。
85 《朱子语类》卷90《祭礼》，上海古籍出版社、安徽教育出版社，2002，第3053页。
86 脱脱等:《宋史》卷153《舆服志》，第3578页。
87 张舜民:《画墁录》，中华书局，1991，第26页。
88 陈俊民辑校《蓝田吕氏遗著辑校·吕氏乡约乡仪·宾仪十五》，第574页。
89 王铚:《默记》卷下，中华书局，1981，第50页。
90 蔡絛:《铁围山丛谈》卷2，第36页。
91 张舜民:《画墁录》，第6页。
92 罗大经:《鹤林玉露》乙编卷2《野服》，中华书局，1983，第146页。
93 佚名:《道山清话》，中华书局，1985，第11页。
94 晁补之:《文安郡君陈氏墓志铭》，曾枣庄、刘琳主编《全宋文》第127册，卷2741，第82页。
95 李焘:《续资治通鉴长编》卷23，太平兴国七年十一月己酉，第530页。
96 李焘:《续资治通鉴长编》卷347，元丰七年七月甲寅，第8329页。

97 赵与虤:《娱书堂诗话》卷下,《丛书集成初编》第 2751 册，中华书局，1985，第 9 页。

98 吕大钧:《吊说》，吕祖谦编《宋文鉴》，吉林人民出版社，1998，第 946 页。

99 朱熹辑著，刘文刚译注《小学译注》，四川大学出版社，1995，第 175 页。

100 周煇撰，刘永翔校注《清波杂志校注》卷 10，第 458 页。

101 王瑞来校证《周必大集校证・省斋文稿》卷 5，上海古籍出版社，2020，第 86 页。

102 周煇撰，刘永翔校注《清波杂志校注》卷 3，第 132 页。

103 金盈之:《醉翁谈录》卷 8，第 37 页。

104 吴曾:《能改斋漫录》卷 10《圣俞诸公以郭功甫为李太白后身》，上海古籍出版社，1979，第 281 页。

105 叶廷珪:《海录碎事》卷 9《干谒门》，上海辞书出版社，1989，第 249 页。

106 陆游:《老学庵笔记》卷 3，第 37~38 页。

107 周密:《癸辛杂识》前集卷 1《送刺》，第 36 页。

108 邵伯温:《邵氏闻见前录》卷 10,《丛书集成初编》第 2749 册，第 68 页。

109 岳珂:《宝真斋法书赞》卷 26《范参政行台两司常州成都四帖》,《丛书集成初编》第 1628 册，第 394 页。

110 周密:《齐东野语》卷 1《孝宗圣政》，第 4 页。

111 陆游:《老学庵笔记》卷 7，第 89 页。

112 陈俊民辑校《蓝田吕氏遗著辑校・吕氏乡约乡仪・宾仪十五》，第 573 页。

113 王明清:《投辖录》，第 27 页。

114 吕本中:《官箴》，线装书局，2015，第 315 页。

115 程俱撰，张富祥校证《麟台故事校证》卷 5《恩荣》，第 203 页。

116 朱彧:《萍洲可谈》卷 3，中华书局，1985，第 155 页。

117 张廷玉:《明史》卷 56《礼志》，中华书局，1974，第 1427 页。

118 司马光撰，李之亮笺注《司马温公集编年笺注》卷 65《洛阳耆英会序》，第 5 册，第 165 页。

119 陈耆卿:《嘉定赤城志》卷 37《风土门・劝俗文》,《宋元方志丛刊》第 7 册，第7573页。

120《朱子语类》卷87《礼·文王世子》，第2240页。

121 陈俊民辑校《蓝田吕氏遗著辑校·吕氏乡约乡仪·宾仪十五》，第575页。

122 王夫之:《礼记章句》卷1《曲礼上》，第53页。

123《十三经注疏·礼记正义》卷62，上海古籍出版社，1997，第1689页。

124 徐兢:《宣和奉使高丽图经》卷26《燕礼》，商务印书馆，1937，第91页。

125 李焘:《续资治通鉴长编》卷331，元丰五年十二月壬申，第7991页。

126 佚名:《道山清话》,《丛书集成初编》第2785册，第11页。

127 江少虞:《宋朝事实类苑》卷11《寇莱公》，第126页。

128 洪迈:《夷坚志》支戊卷9《董汉州孙女》，第1123页。

129 龚明之:《中吴纪闻》卷2《卢通议》，第43页。

130 洪迈:《夷坚志》支景卷9《姚宋佐》，第954页。

131 朱翌:《猗觉寮杂记》卷上，中华书局，1985，第27页。

132 王禹偁:《小畜集》卷11《芍药诗》，第165页。

133 赵以夫:《念奴娇·次朱制参送其行》，唐圭璋编《全宋词》，第2670页。

134 吴文英:《声声慢·饮时贵家，即席三姬求词》，唐圭璋编《全宋词》，第2920页。

135 周邦彦:《夜飞鹊·别情》，唐圭璋编《全宋词》，第617页。

136 王夫之:《礼记章句》卷1《曲礼上》，第51页。

137 庄绰:《鸡肋编》卷下，第126页。

138 袁采:《袁氏世范》卷2《与人交游贵和易》，中华书局，1985，第36页。

139 王明清:《挥麈录》后录卷2，第105页。

140 朱彧:《萍洲可谈》卷3，第155页。

141 佚名:《道山清话》,《丛书集成初编》第2785册，第11页。

142 文莹:《湘山野录》卷中，中华书局，1984，第24页。

143 彭□辑撰《续墨客挥犀》卷6，第483页。

144 洪迈:《夷坚志》支乙卷6《真扬慧倡》，第840~841页。

145 魏泰:《东轩笔录》卷7，中华书局，1983，第78页。

146 《周必大全集》卷 147《与赵汝谊咨目》，四川大学出版社，2017，第 1398 页。

147 高晦叟:《珍席放谈》卷下，中华书局，1939，第 14 页。

148 张舜民:《画墁录》，中华书局，1991，第 5 页。

149 陈耆卿:《嘉定赤城志》卷 37《风土门 · 土俗》，第 7572 页。

150 魏徵等:《隋书》卷 29《地理志》，中华书局，1973，第 830 页。

151 费著:《岁华纪丽谱》，中华书局，1991，第 3 页。

152 钱仲联校注《剑南诗稿校注》卷 5《江渎池醉归马上作》，钱仲联、马亚中主编《陆游全集校注》第 1 册，第 335 页。

153 宋祁:《宋景文公笔记》卷下《杂说》,《全宋笔记》第 1 编第 5 册，大象出版社，2003，第 65 页。

154 张瀚:《松窗梦语》卷 4，中华书局，1985，第 79 页。

155 罗大经:《鹤林玉露》乙编卷 5《肴核对答》，中华书局，1983，第 205 页。

156 范成大:《范石湖集》，上海古籍出版社，2006，第 212 页。

157 朱彧:《萍洲可谈》卷 2，第 138 页。

158 洪迈:《容斋随笔》五笔卷 9《欧公送慧勤诗》，第 934 页。

159 陶穀:《清异录》卷下《回汤武库》,《全宋笔记》第 1 编第 2 册，大象出版社，2003，第 105 页。

160 张舜民:《画墁录》，第 22 页。

161 曾慥编纂，王汝涛等校注《类说校注》卷 53，福建人民出版社，1996，第 1564 页。

162 庄绰:《鸡肋编》卷下，第 118 页。

163 朱彧:《萍洲可谈》卷 2，第 138 页。

164 周去非著，杨武泉校注《岭外代答校注》卷 6《食用门 · 异味》，第 237~238 页。

165 文彦博:《文潞公集》卷 10《知秦州谢两府启》，山西人民出版社，2008，第 124 页。

166 周去非著，杨武泉校注《岭外代答校注》卷 10《蛮俗门 · 鼻饮》，中华书局，1999，第 420 页。

167 洪皓:《松漠纪闻》，第 2792 页。

168 岳珂:《桯史》卷 11《番禺海獠》，第 126 页。

169 孟珙:《蒙鞑备录·燕聚舞乐》,《丛书集成初编》第 3906 册，中华书局，1985，第 9 页。

170 沈括:《梦溪笔谈》卷 24，第 203 页。

171 李之亮笺注《欧阳修集编年笺注·居士集》卷 6《初食车螯》，第 239 页。

172 王明清:《挥麈录》后录卷 4，第 31 页。

173 沈括:《梦溪笔谈》卷 25，第 213 页。

174 吴自牧:《梦粱录》卷 16《面食店》，第 145 页。

175 洪迈:《容斋随笔》四笔卷 8《库路真》，第 397 页。

176 徐兢:《宣和奉使高丽图经》卷 30《盘盏》，第 63 页。

177 脱脱:《宋史》卷 153《舆服志》，第 3579 页。

178 沈作喆纂《寓简》卷 10，中华书局，1985，第 80 页。

第五章　宋代宴会中的各种娱乐活动

1 叶廷珪:《海录碎事》卷 6《宴会门·佐酒》，第 163 页。

2 王国维:《宋元戏曲史》，第 69 页。

3 《十三经注疏·毛诗正义》卷 6，第 447 页。

4 陈旸:《乐书》卷 196《乐图论·王日食一举》，光绪二年本。

5 李焘:《续资治通鉴长编》卷 79，大中祥符五年十一月戊戌，第 1804 页。

6 叶梦得:《避暑录话》卷上，第 43 页。

7 赵鼎臣:《竹隐畸士集》卷 3,《景印文渊阁四库全书》第 1124 册，第 135 页。

8 王安中:《菩萨蛮·寄赵伯山四首》(第三首)，唐圭璋编《全宋词》，第 754 页。

9 张蠙:《钱塘夜宴留别郡守》，彭定求等编《全唐诗》，第 8082 页。

10 江少虞:《宋朝事实类苑》卷 19《鼓》，第 224 页。

11 李白:《寄王汉阳》，彭定求等编《全唐诗》，第 1774 页。

12 许浑:《听歌鹧鸪辞》，彭定求等编《全唐诗》，第 6097~6098 页。

13 吴自牧:《梦粱录》卷 20《妓乐》，第 192 页。

14 王灼著，岳珍校正《碧鸡漫志校正》卷 1，巴蜀书社，2000，第 27 页。

15 王灼著，岳珍校正《碧鸡漫志校正》卷 1，第 27 页。

16 王灼著，岳珍校正《碧鸡漫志校正》卷 5，第 112 页。

17 欧阳修:《减字木兰花 · 歌檀敛袂》，唐圭璋编《全宋词》，第 124 页。

18 胡仔纂集《苕溪渔隐丛话》后集卷 33，第 254 页。

19 郑处诲:《明皇杂录》卷下，中华书局，1994，第 27 页。

20 欧阳修、宋祁:《新唐书》卷 22《礼乐志》，第 473 页。

21 沈括:《梦溪笔谈》卷 5，第 38~39 页。

22 苏轼:《减字木兰花（庆姬）》，李之亮笺注《苏轼文集编年笺注（诗词附）》第 12 册，第 71 页。

23 吴处厚:《青箱杂记》卷 8，第 81 页。

24 江少虞:《宋朝事实类苑》卷 19《歌舞》，第 233 页。

25 杨荫浏:《中国古代音乐史稿》，人民音乐出版社，1981，第 302~310 页。

26 吕本中:《轩渠录》，新兴书局，1979，第 40 页。

27 钱仲联校注《剑南诗稿校注》卷 79《道上见村民聚饮》，钱仲联、马亚中主编《陆游全集校注》，第 1607 页。

28 钱仲联校注《剑南诗稿校注》卷 42《夜行过一大姓家值其乐饮戏作》，钱仲联、马亚中主编《陆游全集校注》，第 228 页。

29 白居易:《奉和汴州令胡令公二十二韵》《对酒吟》，薛能:《柘枝词》，彭定求等编《全唐诗》，第 5018、5023、290 页。

30 辛弃疾:《菩萨蛮》《满庭芳 · 和洪丞相景伯韵呈景卢舍人》，周邦彦:《早梅芳 · 牵情》，唐圭璋编《全宋词》，第 1899、1878、617 页。

31 赵彦卫:《云麓漫钞》卷 12，第 222 页。

32 江少虞:《宋朝事实类苑》卷 19《歌舞》，第 233 页。

33 葛立方:《韵语阳秋》卷 15，《丛书集成初编》第 2554 册，中华书局，1985，第 121 页。

34　白居易:《柘枝妓》，张祜:《周员外席上观柘枝》，彭定求等编《全唐诗》，第 5006、5827 页。

35　朱东润编年校注《梅尧臣集编年校注》卷 2，第 35 页。

36　舒亶:《浣溪沙 · 和葆先春晚饮会》，赵长卿:《清平乐 · 初夏舞宴》，晁补之:《斗百花 · 汶妓褚延娘》，唐圭璋编《全宋词》，第 366、1790、580 页。

37　王赛时:《唐代饮食》，齐鲁书社，2003，第 256 页。

38　郑永晓整理《黄庭坚全集辑校编年》，第 1632 页。

39　高承:《事物纪原》卷 9《傀儡》，中华书局，1989，第 493 页。

40　谢肇淛:《五杂俎》卷 5，上海古籍出版社，2012，第 93 页。

41　李隆基:《傀儡吟》，彭定求等编《全唐诗》，第 42 页。

42　葛立方:《韵语阳秋》卷 17,《丛书集成初编》第 2554 册，第 141 页。

43　胡仔纂集《苕溪渔隐丛话》前集卷 55，第 376 页。

44　高承:《事物纪原》卷 9《傀儡》，第 493 页。

45　《吴潜全集 · 履斋遗集》卷 1《谢世颂》，安徽大学出版社，2020，第 11 页。

46　胡仔纂集《苕溪渔隐丛话》前集卷 42，第 285 页。

47　谢枋得:《叠山集》卷 3《赠道士阮太虚何存斋》，四部丛刊初编，上海涵芬楼影印明刊本，1926，第 3 页。

48　杨荫浏:《中国古代音乐史稿》，第 347 页。

49　何文焕辑《历代诗话 · 中山诗话》，中华书局，1981，第 287 页。

50　张端义:《贵耳集》卷下，第 77 页。

51　江少虞:《宋朝事实类苑》卷 65《语嘲》，第 859 页。

52　王国维:《宋元戏曲史》，第 155 页。

53　杜佑:《通典》卷 146《乐六 · 散乐》，中华书局，1988，第 3729 页。

54　魏泰:《东轩笔录》卷 2，第 16 页。

55　蔡絛:《铁围山丛谈》卷 4，第 71 页。

56　胡仔纂集《苕溪渔隐丛话》后集卷 6，第 41 页。

57　叶梦得:《石林燕语》卷 5，第 68 页。

58　杨亿编《西昆酬唱集》卷下《劝石集贤饮》，上海古籍出版社，1985，第

197 页。

59 曹勋:《浣溪沙》，唐圭璋编《全宋词》，第 1221 页。

60 王庭珪:《醉桃源》，唐圭璋编《全宋词》，第 817 页。

61 邵雍:《伊川击壤集》，学林出版社，2003，第 64 页。

62 陈师道撰，任渊注，冒广生补笺《后山诗注补笺》卷 9《席上劝客酒》，中华书局，1995，第 334 页。

63 《郭祥正集》卷 13《南安刘太守席上劝曾叔达酒》，黄山书社，2014，第 227 页。

64 沈瀛:《减字木兰花・竹斋侑酒辞》，唐圭璋编《全宋词》，第 1161~1162 页。

65 王明清:《玉照新志》卷 1，上海古籍出版社，1991，第 19 页。

66 吴曾:《能改斋漫录》卷 11《闲燕堂联句》，第 305 页。

67 陈应行编，王秀梅整理《吟窗杂录》卷 50《杂咏》，中华书局，1997，第 1320 页。

68 何薳:《春渚纪闻》卷 6《东坡事实》，中华书局，1983，第 97 页。

69 胡仔纂集《苕溪渔隐丛话》后集卷 40，第 336 页。

70 何薳:《春渚纪闻》卷 6《东坡事实》，第 90 页。

71 洪迈:《夷坚志》丁志卷 12《西津亭词》，第 638~639 页。

72 吴处厚:《青箱杂记》卷 8，第 81 页。

73 罗烨编《新编醉翁谈录》丁集卷 1，辽宁教育出版社，1998，第 27 页。

74 唐圭璋编著《宋词纪事》，上海古籍出版社，1982，第 277 页。

75 王国维:《宋元戏曲史》，第 37 页。

76 柳永撰，薛瑞生校注《乐章集校注》卷下，中华书局，1994，第 218 页。

77 黄杰:《宋词与民俗》，商务印书馆，2005，第 378 页。

78 陈应行:《吟窗杂录》卷 2《诗品下》，中华书局，1997，第 161 页。

79 沈松勤:《唐宋词社会文化学研究》，浙江大学出版社，2004，第 206 页。

80 张炎:《词源》卷下，唐圭璋编《词话丛编》中华书局，1986，第 255~256 页。

81 柏寒:《二晏词选》，齐鲁书社，1985，第 122 页。

82 龚明之:《中吴纪闻》卷 1《红梅阁》，第 14 页。

83　胡仔纂集《苕溪渔隐丛话》后集卷33，第254~255页。
84　陈世崇:《随隐漫录》卷2，上海书店，1990，第4页。
85　胡仔纂集《苕溪渔隐丛话》卷前集卷42，第284页。
86　陆游:《老学庵笔记》卷5，第66页。
87　王明清:《挥麈录》后录卷11，中华书局，1961，第216页。
88　沈辰垣等编《历代诗余》卷115，上海书店，1985，第1363页。
89　王灼著，岳珍校正《碧鸡漫志校正》卷3，第85页。
90　葛胜仲:《浣溪沙》，唐圭璋编《全宋词》，第720页。
91　周密:《瑞鹤仙》，唐圭璋编《全宋词》，第3276页。
92　宋翔凤:《乐府余论》，张璋等编纂《历代词话》，大象出版社，2002，第1483页。
93　王之道:《相山集》卷8《和余时中元夕二首》，四川大学古籍所编《宋集珍本丛刊》第40册，线装书局，2004，第366页。
94　韩驹:《陵阳集》卷2《送赵承之秘监出守南阳》,《景印文渊阁四库全书》第1133册，第776页。
95　熊禾:《瑞鹤仙》，唐圭璋编《全宋词》，第3415页。
96　《白居易集·白氏长庆集》卷4《讽喻》，中华书局，1979，第75页。
97　元稹:《和李校书新题乐府十二首·西凉伎》，彭定求等编《全唐诗》，第4616页。
98　沈作喆纂《寓简》卷10，第80页。
99　张邦基:《墨庄漫录》卷8，第220~221页。
100　赵彦卫:《云麓漫钞》卷3，第52页。
101　徐兢:《宣和奉使高丽图经》卷30《酒榼》，第106页。
102　魏泰:《东轩笔录》卷15，第171页。
103　司马光撰，李之亮笺注《司马温公集编年笺注》，第17、119页。
104　朱东润编年校注《梅尧臣集编年校注》卷22《饮刘原甫家》，第635页。
105　梅溪集重刊委员会编《王十朋全集·诗集》卷16《仙居陈少曾寄锦石杯》，上海古籍出版社，1998，第269页。

106《邵雍全集》卷 10《插花吟》，第 188 页。

107 无名氏:《七娘子 · 寿梅太守》，葛立方:《卜算子 · 赏荷以莲叶劝酒作》，唐圭璋编《全宋词》，第 3757、1346 页。

108 张鷟:《游仙窟》，石海阳等编《唐宋传奇》，华夏出版社，1995，第 21 页。

109 毛滂:《剔银灯》,《毛滂集》，浙江古籍出版社，1999，第 108 页。

110 曾慥辑《乐府雅词》拾遗下《天香》，辽宁教育出版社，1997，第 215 页。

111 苏轼:《减字木兰花（庆姬）》，李之亮笺注《苏轼文集编年笺注（诗词附）》第 12 册，第 71 页。

112 张先:《张子野词》卷 2《更漏子 · 锦筵红》，中华书局，1985，第 20 页。

113 晏殊:《珠玉词 · 清平乐》，上海古籍出版社，1988，第 16 页。

114 郑侠:《西塘集》卷 9《次韵子发劝酒》,《景印文渊阁四库全书》第 1117 册，第 494 页。

115 王应麟:《汉制考》卷 4，中华书局，2011，第 93 页。

116 杨亿:《武夷新集》，福建人民出版社，2007，第 34 页。

117 黄朝英:《靖康缃素杂记》卷 3《白波》,《全宋笔记》第 3 编第 4 册，大象出版社，2008，第 193 页。

118 刘绩补注，陈广忠校理《淮南鸿烈解》卷 18《道应训》，黄山书社，2012，第 334 页。

119 叶廷珪:《海录碎事》卷 6《宴会门 · 飞觞举白》，第 163 页。

120 范镇:《东斋记事》补遗，第 47 页。

121 黄光大:《积善录》，中华书局，1991，第 3 页。

122 阮葵生:《茶余客话》卷 20《饮酒须有节制》，中华书局，1959，第 602 页。

123 周煇撰，刘永翔校注《清波杂志校注》卷 3，第 132~133 页。

124《张孝祥诗文集》卷 3《止酒》，黄山书社，2001，第 33 页。

125 江少虞:《宋朝事实类苑》卷 61《风俗杂志 · 酒令》，第 804 页。

126 陆心源编撰《宋诗纪事补遗》卷 46《送孙仲举徽猷罢郡造朝》，山西古籍出版社，1997，第 1085 页。

127 窦苹:《酒谱 · 酒令十二》,《宋代经济谱录》，第 18 页。

128 王赛时:《中国酒史》，山东大学出版社，2010，第 128 页。

129 王仁湘:《饮食与中国文化》，青岛出版社，2012，第 216 页。

130 曾慥编纂，王汝涛等校注《类说校注》卷 43，第 1284 页。

131 陈起:《江湖后集》卷 20《夜宴曲用草窗韵》，第 962~963 页。

132 赵长卿:《鹧鸪天 · 月夜诸院饮酒行令》，唐圭璋编《全宋词》，第 1810 页。

133 胡仔纂集《苕溪渔隐丛话》前集卷 21，第 142 页。

134 窦苹:《酒谱 · 酒令十二》,《宋代经济谱录》，第 18 页。

135 王仁湘:《饮食与中国文化》，第 215 页。

136 胡仔纂集《苕溪渔隐丛话》前集卷 21，第 142 页。

137 周嘉胄:《香乘》卷 27《冷香拈句》，第 533 页。

138 吴曾:《能改斋漫录》卷 14《举酒行令》，第 403 页。

139 钱世昭:《钱氏私志》，中华书局，1991，第 6 页。

140 赵彦卫:《云麓漫钞》卷 10，第 165 页。

141 王明清:《挥麈录》后录卷 6，第 157 页。

142 何文焕辑《历代诗话 · 中山诗话》，第 298 页。

143 洪迈:《容斋随笔》卷 11《唐诗戏语》，第 146 页。

144 李之亮笺注《欧阳修集编年笺注 · 居士集》卷 11《答通判吕太傅》，第 461 页。

145 王安中:《菩萨蛮 · 寄赵伯山四首》(第一首)，唐圭璋编《全宋词》，第 754 页。

146《白居易集》卷 18《醉后赠人》，中华书局，1979，第 394 页。

147 陶弼:《南池》，熊治祁主编《湖南纪胜诗选》，湖南师范大学出版社，2012，第 352 页。

148 蒲积中编《古今岁时杂咏》卷 31《和永叔中秋夜会不见月酬王舍人》，三秦出版社，2009，第 338 页。

149 李日华:《六研斋笔记》卷 4，凤凰出版社，2010，第 78 页。

150 李日华:《六研斋笔记》卷 4，第 78 页。

151 胡仔纂集《苕溪渔隐丛话》后集卷 16，第 116 页。

152 司马光著，李之亮笺注《司马温公集编年笺注》卷 14《三月三十日微雨偶成》，第 463 页。

153 严仁:《婆罗门引 · 春情》，唐圭璋编《全宋词》，第 2549 页。

154 皇甫松:《醉乡日月 · 骰子令》，陶敏主编《全唐五代笔记》第 2 册，三秦出版社，2012，第 1175 页。

155 洪迈:《容斋随笔》续笔卷 16《唐人酒令》，第 424 页。

156 孔平仲:《孔氏谈苑》卷 2，第 24 页。

157 潘永因编《宋稗类钞》卷 6，书目文献出版社，1985，第 534 页。

158 陶宗仪:《说郛三种》，上海古籍出版社，2012，第 568 页。

159 沈作喆纂《寓简》卷 10，第 78 页。

160 曾慥编纂，王汝涛等校注《类说校注》卷 49，第 1448 页。

161 曾慥编纂，王汝涛等校注《类说校注》卷 49，第 1448 页。

162 周密:《齐东野语》卷 4《潘庭坚王实之》，第 70 页。

163 胡仔纂集《苕溪渔隐丛话》前集卷 44，第 300 页。

164 皇甫松:《醉乡日月 · 骰子令》，陶敏主编《全唐五代笔记》第 2 册，第 1175 页。

165《朱熹集》卷 9《和都人试之韵》，四川教育出版社，1996，第 390 页。

166 司马光著，李之亮笺注《司马温公集编年笺注》卷 14《三月三十日微雨偶成》，第 463 页。

167 赵蕃:《淳熙稿》卷 15《和祖上人见贻》，中华书局，1985，第 207 页。

168 韩驹:《次韵师白中秋会饮且饯余北行》，蒲积中编《古今岁时杂咏》，第 344 页。

169 许慎:《说文解字》卷 5，第 98 页。

170 程大昌:《演繁露》卷 6《投五木琼榄九骰》，中华书局，1991，第 58 页。

171 李晓春:《中国古代博戏文化研究》，硕士学位论文，北京大学，2013。

172 欧阳询:《艺文类聚》卷 74《巧艺部 · 投壶》，第 1279 页。

173《十三经注疏 · 礼记正义》卷 58，第 1665 页。

174 王禹偁:《黄州新建小竹楼记》，吴楚材、吴调侯编选，李梦生、史良昭等译注《古文观止译注》，上海古籍出版社，1999，第 757 页。

175 洪适：《秋阅致语》，洪适、洪遵、洪迈撰，凌郁之辑校《鄱阳三洪集》卷 65，江西人民出版社，2011，第 584 页。

176 黄震：《黄氏日抄》卷 27《投壶》，《全宋笔记》第 10 编第 8 册，大象出版社，2018，第 241 页。

177 司马光著，李之亮笺注《司马温公集编年笺注》卷 65，第 144 页。

178 欧阳修：《归田录》卷 2，第 31 页。

179 李清照著，王延梯注《漱玉集注》，山东文艺出版社，1984，第 128~129 页。

180 朱东润校注《梅尧臣集编年校注》卷 29《象戏》，第 1090 页。

181 韩琦撰，李之亮、徐正英校笺《安阳集编年笺注》卷 1《答孙植太博后园宴射》，巴蜀书社，2000，第 19 页。

182 元稹：《寄吴士矩端公五十韵》，《元稹集》，中华书局，1982，第 61 页。

183 朱鹤龄笺注《李商隐诗集》卷 5《无题·昨夜星辰昨夜风》，上海古籍出版社，2015，第 69 页。

184 李昉等编《文苑英华》卷 100《戏樗蒲头赋》，中华书局，1966，第 460 页。

185 李肇：《唐国史补》卷下，上海古籍出版社，2012，第 83~84 页。

186 司马光著，李之亮笺注《司马温公集编年笺注》卷 14《三月三十日微雨偶成》，第 463 页。

187 赵与时：《宾退录》卷 4《探筹之法》，第 45 页。

188 沈瀛：《减字木兰花·竹斋侑酒辞》，唐圭璋编《全宋词》，第 1661 页。

189 钱仲联校注《剑南诗稿校注》卷 8《楼上醉书》，钱仲联、马亚中主编《陆游全集校注》第 2 册，第 69 页。

插图来源

图 1-1　宋代持棍人杂剧雕砖。图片采自河南博物院网站，https://www.chnmus.net/ch/collection/boutique/index.html。

图 1-2 《点石斋画报》中宋代天庆节宴饮图。图片采自徐海荣主编《中国饮食史》卷 4，华夏出版社，1999，第 312 页。

图 1-3　北宋开封城布局示意。图片采自张劲《开封历代皇宫沿革与北宋东京皇城范围新考》,《史学月刊》2002 年第 7 期。

图 1-4　宋 李嵩《观灯图》。图片采自《故宫周刊》第 173 期，1932 年。

图 2-1　北宋《契丹使朝聘图》。图片采自周宝珠《宋代东京研究》，河南大学出版社，1992，扉页图版。

图 2-2　唐代白胎舞马。图片采自广东大观博物馆网站，https://www.gddaguanmuseum.com/pr.jsp。

图 2-3　唐代舞马俑。洛阳博物馆藏，图片为笔者拍摄。

图 3-1　“福寿双全”墨书瓷碗。图片采自杭州博物馆网站，http://diancang.hzmuseum.com。

图 3-2　北宋 苏轼《寒食帖》局部。图片采自郑轩编著《中国书法文化丛书·书法艺术卷》，湖北教育出版社，2021，第 54 页。

图 3-3　宋 佚名《大傩图》轴。图片采自故宫博物院网站，https://www.dpm.org.cn/dyx.html?path=/Uploads/tilegenerator/dest/files/image/8831/2007/0556/img0001.xml。

图 3-4　四川广元宋墓石壁浮雕。图片采自张瑾等《洛阳洛龙区关林庙宋代砖雕墓发掘简报》,《文物》2011 年第 8 期。

图 3-5　河南登封唐庄宋代墓室西北壁对饮图。图片采自姜楠等《河南登封唐庄宋代壁画墓发掘简报》,《文物》2012 年第 9 期。

图 3-6　宋代铜筷。图片采自杭州博物馆，http://diancang.hzmuseum.com。

图 3-7　宋《文会图》。台北故宫博物院藏。图片采自洪文庆主编《书艺珍品赏析》第 5 辑，湖南美术出版社，2008，第 22 页。

图 3-8　宋《文会图》局部。台北故宫博物院藏。图片采自洪文庆主编《书艺珍品赏析》第 5 辑，第 22 页。

图 3-9　宋 佚名《春游晚归图》局部。图片采自故宫博物院网站，https://www.dpm.org.cn/shows.html。

图 3-10　南宋 刘松年《西园雅集图》局部。图片采自网络，http://www.360doc.com/content/22/0426/11/52063802_1028363298.shtml。

图 3-11　宋《会昌九老图》局部。图片采自故宫博物院网站，https://www.dpm.org.cn/dyx.html?path=/Uploads/tilegenerator/dest/files/image/8831/2009/2135/img0005.xml。

图 3-12　南宋 刘松年《西园雅集图》局部。图片采自网络，

http://www.360doc.com/content/22/0426/11/52063802_1028363298.shtml。

图 4-1　宋代满池娇夹层银鎏金盏。图片采自网络，https://baijiahao.baidu.com/s?id=1742314543867094903&wfr=spider&for=pc。

图 4-2　北宋莲花式银碗。图片采自浙江省博物馆网站，https://www.zhejiangmuseum.com/Collection/ExcellentCollection。

图 4-3　行春桥魏三郎匠刻款双夹层牡丹纹鎏金银盏。图片采自杭州博物馆网站，http://diancang.hzmuseum.com/detail_3267.html。

图 4-4　花口银盘。图片采自杭州博物馆网站，http://diancang.hzmuseum.com。

图 4-5　鎏金水仙花纹银碗。图片采自杭州博物馆网站，http://diancang.hzmuseum.com。

图 4-6　青白瓷莲纹温碗酒注。图片采自湖北省博物馆网站，https://www.hbww.org.cn/tcq/p/5044.html。

图 4-7　青白瓷托盘。图片采自湖北省博物馆网站，https://www.hbww.org.cn/tcq/p/5048.html。

图 4-8　南宋漆钵。图片采自浙江省博物馆网站，https://www.zhejiangmuseum.com/Collection/ExcellentCollection。

图 4-9　北宋刻花蓝色玻璃瓶。图片采自浙江省博物馆网站，https://www.zhejiangmuseum.com/Collection/ExcellentCollection。

图 4-10　宋代景德镇窑青白釉刻花注壶、温碗。图片采自故宫博物院网站，https://www.dpm.org.cn/collection/ceramic/226960.html?ivk_sa=1024320u。

图 4-11　高丽青釉花鱼纹花形瓷盏托。图片采自杭州博物馆网站，http://diancang.hzmuseum.com。

图 4-12　北宋鎏金葵花式银杯。图片采自浙江省博物馆网站，https://www.zhejiangmuseum.com/Collection/ExcellentCollection。

图 4-13　十曲银盘。图片采自谢涛等《成都市彭州宋代金银器窖藏》,《文物》2008 年第 8 期。

图 4–14　宋代如意云纹银经瓶。图片采自杨曼《四川博物院藏宋代银器赏析》,《文物鉴定与鉴赏》2017 年第 4 期。

图 4–15　登封窑白釉珍珠地划花双虎纹酒瓶。图片采自故宫博物院网站，https://www.dpm.org.cn/collection/ceramic/226804.html.html。

图 4–16　清光绪年间粉彩荷花吸杯。湖北省博物馆藏，图片为笔者拍摄。

图 4–17　宋代香篆。各边长 4.5 厘米，篆刻铭文“中兴复古”四字。其“中”字部位钻一规则小圆孔，可以系线。图片采自陈晶、陈丽华《江苏武进村前南宋墓清理纪要》,《考古》1986 年第 3 期。

图 4–18　宋《听琴图》(局部）焚香场景。图片采自故宫博物院网站，https://www.dpm.org.cn/explore/cultures.html。

图 4–19　矾楼夜市图景。开封博物馆展览，图片为笔者拍摄。

图 4–20　宋 佚名《夜宴图》局部。图片采自王仁湘《饮食与中国文化》，青岛出版社，2012 年，第 341 页。

图 4–21　宋代汝窑淡天青釉弦纹三足樽式炉。图片采自故宫博物院馆网站，https://www.dpm.org.cn/explore/cultures.html。

图 4–22　宋代串枝纹银花熏底。图片采自杨曼《四川博物院藏宋代银器赏析》,《文物鉴定与鉴赏》2017 年第 4 期。

图 4–23　老虎洞窑青釉瓷樽式炉。图片采自西湖博物馆总馆网站，https://www.westlakemuseum.com。

图 4–24　胆瓶。图片采自上海博物馆网站，https://www.shanghaimuseum.net/mu/frontend/pg/article/id/CI00000335。

图 4–25《清明上河图》中的正店。图片采自网络，https://baijiahao.baidu.com/s?id=1675872172521933715&wfr=spider&for=pc。

图 4–26　宋代钧窑月白釉瓶。图片采自故宫博物院馆网站，https://www.dpm.org.cn/explore/cultures.html。

图 4–27　宋人居室插花所用胆瓶与颈瓶。图片采自扬之水《古诗文名物新证》，紫禁城出版社，2004，第 323 页。

图 4–28　宋《文会图》局部。图片采自洪文庆主编《书艺珍品赏析》第 5 辑，第 22 页。

图 4–29　河南登封高村宋墓甬道壁画中烙饼图。图片采自《登封高村壁画墓》,《中原文物》2004 年第 5 期。

图 4–30　河南偃师酒流沟宋墓厨娘砖刻。图片采自石志廉《北宋妇女画像砖》,《文物》1979 年第 3 期。

图 4–31　河南偃师酒流沟宋墓妇女斫鲙雕砖。图片采自中国国家博物馆网站，https://www.chnmuseum.cn/zp/zpml/csp/202008/t20200825_247300_wap.shtml。

图 4–32　北宋 蔡襄《门屏帖》。图片采自曹宝麟主编《中国书法全集 · 蔡襄卷》，荣宝斋 1995 年刊本。

图 4–33　宋代菊花形银酒盏。图片采自杨曼《四川博物院藏宋代银器赏析》,《文物鉴定与鉴赏》2017 年第 4 期。

图 4–34　银鎏金“寿比蟠桃”杯。图片采自镇江博物馆网站，https://www.zj-museum.com.cn/zjbwg/zjbwg/zs/jpww/jyq/2016/10/27/0b609a9a57fc12f0015803fe07d40620.html；另可见肖梦龙等《江苏溧阳平桥出土宋代银器窖藏》,《文物》1986 年第 5 期。

图 5–1　河北宣化下八里出土《辽朝散乐图》壁画。河北省文物研究所《宣化辽墓——1974~1993年考古发掘报告》(下册)，文物出版社，2001，第 56 页。

图 5–2　禹州白沙宋墓乐舞图。图片采自宿白《白沙宋墓》，文物出版社，2002，书后附加图版 6。

图 5–3　河南荥阳淮西村朱三翁石棺宴乐图。图片采自吕品《河南荥阳北宋石棺线画考》,《中原文物》1983 年第 4 期。

图 5–4　河南登封黑山沟宋墓伎乐图。图片采自郑州市文物考古研究所编著《郑州宋金壁画墓》，科学出版社，2005，第 96 页。

图 5–5　北宋杂剧演出壁画。图片采自康保成、孙秉君《陕西韩城宋墓壁画考释》,《文艺研究》2009 年第 11 期。

图 5-6　童稚木偶戏图瓷枕。图片采自王琛《“三彩童稚木偶戏图枕”的修复》，https://www.chnmus.net/ch/scientific/achievement/academic_papers/details.html?id=615167842916974752。

图 5-7　宋代杂剧砖雕。图片采自张瑾等《洛阳洛龙区关林庙宋代砖雕墓发掘简报》,《文物》2011 年第 8 期。

图 5-8　北宋铜贴金杂要人像。图片采自浙江省博物馆网站，https://www.zhejiangmuseum.com/Collection/ExcellentCollection。

图 5-9　四川广元南宋墓杂剧伎乐图。图片采自廖奔《广元南宋墓杂剧、大曲石刻考》,《文物》1986 年第 12 期。

图 5-10　敦煌莫高窟 61 窟杂伎图。图片采自段文杰、樊锦诗主编《中国敦煌壁画全集（敦煌五代 · 宋）》(9)，辽宁美术出版社、天津人民美术出版社，2006，第 84 页。

图 5-11　唐代酒令筹。图片采自刘建国、刘兴《江苏丹徒丁卯桥出土唐代银器窖藏》,《文物》1982 年第 11 期。

图 5-12　唐代绿釉龟座酒筹筒。图片采自王仁湘《饮食与中国文化》，青岛出版社，2012，第 216 页。

图 5-13《九射格图》。图片采自马明达《中国古代射书考》，纪宗安、汤开建主编《暨南史学》第 2 辑，暨南大学出版社，2003，第 40 页。

参考文献

一　古籍文献

《白居易集》，中华书局，1979。

白居易:《白氏长庆集》，岳麓书社，1992。

北京大学古文献研究所编《全宋诗》，北京大学出版社，1998。

蔡絛:《铁围山丛谈》，中华书局，1983。

陈俊民辑校《蓝田吕氏遗著辑校》，中华书局，1993。

陈耆卿:《嘉定赤城志》,《宋元方志丛刊》第7册，中华书局，1989。

陈起:《江湖后集》,《景印文渊阁四库全书》第1357册，台湾商务印书馆，1986。

陈世崇:《随隐漫录》，上海书店出版社，1990。

陈旸:《乐书》，光绪1876年本。

陈应行编《吟窗杂录》，中华书局，1997。

陈元靓:《岁时广记》，中华书局，1985。

程大昌:《演繁露》，中华书局，1991。

程俱撰，张富祥校证《麟台故事校证》，中华书局，2000。

戴埴:《鼠璞》，中华书局，1985。

董仲舒:《春秋繁露》，岳麓书社，1997。

杜佑:《通典》，中华书局，1988。

范成大撰，严沛校注《桂海虞衡志校注》，广西人民出版社，1986。

范晔撰，李贤等注《后汉书》，中华书局，1965。

范镇:《东斋记事》，中华书局，1980。

范致明:《岳阳风土记》，中华书局，1991。

范仲淹:《范文正公文集》，江苏古籍出版社，2004。

费著:《岁华纪丽谱》，中华书局，1991。

冯贽:《云仙杂记》,《丛书集成初编》第 2749 册，中华书局，1985。

高晦叟:《珍席放谈》，中华书局，1939。

葛立方:《韵语阳秋》,《丛书集成初编》第 2554 册，中华书局，1985。

龚明之:《中吴纪闻》，上海古籍出版社，1986。

郭若虚:《图画见闻志》，人民美术出版社，1963。

《郭祥正集》，黄山书社，2014。

韩驹:《陵阳集》,《景印文渊阁四库全书》第 1133 册，台湾商务印书馆，1986。

韩琦撰，李之亮、徐正英校对笺《安阳集编年笺注》，巴蜀书社，2000。

何薳:《春渚纪闻》，中华书局，1983。

洪迈:《容斋随笔》，中华书局，2005。

洪迈:《夷坚志》，中华书局，2006。

洪适:《盘洲集》，上海辞书出版社，2006。

洪适:《秋阅致语》，江西人民出版社，2011。

胡仔纂集《苕溪渔隐丛话》，人民文学出版社，1962。

黄朝英:《靖康缃素杂记》，大象出版社，2008。
黄光大:《积善录》，中华书局，1991。
黄淮、杨士奇编《历代名臣奏议》，上海古籍出版社，1989。
黄昇:《花庵词选》，辽宁教育出版社，1997。
黄纯艳、战秀梅点校《宋代经济谱录》，甘肃人民出版社，2008。
贾思勰:《齐民要术》，中华书局，1956。
江少虞:《宋朝事实类苑》，上海古籍出版社，1981。
金盈之:《新编醉翁谈录》，辽宁教育出版社，1998。
孔平仲:《孔氏谈苑》，中华书局，1985。
黎靖德编《朱子语类》，上海古籍出版社、安徽教育出版社，2002。
李昉等编《文苑英华》，中华书局，1966。
《李纲全集》，岳麓书社，2004。
《李觏集》，中华书局，1981。
李清照著，王延梯注《漱玉集注》，山东文艺出版社，1984。
李焘:《续资治通鉴长编》，中华书局，2004。
李心传:《建炎以来朝野杂记》，中华书局，2000。
李心传:《建炎以来系年要录》，上海古籍出版社，1992。
李攸:《宋朝事实》，中华书局，1985。
李肇:《唐国史补》，上海古籍出版社，2012。
李廌:《师友谈记》，中华书局，2002。
李之亮笺注《欧阳修集编年笺注》，巴蜀书社，2007。
李之亮笺注《苏轼文集编年笺注（诗词附）》，巴蜀书社，2011。
厉鹗辑撰《宋诗纪事》，上海古籍出版社，1983。
刘敞:《公是集》，中华书局，1985。
《刘辰翁集》，江西人民出版社，1987。
刘绩补注，陈广忠校理《淮南鸿烈解》，黄山书社，2012。
刘昫等:《旧唐书》，中华书局，1975。
刘一清:《钱塘遗事》，上海古籍出版社，1985。

陆佃:《陶山集》，中华书局，1985。

陆心源编撰《宋诗纪事补遗》，山西古籍出版社，1997。

陆游:《老学庵笔记》，中华书局，1979。

罗大经:《鹤林玉露》，中华书局，1983。

罗烨:《醉翁谈录》，辽宁教育出版社，1998。

吕本中:《官箴》，线装书局，2015。

吕本中:《轩渠录》，新兴书局，1979。

吕友仁译注《周礼译注》，中州古籍出版社，2004。

马端临:《文献通考》，中华书局，1986。

马令:《南唐书》,《丛书集成初编》第 3852 册，中华书局，1985。

马永卿:《懒真子》,《宋元笔记小说大观》第 3 册，上海古籍出版社，2001。

《毛滂集》，浙江古籍出版社，1999。

梅溪集重刊委员会编《王十朋全集》，上海古籍出版社，1998。

梅应发、刘锡:《开庆四明续志》，杭州出版社，2009。

孟珙:《蒙鞑备录》,《丛书集成初编》第 3906 册，中华书局，1985。

欧阳修:《归田录》，中华书局，1981。

欧阳修、宋祁:《新唐书》，中华书局，1975。

欧阳询:《艺文类聚》，汪绍楹校，上海古籍出版社，1999。

潘永因编《宋稗类钞》，书目文献出版社，1995。

彭□辑撰《墨客挥犀》，中华书局，2002。

彭大翼:《山堂肆考》,《景印文渊阁四库全书》第 975 册，台湾商务印书馆，1986。

彭龟年:《止堂集》,《丛书集成初编》第 2025 册，中华书局，1985。

彭汝砺:《鄱阳集》,《景印文渊阁四库全书》第 1101 册，台湾商务印书馆，1986。

蒲积中编《古今岁时杂咏》，三秦出版社，2009。

钱世昭:《钱氏私志》，中华书局，1991。

钱易:《南部新书》，中华书局，2002。

钱仲联、马亚中主编《陆游全集校注》，浙江教育出版社，2011。

强至:《祠部集》,《丛书集成初编》第1894册，中华书局，1985。

秦蕙田:《五礼通考》,《景印文渊阁四库全书》第47册，台湾商务印书馆，1986。

阮葵生:《茶余客话》，中华书局，1959。

邵伯温:《邵氏闻见前录》,《丛书集成初编》第2749册，中华书局，1985。

邵博:《邵氏闻见后录》,《丛书集成初编》第2751册，中华书局，1983。

《邵雍全集》，上海古籍出版社，2015。

沈括:《梦溪笔谈》，岳麓书社，2002。

沈作喆纂《寓简》，中华书局，1985。

施耐庵:《水浒传》，天津古籍出版，2004。

《十三经注疏·礼记正义》，上海古籍出版社，1997。

施宿:《嘉泰会稽志》,《宋元方志丛刊》，中华书局，1990。

司马光:《司马氏书仪》，中华书局，1985。

司马光撰，李之亮笺注《司马温公集编年笺注》，巴蜀书社，2009。

司马迁:《史记》，中华书局，1959。

四水潜夫辑《武林旧事》，西湖书社，1981。

苏轼:《东坡后集》，中国文史出版社，1999。

苏颂:《苏魏公文集·谭训》，中华书局，1988。

唐圭璋编著《宋词纪事》，上海古籍出版社，1982。

陶穀:《清异录》,《全宋笔记》第1编第2册，大象出版社，2003。

陶宗仪:《南村辍耕录》，齐鲁书社，2007。

陶宗仪:《元氏掖庭侈政》，中华书局，1991。

脱脱等:《宋史》，中华书局，1977。

汪灏:《广群芳谱》，商务印书馆，1935。

王安石:《临川先生文集》，中华书局，1959。

王鏊:《震泽长语》,《丛书集成初编》第222册，中华书局，1985。

王谠撰，周勋初校正《唐语林校正》，中华书局，1987。
王国维:《宋元戏曲史》，中国和平出版社，2014。
《王国维遗书》，上海书店出版社，2011。
王明清:《挥麈录》，中华书局，1961。
王明清:《投辖录》，上海古籍出版社，2012。
王瑞来校证《周必大集校证》，上海古籍出版社，2020。
王应麟:《汉制考》，中华书局，2011。
王应麟辑《玉海》，江苏古籍出版社，1987。
王禹偁:《小畜集》，商务印书馆，1937。
王之道:《相山集》，线装书局，2004。
王铚:《默记》，中华书局，1981。
王灼著，岳珍校正《碧鸡漫志校正》，巴蜀书社，2000。
魏收:《魏书》，中华书局，1974。
魏泰:《东轩笔录》，中华书局，1983。
魏徵等:《隋书》，中华书局，1973。
文彦博:《文潞公集》，山西人民出版社，2008。
文莹:《玉壶清话》，中华书局，1984。
吴曾:《能改斋漫录》，上海古籍出版社，1979。
吴处厚:《青箱杂记》，中华书局，1985。
吴自牧:《梦粱录》，浙江人民出版社，1980。
《西湖老人繁胜录》，中国商业出版社，1982。
谢肇淛:《五杂俎》，上海古籍出版社，2012。
辛稼轩:《稼轩长短句》，上海人民出版社，1975。
徐兢:《宣和奉使高丽图经》，商务印书馆，1937。
徐梦莘:《三朝北盟会编》，上海古籍出版社，1987。
徐松辑《宋会要辑稿》，中华书局，1957。
许慎:《说文解字》，天津古籍出版社，1991。
晏殊:《珠玉词》，上海古籍出版社，1988。

杨慎编《全蜀艺文志》，线装书局，2003。

杨亿:《武夷新集》，福建人民出版社，2007。

杨亿编《西崑酬唱集》，周桢、王图炜注，上海古籍出版社，1985。

叶隆礼:《契丹国志》，上海古籍出版社，1985。

叶梦得:《石林燕语　避暑录话》，上海古籍出版社，2012。

叶绍翁:《四朝闻见录》，中华书局，1989。

叶廷珪:《海录碎事》，上海辞书出版社，1989。

佚名:《道山清话》,《丛书集成初编》第 2785 册，中华书局 ，1985。

《元稹集》，中华书局，1982。

袁采:《袁氏世范》，中华书局，1985。

岳珂:《桯史》，中华书局，1981。

曾慥辑《乐府雅词》，辽宁教育出版社，1997。

曾慥编纂，王汝涛等校注《类说校注》，福建人民出版社，1996。

张邦基:《墨庄漫录》，中华书局，2002。

张端义:《贵耳集》，中华书局，1958。

张瀚:《松窗梦语》，中华书局，1985。

张舜民:《画墁录》，中华书局，1991。

张廷玉:《明史》，中华书局，1974。

张先:《张子野词》，中华书局，1985。

《张孝祥诗文集》，黄山书社，2001。

张炎:《词源》，唐圭璋编《词话丛编》，中华书局，1986。

张鷟:《朝野佥载》，1979。

章如愚编撰《山堂考索》，中华书局，1992。

赵鼎臣:《竹隐畸士集》,《景印文渊阁四库全书》第 1124 册，台湾商务印书馆，1986。

赵蕃:《淳熙稿》，中华书局，1985。

赵升编《朝野类要》，中华书局，2007。

赵彦卫:《云麓漫钞》，中华书局，1996。

赵与时:《宾退录》，中华书局，1985。
赵与虤:《娱书堂诗话》,《丛书集成初编》第2751册，中华书局，1985。
郑处诲:《明皇杂录》，中华书局，1994。
郑侠:《西塘集》,《景印文渊阁四库全书》第1117册，台湾商务印书馆，1986。
郑永晓整理《黄庭坚全集辑校编年》，江西人民出版社，2008。
周煇撰，刘永翔校注《清波杂志校注》，中华书局，1994。
周嘉胄:《香乘》，九州出版社，2014。
周密:《癸辛杂识》，中华书局，1988。
周密:《齐东野语》，中华书局，1983。
周去非著，杨武泉校注《岭外代答校注》，中华书局，1999。
周应合:《景定建康志》,《宋元方志丛刊》，中华书局，1990。
周羽翀:《三楚新录》，中华书局，1991。
周紫芝:《竹坡诗话》，中华书局，1985。
朱东润编年校注《梅尧臣集编年校注》，上海古籍出版社，2006。
朱辅:《溪蛮丛笑》，中华书局，1991。
朱鹤龄笺注《李商隐诗集》，上海古籍出版社，2015。
《朱熹集》，四川教育出版社，1996。
朱熹辑著，刘文刚译注《小学译注》，四川大学出版社，1995。
朱熹注，王华宝整理《诗集传》，凤凰出版社，2007。
朱翌:《猗觉寮杂记》，中华书局，1985。
朱彧:《萍洲可谈》，中华书局，1985。
庄绰:《鸡肋编》，中华书局，1983。

二　今人著作

陈高华、吴泰:《宋元时期的海外贸易》，天津人民出版社，1981。
程民生:《宋代物价研究》，人民出版社，2008。

关履权:《两宋史论》,中州书画社,1983。

黄杰:《宋词与民俗》,商务印书馆,2005。

李华瑞:《宋代酒的生产和征榷》,河北大学出版社,1995。

林天蔚:《宋代香药贸易史》,台湾文化大学出版部,1986。

林永匡:《饮德·食艺·宴道——中国古代饮食智道透析》,广西教育出版社,1995。

刘复生:《插图本中国古代思想史·宋辽西夏金元卷》,广西人民出版社,2006。

刘正成、曹宝麟主编《中国书法全集》第32卷《蔡襄卷》,荣宝斋1995年刊本。

彭定求等编《全唐诗》,中华书局,1960。

祁琛云:《北宋科甲同年关系与士大夫朋党政治》,四川大学出版社,2015。

全汉昇:《中国经济史研究》,中华书局,2011。

沈松勤:《唐宋词社会文化学研究》,浙江大学出版社,2004。

石海阳等编《唐宋传奇》,华夏出版社,1995。

王仁湘:《饮食与中国文化》,青岛出版社,2012。

王赛时:《唐代饮食》,齐鲁书社,2003。

王赛时:《中国酒史》,山东大学出版社,2010。

〔法〕谢和耐:《蒙元入侵前夜的中国日常生活》,刘东译,江苏人民出版社,1995。

徐海荣主编《中国饮食史》,华夏出版社,1999。

杨荫浏:《中国古代音乐史稿》,人民音乐出版社,1981。

张其凡:《宋代史》,澳门:澳亚周刊出版有限公司,2004。

张其凡主编《历史文献与传统文化》第10集,兰州大学出版社,2003。

张璋等编纂《历代词话》,大象出版社,2002。

扬之水:《古诗文名物新证》,紫禁城出版社,2004。

三　期刊论文

陈晶、陈丽华:《江苏武进村前南宋墓清理纪要》,《考古》1986年第3期。

董详:《偃师酒流沟水库宋墓》,《文物》1959年第9期。

姜锡东、史泠歌:《北宋大朝会考论——兼论“宋承前代”》,《河北学刊》2011年第5期。

廖奔:《广元南宋墓杂剧、大曲石刻考》,《文物》1986年第12期。

刘建国、刘兴:《江苏丹徒丁卯桥出土唐代银器窖藏》,《文物》1982年第11期。

吕品:《河南荥阳北宋石棺线画考》,《中原文物》1983年第4期。

杨业进:《明代经筵制度与内阁》,《故宫博物院院刊》1990年第2期。

曾祥波:《经筵概念及其制度源流商兑——帝学视野中的汉唐讲经侍读与宋代经筵》,《史学月刊》2019年第8期。

张劲:《开封历代皇宫沿革与北宋东京皇城范围新考》,《史学月刊》2002年第7期。

四　学位论文

李晓春:《中国古代博戏文化研究》，硕士学位论文，北京大学，2013。

夏时华:《宋代香药业经济研究》，博士学位论文，陕西师范大学，2012。

杨高凡:《宋代明堂礼制研究》，博士学位论文，河南大学，2011。

邹贺:《宋朝经筵制度研究》，博士学位论文，陕西师范大学，2010。

图书在版编目(CIP)数据

酒里乾坤：宋代宴会与饮食文化 / 纪昌兰著. --
北京：社会科学文献出版社，2023.12
（九色鹿. 唐宋）
ISBN 978-7-5228-3095-7

Ⅰ. ①酒… Ⅱ. ①纪… Ⅲ. ①饮食－文化－中国－宋代 Ⅳ. ①TS971.2

中国国家版本馆CIP数据核字（2023）第245782号

·九色鹿·唐宋·
酒里乾坤：宋代宴会与饮食文化

著　　者 / 纪昌兰

出 版 人 / 冀祥德
组稿编辑 / 郑庆寰
责任编辑 / 赵　晨　汪延平
文稿编辑 / 徐　花
责任印制 / 王京美

出　　版 / 社会科学文献出版社·历史学分社（010）59367256
地址：北京市北三环中路甲29号院华龙大厦　邮编：100029
网址：www.ssap.com.cn
发　　行 / 社会科学文献出版社（010）59367028
印　　装 / 三河市东方印刷有限公司

规　　格 / 开　本：787mm×1092mm　1/16
印　张：20　字　数：286 千字
版　　次 / 2023年12月第1版　2023年12月第1次印刷
书　　号 / ISBN 978-7-5228-3095-7
定　　价 / 89.80元

读者服务电话：4008918866